深埋水工隧洞岩爆灾害研究与实例分析

刘立鹏　凌永玉　李宁博　庞涛　著

中国水利水电出版社
www.waterpub.com.cn
·北京·

内 容 提 要

本书基于作者近年国家自然科学基金青年项目以及所参与的多个国内深埋长隧洞岩爆问题的相关研究成果，着力阐明岩爆灾害的机理、判据及预测方法。本书主要内容包括深埋长隧洞开挖围岩应力路径演化、复杂应力路径下岩石轴向加载-环向卸载试验、花岗岩复杂应力路径数值仿真力学试验、岩爆机理与判据以及影响因素、分析方法等。

本书可供从事深埋长隧洞围岩稳定分析、岩爆预测及支护设计、科研、施工等专业的技术人员参考使用，同时也适用于高等院校、职业技术学校等相关专业的师生学习参考。

图书在版编目（CIP）数据

深埋水工隧洞岩爆灾害研究与实例分析 / 刘立鹏等
著. -- 北京：中国水利水电出版社，2019.9
ISBN 978-7-5170-7993-4

Ⅰ．①深… Ⅱ．①刘… Ⅲ．①深埋隧道－水工隧洞－
岩爆－研究 Ⅳ．①TV672

中国版本图书馆CIP数据核字 (2019) 第197488号

书　名	**深埋水工隧洞岩爆灾害研究与实例分析** SHENMAI SHUIGONG SUIDONG YANBAO ZAIHAI YANJIU YU SHILI FENXI
作　者	刘立鹏　凌永玉　李宁博　庞涛　著
出版发行	中国水利水电出版社 （北京市海淀区玉渊潭南路1号D座　100038） 网址：www.waterpub.com.cn E-mail：sales@waterpub.com.cn 电话：(010) 68367658（营销中心）
经　售	北京科水图书销售中心（零售） 电话：(010) 88383994、63202643、68545874 全国各地新华书店和相关出版物销售网点
排　版	中国水利水电出版社微机排版中心
印　刷	清淞永业（天津）印刷有限公司
规　格	184mm×260mm　16开本　17.5印张　426千字
版　次	2019年9月第1版　2019年9月第1次印刷
印　数	0001—1000册
定　价	**98.00元**

随着我国国民经济建设的迅猛发展，基础建设规模的不断扩大，水利水电、采矿、交通等行业逐渐向深部地下转移，高地应力环境中的深埋岩石工程开挖所带来的围岩稳定性问题越来越突出。岩体埋深增加，其赋存环境中地应力量值也相应增大。硬质岩体在高地应力环境中表现出与浅埋低地应力洞室不同的破坏型式，如片帮、剥落以及岩爆灾害等，在干扰正常施工秩序的同时，也给人员、设备安全带来极大的威胁。

地下洞室开挖过程中洞壁围岩历经复杂的应力路径，可归纳为环向加载—径向卸载、环向与径向同时卸载的过程。由于应力路径不同，岩体强度、变形以及最终破坏型式等诸多方面与常规加载环境下截然不同。深埋赋存环境下岩石与其他固体材料相一致，未开挖扰动前岩体内储存大量的应变能，且该应变能受所处应力环境、自身强度等影响，开挖卸荷能量释放而屈服破坏。此外，受限于岩样所普遍存在的样本差异性带来的试验结果干扰性及室内试验无法动态观察岩石微裂隙启裂、发展、融合等具体演化过程，从卸荷角度开展岩石力学性能研究困难重重。因此，从卸荷的角度，结合数字图像技术及离散元岩石复杂应力路径下的数值仿真试验，开展硬岩在开挖卸荷过程中的变形与破坏等研究，凝练总结高地应力硬岩应变型岩爆机理，并以本身能量阈值为限，提出考虑岩石及岩体属性的岩爆复合判据，对于从本质上厘清深埋地下洞室岩爆发育、判别等具有不可忽视的作用。

本书共12章，其中：第1章着重介绍目前国内深埋地下洞室现状及岩爆灾害情况；第2章对岩爆问题研究进展进行归纳总结；第3、第4章介绍作者参与的两个项目的总体情况和岩爆的统计规律；第5章论述深埋长隧洞开挖围岩应力路径演化规律；第6章介绍复杂应力路径室内岩石力学试验方案及试验成果；第7章阐述花岗岩细观模拟技术；第8章介绍岩石力学数值仿真试验研究方式及相关成果；第9章注重对深埋长隧洞岩爆孕育机理从应力路径和极限储能角度进行揭示，并从考虑岩石属性及岩体完整性角度给出岩爆复合判据；第10章结合传统岩爆判据及硬脆性岩石破坏仿真方法，在综合对比基础上对齐热哈塔尔引水隧洞工程岩爆的可能性进行了综合预判；第11章从自然因素和人为因素两个角度对岩爆影响因素进行了数值分析；第 12 章对岩爆防治措施进行了归纳总结。

    本书编著出版得到了北京振冲工程股份有限公司、中水北方勘测设计研究有限责任公司的大力支持，在编写过程中得到汪小刚、姚磊华、于洪治、张照太、赵国斌、王玉杰、贾志欣、段庆伟等许多专家及同行的帮助，在此我们一并表示衷心的感谢。

    由于编者经验水平有限，加之时间仓促，书中肯定还有不少疏漏之处。一些意见和建议只是初步探索与思考的结果，有待今后继续完善。不足之处，敬请读者批评指正。

作者

2019 年 6 月于北京

目录

第 1 章

绪　论

近年来，随着国民经济的持续稳定增长，极大地带动了资源开采、能源开发储存、交通体系的完善和城镇化进程，以及土木水利等基础建设领域的繁荣。同时，交通、水利、采矿等行业都面临深部岩石工程问题，而随着工程体埋深及开采深度的进一步加大，深埋地下工程特有的高地应力环境给工程的设计及施工带来了许多新的问题和挑战。水资源开发方面，由于水能资源分布区域限制，水电资源主要在深山峡谷地区，埋深大、地应力高是这些工程的最大特点，如锦屏二级水电站一般埋深 1500～2000m，最大埋深 2525m，实测地应力中最大主应力值高达 46.41MPa，且明显表现出地应力量值随埋深增加而增大的趋势。新疆齐热哈塔尔水电站最大埋深 1720m，埋深超过 1000m 的洞段超过 3km。引汉济渭工程引水隧洞长 97.37km，最大埋深 2012m，长度和埋深综合排名世界第一。交通体系建设方面，山区交通体系的逐渐完善，大量深埋隧洞也越来越多，如二郎山公路隧洞最大埋深达 800m，乌鞘岭铁路隧道最大埋深约 1100m，秦岭隧道埋深 1700m，泥巴山隧道最大埋深 1660m 等。矿产资源方面，沈阳采屯矿开采深度 1197m，开滦赵各庄矿开采深度 1159m、红透山铜矿开采深度 1100m、铜陵狮子山铜矿开采已达 1100m。预计在未来的 10～20 年内，我国很多煤矿将进入 1000～1500m 的深度，金属和有色金属矿将进入 1000～2000m 的开采深度（何满潮，2004）。对于深部地下岩石工程，岩爆是工程建设中不可避免的一种地质灾害。由于其破坏体脱离母岩的突然突发性，对施工人员和工程施工设备的安全造成极大的威胁，严重时甚至造成整个工程的失败。

然而，自 1738 年英国锡矿首次报道发生岩爆以来，对于该种灾害国内外学者仍未形成统一的定义，对其孕育及发生机理方面还存在着多种不同的见解，目前主要存在从能量角度和应力角度来解释岩爆孕育发生机理的两种方法。经过近 300 年的研究，关于岩爆的孕育理论及灾害预测预报方法很多，但在实际工程应用中尚存在各种各样的困难。对于具体工程而言，由于工程赋存地质环境不同，如初始地应力大小及主应力方向、围岩强度、岩石脆性变形特征、洞室形状及相对位置、施工工艺等，造成已有岩爆预测及判断方法在使用上具有各自的局限性和不足，针对特定工程进行专门研究分析仍是岩土工程师和设计人员的普遍选择，生产实践中又常要求一些具体、切实可行的岩爆预测预报方法、指标和防治对策，针对具体工程进行分析研究具有更为重要的现实意义（符文喜等，1999；刘立鹏等，2010）。

锦屏二级水电站位于四川省凉山州境内雅砻江锦屏大河弯处雅砻江干流上，系雅砻江梯级开发的骨干电站。整个工程位于高地应力区，景峰桥、猫猫滩闸址在大理岩及砂岩深孔钻探中皆出现了高地应力环境中特有的岩饼现象。实测最大主应力值高达46.41MPa，且明显表现出量值随埋深增加而增大的趋势。施工排水洞及引水隧洞在建造过程中岩爆灾害非常严重。齐热哈塔尔水电站引水隧洞通过地区在地貌上属于喀喇—昆仑高山区，沿线地势陡峻，沟谷发育，切割深度一般在800~2000m，山坡坡度一般在50°~60°，地面高程2400.00~4600.00m，最低处为塔什库尔干河谷，大部分地区基岩裸露，植被稀疏。引水隧洞全长15.639km，开挖洞径4.8~5.5m。埋深最大1720m，其中埋深大于1000m的洞段长3320m，占隧洞全长的21.2%。勘察阶段发现明显的岩饼现象存在，勘探平洞掘进过程中有轻微岩爆现象。上述两个工程在主洞开挖过程中，均发生大小不等的岩爆几百次，严重影响了隧洞的正常建造。

随着我国建设的发展，深埋长隧洞工程将逐渐增多，高地应力硬岩岩爆问题不可避免，如引汉济渭工程、川藏铁路工程、雅鲁藏布江隧洞群等。本书通过搜集、查阅国内外岩爆相关资料文献，结合锦屏二级水电站施工排水洞、齐热哈塔尔水电站引水隧洞的工程地质资料及现场岩爆记录，在对现有岩爆问题研究进展进行系统梳理总结的基础上，研究深埋地下洞室开挖过程中随着掌子面推进围岩所历经典型应力路径的变化规律，开展室内卸围岩以及卸围压—加载轴压复杂应力路径下的岩石力学试验，同时为克服岩样所普遍存在的样本差异性带来的试验结果干扰性，结合数字图像处理技术，利用离散元软件开展对应的加卸载力学试验，深度研究岩石在开挖卸荷作用下启裂、发展、交融的动态过程，揭示深埋长隧洞应变型岩爆机理，并从岩石强度要求、脆性要求、完整性要求、储能要求以及岩体释放能量等多方面考虑，研究提出应变型岩爆复合多元判据。同时，结合目前常用岩爆数值分析方法进行了对比分析，给出不同阶段适用的岩爆准则建议，最终提出岩爆预测防治工作的总体思路及总则，所得成果可用于指导开挖施工，解决生产中的实际问题，具有重要的工程实际意义，同时将进一步深化对深部地下岩石工程岩爆灾害的认知。

第 2 章

岩爆问题研究进展

岩爆问题的研究已历时 300 余年，围绕岩爆问题在诸多方面均开展了大量的研究，积累了海量的研究文献。全面总结针对该问题的研究进展，有助于后续研究快速全面把握现有研究现状。为此，本书作者系统梳理岩爆问题的研究进展，从岩爆的定义与分类、判据及等级划分、室内岩爆试验、孕育发生机理、预测预报及高风险岩爆段支护等方面进行归纳总结。

2.1 定义与分类

岩爆是高地应力地区地下岩石工程中特有的一种地质灾害现象。自 1738 年英国锡矿首次报道发生岩爆以来，国内外学者从诸多角度对岩爆问题进行了大量研究，但到目前为止对岩爆的定义仍未达成统一的认识。概括起来，岩爆定义目前持有两种观点：一种以挪威专家 B. F. Russense 为代表，认为只要岩石有声响，产生片帮、爆裂、剥落甚至弹射等现象，有新鲜破裂面产生即称为岩爆；另一种以我国学者谭以安（1992）为代表，认为只有产生弹射、抛掷性破坏现象才能称为岩爆，而将无动力弹射现象和室内变形破裂归属于静态下的脆性破坏（王兰生等，2006）。王兰生等（1998）基于洞室开挖所引起岩爆的宏观表征现象和室内变形破裂试验结果，将岩爆定义为：地下空间开挖过程中，高地应力条件下的洞室围岩因开挖卸荷而引起周边围岩产生应力分异作用，造成岩石内部破裂和弹性能突然释放而引起的爆裂松脱、剥离、弹射乃至抛掷性破坏现象。郭然、于润沧（2002）认为岩爆是岩体破坏的一种型式。它是处于高应力或极限平衡状态的岩体或地质结构体，在开挖活动的扰动下，其内部储存的应变能瞬间释放，造成开挖空间周围部分岩石从母岩体中急剧、猛烈地突出或弹射出来的一种动态力学现象。在南非，对于岩爆的定义为：岩爆是一种导致了人员伤亡、工作面或设备发生破坏的微震，其基本特性是突然和剧烈。同时，《加拿大岩爆支护手册》（1996）一书中对岩爆进行如下定义：岩爆是一种伴随有微震现象的突然、猛烈的围岩破坏行为。

从以上关于岩爆的定义可知，国内与国外关于岩爆定义的出发点并不相同，国内主要是根据围岩破坏表征现象结合地质力学分析对岩爆进行定义，而国外则基于岩爆发生前后洞壁围岩存在微震这一现象来定义岩爆灾害，并基于这一认识形成和发展了岩爆微震监测技术。

汪泽斌（1988）在系统研究了国内外 34 个地下工程岩爆宏观特征后，将岩爆划分为破裂松脱型、爆破弹射型、冲击地压型、远围岩地震型和断裂地震型六大类。武警水电指挥部天生桥二级水电站岩爆课题组（1991）对岩爆分类有两种标准：一是按照破裂程度将岩爆分为破裂松弛型和爆脱型两大类；二是按规模将岩爆划分为零星岩爆（爆坑长 0.5～10m）、成片岩爆（爆坑长 10～20m）和连续岩爆（爆坑长大于 20m）三大类。张倬元、王士天等（1994）按岩爆发生部位及所释放的能量大小，将岩爆分为三大类型，即洞室围岩表部岩石突然破裂引起的岩爆、矿柱或大范围围岩突然破坏引起的岩爆、断层错动引起的岩爆。王兰生等（1998）将岩爆类型划分为爆裂松脱型、爆裂剥落型、爆裂弹射型和抛掷型四大类。郭志（1996）根据岩爆岩体破坏方式，将岩爆划分为爆裂弹射型、片状剥落型和洞壁垮塌型三大类。上述分类方案主要是依据岩爆灾害发生后的宏观表征归纳总结得出的。谭以安（1991）和左文智、张齐桂（1996）则从形成岩爆的主要应力来源出发，将岩爆类型划分为水平应力型、垂直应力型、混合应力型三大类和若干亚类。

南非将岩爆分为应变性岩爆（strain - burst）、矿柱性岩爆（pillar burst）等（W. D. Ortlepp，1997），而加拿大则将岩爆划分为自发性岩爆（self - initiated rockburst）、远源触发式岩爆（remotely triggered rockburst）等（P. K. Kaiser et al.，1996）。Hoek 等（1995）认为由于采矿或其他工程扰动所引起的岩爆以及微震事件所造成的围岩不稳定状态可包括沿原有裂隙面的滑移以及完整岩体的裂隙化，进而将岩爆定义成两种类型，即断裂型岩爆和应变型岩爆。从目前国内外所发生的岩爆种类来看，目前深埋长隧洞的岩爆种类以应变型岩爆为主，断层构造、原生结构面等所带来的断裂型岩爆在国内外也有发现，且危害性更广、破坏性更大，但该类岩爆较为少见，在深埋长隧洞工程中与断层、节理构造面走向、倾角以及与洞轴走向等息息相关，此处不做介绍。

从国内外目前所采用的岩爆分类上来看，南非所提出的基于岩爆本质诱因的应变性岩爆、矿柱性岩爆在国内外应用范围更广，而施工单位倾向于根据岩爆的长度及深度等，结合标准中给定的岩爆等级在具体工程中采用。

2.2　判据及等级划分

纵观现有岩爆判据，主要从强度应力比或应力强度比、能量、刚度、岩性等角度或综合多个角度出发，对地下洞室洞壁围岩是否具有发生岩爆倾向进行判别，并给出相应的烈度分级标准。同时，随着地球物理技术的进展，微震监测越来越多地被采用于深埋地下工程岩爆风险监测中，同时从微震的角度亦形成了相关的等级划分标准。

2.2.1　强度应力比或应力强度比

《工程岩体分级标准》（GB 50218—2014）附录 C 中提出评价初始地应力高低的标准，同时给出了岩爆的宏观判定标准，如表 2 - 1 所示。

《水利水电工程地质勘察规范》（GB 50487—2008）中根据岩石强度与初始应力场中最大应力间的比值大小对岩爆等级给予划分，并给出了对应等级的岩爆主要现象及相应建议防治措施，具体如表 2 - 2 所示。

表 2－1　　　　　　　　　　　　工程岩体强度应力比评估

高初始应力条件下的主要现象	R_c/σ_{max}
1. 硬质岩：岩心常有饼化现象；开挖过程中有岩爆发生，有岩块弹出，洞壁岩体发生剥离，新生裂缝多，围岩易失稳；基坑有剥离现象，成形性差。 2. 软质岩：开挖过程中洞壁岩体有剥离，位移极为显著，甚至发生大位移，持续时间长，不易成洞；基坑发生显著隆起或剥离，不易成形	<4
1. 硬质岩：岩心时有饼化现象；开挖过程中偶有岩爆发生，洞壁岩体有剥离和掉块现象，新生裂缝较多；基坑时有剥离现象，成形性一般尚好。 2. 软质岩：开挖过程中洞壁岩体位移显著，持续时间较长，围岩易失稳；基坑有隆起现象，成形性较差	4～7

注　表中 R_c 为岩石饱和单轴抗压强度，σ_{max} 为垂直洞轴线方向的最大初始应力。

表 2－2　　　　　　　　　　GB 50487—2008 岩爆分级及判别

岩爆分级	主要现象和岩性条件	R_c/σ_1	建议防治措施
轻微岩爆（Ⅰ级）	围岩表层有爆裂射落现象，内部有噼啪、撕裂声响，人耳偶然可以听到。岩爆零星间断发生。一般影响深度 0.1～0.3m	4～7	根据需要进行简单支护
中等岩爆（Ⅱ级）	围岩爆裂弹射现象明显，有似子弹击的清脆爆裂声响，有一定的持续时间。破坏范围较大，一般影响深度 0.3～1m	2～4	需进行专门支护设计。多进行喷锚支护等
强烈岩爆（Ⅲ级）	围岩大片爆裂，出现强烈弹射，发生岩块抛射及岩粉喷射现象，巨响，似爆破声，持续时间长，并向围岩深部发展，破坏范围和块度大，一般影响深度 1～3m	1～2	主要考虑采取应力释放钻孔、超前导洞等措施，进行超前应力解除，降低围岩应力。也可采取超前锚固及格栅钢支撑等措施加固围岩。需进行专门支护设计
极强岩爆（Ⅳ级）	洞室断面大部分围岩严重爆裂，大块岩片出现剧烈弹射，震动强烈，响声剧烈，似闷雷。迅速向围岩深处发展，破坏范围和块度大，一般影响深度大于 3m，乃至整个洞室遭受破坏	<1	

《水力发电工程地质勘察规范》（GB 50287—2006）中同样根据强度应力比值高低对岩爆等级进行判别划分，同时给出对应不同等级岩爆的主要现象，具体如表 2－3 所示。

表 2－3　　　　　　　GB 50287—2006 中岩爆烈度分级及判别

岩爆分级	主要现象	R_c/σ_1
轻微岩爆	围岩表层有爆裂脱落、剥离现象，内部有噼啪、撕裂声，人耳偶然可听到，无弹射现象；主要表现为洞顶的劈裂—松脱破坏和侧壁的劈裂—松胀、隆起等。岩爆零星间断发生，影响深度小于 0.5m	4～7
中等岩爆	围岩爆裂脱落、剥离现象较严重，有少量弹射，破坏范围明显。有似雷管爆裂的清脆爆裂声，人耳常可听到围岩内岩石的撕裂声；有一定持续时间，影响深度 0.5～1m	2～4
强烈岩爆	围岩大片爆裂脱落，出现强烈弹射，发生岩块的抛射及岩粉喷射现象；有似爆破的爆裂声，声响强烈；持续时间长，并向围岩深度发展，破坏范围和块度大，影响深度 1～3m	1～2
极强岩爆	围岩大片严重爆裂，大块岩片出现剧烈弹射，震动强烈，有似炮弹、闷雷声，声响剧烈；迅速向围岩深部发展，破坏范围和块度大，影响深度大于 3m	<1

陶振宇（1991）结合国内工程经验，在前人研究基础上，提出以岩石单轴抗压强度与初始应力场中最大主应力的比值（σ_c/σ_1）作为是否发生岩爆的判别准则，具体如表 2－4 所示。

表 2 - 4　　　　　　　　　　　　　　　陶 振 宇 判 据

σ_c/σ_1	岩爆等级及现象	σ_c/σ_1	岩爆等级及现象
$14.5<\sigma_c/\sigma_1$	无岩爆发生，也无声发射现象	$2.5<\sigma_c/\sigma_1\leq5.5$	中等岩爆活动，有较强声发射现象
$5.5<\sigma_c/\sigma_1\leq14.5$	低岩爆活动，有轻微声发射现象	$\sigma_c/\sigma_1\leq2.5$	高岩爆活动，有很强的爆裂声

徐林生和王兰生（1999）根据二郎山公路隧道施工中记录的 200 多次岩爆资料的归纳总结分析，提出了改进"$\sigma_{\theta max}/\sigma_c$ 判别法"，具体如表 2 - 5 所示。

表 2 - 5　　　　　　　　　　　　　二郎山公路隧道判别方法

$\sigma_{\theta max}/\sigma_c$	岩爆等级	$\sigma_{\theta max}/\sigma_c$	岩爆等级
$\sigma_{\theta max}/\sigma_c<0.3$	无岩爆活动	$0.5\leq\sigma_{\theta max}/\sigma_c<0.7$	中等岩爆活动
$0.3\leq\sigma_{\theta max}/\sigma_c<0.5$	轻微岩爆活动	$\sigma_{\theta max}/\sigma_c\geq0.7$	强烈岩爆活动

注　$\sigma_{\theta max}$ 为洞壁围岩最大切向应力。

挪威的 Barton（1974）根据岩体中初始应力场中最大主应力与岩石单轴抗压强度间的关系来评判是否发生岩爆及岩爆等级，具体如表 2 - 6 所示。

表 2 - 6　　　　　　　　　　　　　　　Barton　判　据

σ_1/σ_c	岩 爆 等 级	σ_1/σ_c	岩 爆 等 级
$0.2\sim0.4$	中等岩爆	>0.4	严重岩爆

Russense 则从工程快速判别岩爆可能性的角度出发，提出利用岩石点荷载强度与洞室切向最大应力之间的关系判别岩爆等级公式，如表 2 - 7 所示（侯发亮，刘小明，王敏强，1992）。

表 2 - 7　　　　　　　　　　　　　　　Russense　判　据

$I_s/\sigma_{\theta max}$	岩 爆 等 级	$I_s/\sigma_{\theta max}$	岩 爆 等 级
<0.083	严重岩爆	$0.15\sim0.20$	低岩爆
$0.083\sim0.15$	中等岩爆	>0.20	无岩爆

注　I_s 为岩石点荷载强度。

Turchaninov 根据科拉岛希宾地区矿井建设经验，认为岩爆活动性可由洞室最大切向应力 $\sigma_{\theta max}$ 与轴向应力 σ_L 之和与岩石单轴抗压强度 σ_c 之比进行判定，具体如表 2 - 8 所示。

表 2 - 8　　　　　　　　　　　　　　Turchaninov　判　据

$(\sigma_{\theta max}+\sigma_L)/\sigma_c$	岩 爆 等 级	$(\sigma_{\theta max}+\sigma_L)/\sigma_c$	岩 爆 等 级
≤0.3	无岩爆	$0.5\sim0.8$	中等岩爆
$0.3\sim0.5$	可能有岩爆	>0.8	严重岩爆

注　σ_L 为隧洞轴线应力。

E. Hoek 和 E. T. Brown（1980）总结了南非采矿巷道围岩破坏的观测结果，利用洞壁围岩切向应力与岩石单轴抗压强度之间的关系，归纳总结出岩爆判别及分级准则，如表 2 - 9 所示。

表2-9		Hoek 判据		
$\sigma_{\theta max}/\sigma_c$	岩爆等级		$\sigma_{\theta max}/\sigma_c$	岩爆等级
0.34	少量片帮，弱岩爆		0.56	需重型支护，强烈岩爆
0.42	严重片帮，中等岩爆		≥0.70	严重破坏，严重岩爆

　　同样，安德森根据个人工程咨询经验及实际工程认知，也从地下洞室开挖后洞壁最大切向应力与岩石单轴抗压强度间的关系，给出了岩爆的判别标准及分级依据，如表2-10所示（陶振宇，1987）。

表2-10		安德森判据		
$\sigma_{\theta max}/\sigma_c$	岩爆等级		$\sigma_{\theta max}/\sigma_c$	岩爆等级
<0.35	一般不发生片帮及岩爆		>0.5	产生岩爆
0.35~0.5	可能发生岩爆或片帮			

2.2.2　能量角度

　　岩石单轴抗压强度试验结果表明，在岩石达到屈服前，其内由于已有微裂隙的闭合、新裂隙的扩展融合等将消耗试验机加载过程中的部分能量，并在岩石试样中存储一部分的能量。当试验机所加载能量超过岩石储能极限时，岩石发生急剧破坏。A. Kidybinshi（1981）引用Stecowka和Domzal等人所提出的弹性应变能储存指数概念来判断岩石发生岩爆的可能性。冲击倾向指数是岩石峰值强度前岩样试件所能存储的弹性应变能与塑性变形耗散能之比，即

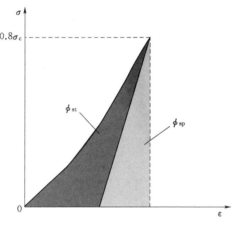

图2-1　弹性能量指数的测定曲线

$$W_{ET}=\frac{\phi_{sp}}{\phi_{st}} \quad (2-1)$$

式中：W_{ET}为冲击倾向指数；ϕ_{sp}为储存的最大弹性应变能；ϕ_{st}为耗损的应变能。具体定义如图2-1所示。

　　相应等级判别标准如表2-11所示。

表2-11	W_{ET}与岩爆等级		
W_{ET}	判别情况	W_{ET}	判别情况
$W_{ET}<2.0$	无岩爆	$W_{ET}\geqslant5.0$	强岩爆
$2.0\leqslant W_{ET}<5.0$	中、弱岩爆		

　　Motycaka（1973）从室内单轴试验破碎岩体抛掷能量出发定义岩爆能量比指标：岩样试件在单轴抗压实验破坏时，η值越大，则此类岩石岩爆倾向性越大，其中η用抛出破碎岩片的能量ϕ_k与试块储存的最大弹性应变能ϕ_{sp}之比表示，即

$$\eta = \frac{\phi_{\mathrm{k}}}{\phi_{\mathrm{sp}}} \times 100\% \qquad (2-2)$$

其中

$$\phi_{\mathrm{k}} = \sum_{i=1}^{n} \frac{1}{2} m_i v_i^2 \qquad (2-3)$$

式中：n 为单轴抗压实验试件破坏时抛出岩块的个数；m_i 为第 i 岩块的质量；v_i 为第 i 岩块的初始弹射速度。

试件储存弹性应变能 ϕ_{sp} 可由试验测得的最大应力值 $\sigma_{\max}$ 和最大弹性应变 $\varepsilon_{\max}$ 求出

$$\phi_{\mathrm{sp}} = \frac{1}{2} \sigma_{\max} \varepsilon_{\max} \qquad (2-4)$$

相应岩爆等级判据如表 2-12 所示。

表 2-12　　　　　　　　　　η 与 岩 爆 等 级

$\eta/\%$	岩爆倾向	$\eta/\%$	岩爆倾向
$\eta \leqslant 3.5$	无岩爆	$4.2 < \eta \leqslant 4.7$	中岩爆
$3.5 < \eta \leqslant 4.2$	弱岩爆	$\eta > 4.7$	强岩爆

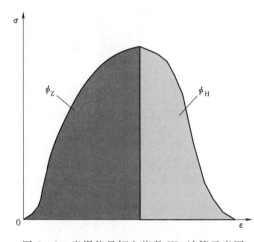

图 2-2　岩爆能量倾向指数 W_{qx} 计算示意图

侯发亮（1990）在冲击倾向性指数法的基础上，提出一种新的测定岩石岩爆倾向的方法，即岩爆能量倾向指数 W_{qx}。该指数根据岩石单轴抗压试验全应力—应变曲线而求得。在图 2-2 中，ϕ_{Z} 为岩石试件峰值强度前应力—应变曲线所围面积，该变量表示试件所能储存的最大能量；ϕ_{H} 为岩石峰值强度后应力—应变曲线所围面积，该量值则表示试件破坏时消耗的能量。两者之间的比值即为岩石岩爆能量倾向性指数，即

$$W_{\mathrm{qx}} = \frac{\phi_{\mathrm{Z}}}{\phi_{\mathrm{H}}} \qquad (2-5)$$

W_{qx} 越大表示岩石储存能量性能越强，破坏时消耗的能量越少，从而发生岩爆的可能性越大。大量的实践统计资料表明，当 $W_{\mathrm{qx}} > 1.5$ 时则可能发生岩爆地质灾害（侯发亮，1990）。

陈卫忠等（2009）根据地下洞室开挖过程中围岩的实际受力状态，开展脆性花岗岩常规三轴、不同控制方式、不同卸载速率峰前、峰后卸围岩试验，研究岩石脆性破坏特征，并从能量角度探讨岩石破坏过程中能量积聚—释放的变化特征。基于这一试验结果，提出了一种新的能量判别指标，即

$$K = \frac{U}{U_0} \qquad (2-6)$$

式中：U 为有限元计算中每个围岩单元体的实际能量；U_0 为岩石极限储存能。

根据该指标，给出的岩爆等级划分如表 2-13 所示。

表 2 - 13		能 量 判 别 法	
U/U_0	岩爆等级	U/U_0	岩爆等级
0.3	少量片帮，弱岩爆	0.5	需重型支护，强烈岩爆
0.4	严重片帮，中等岩爆	$\geqslant 0.7$	严重破坏，严重岩爆

2.2.3 岩石刚度法

Cook（1965）成功研制刚性试验机。这一试验装置可有效减轻由于试验机加载过程中所存储弹性能造成岩石试件破坏猛烈程度加大的现象。在对岩石破裂的力学现象及规律进一步认识的基础上，将洞壁围岩假设为试验设备，从破坏准则及试验机与岩石刚度变化角度类推，提出岩爆的刚度判别准则为

$$K_m < K_s \tag{2-7}$$

式中：K_m 为稳定体的刚度；K_s 为失稳体的刚度。

2.2.4 岩性判别

冯涛等（2000）提出利用单轴抗拉、抗压强度以及峰值前、后应变值来计算岩石的脆性系数，并以该系数作为衡量岩爆倾向性尺度，从岩石脆性角度建立岩爆发生的岩性判别条件为

$$B = \alpha \frac{\sigma_c}{\sigma_t} \frac{\varepsilon_f}{\varepsilon_b} \tag{2-8}$$

式中：B 为岩石的脆性系数，为调节参数；一般取 $\alpha = 0.1$，为岩石单轴抗压强度；ε_f 为峰值前应变；ε_b 为峰值后应变。

根据脆性系数对岩石岩爆倾向进行划分，具体如表 2 - 14 所示。

表 2 - 14		脆性系数 B 值与岩爆判别	
脆性系数 B	判别情况	脆性系数 B	判别情况
$\leqslant 3$	无岩爆	$\geqslant 5$	严重岩爆倾向
$3 \sim 5$	轻微岩爆倾向		

许梦国等（2008）根据岩石峰值前的总变形和永久变形，用变形脆性系数法确定岩石岩爆倾向，即

$$K_U = \frac{\varepsilon_e}{\varepsilon_p} \tag{2-9}$$

相应等级判别标准如表 2 - 15 所示。

表 2 - 15		K_U 值与岩爆等级	
K_U	判别情况	K_U	判别情况
$\leqslant 2.0$	无岩爆	$6.0 \sim 9.0$	中岩爆
$2.0 \sim 6.0$	弱岩爆	> 9.0	强岩爆

2.2.5 临界深度

岩体初始应力场可视为主要由构造应力场和自重应力场两大部分组成。由于岩体所处地质环境不同，两者之间占有不同的比重。国内部分学者假设初始应力场中最大主应力为自重应力，推导出发生岩爆的最小埋深计算公式，即临界埋深公式，且部分结果已被相关规范推荐为工勘阶段岩爆与否的判断依据。

侯发亮（1989）认为岩爆虽多发生于水平构造应力较大地区，但若洞室埋深较大，即便无构造应力作用，由于上覆岩体自重作用，洞室也可能会发生岩爆，并根据弹性力学推导出仅考虑上覆岩体自重情况下的临界埋深计算公式为

$$H_{cr}=0.31R_b\frac{1-\mu}{3-4\mu}\gamma \tag{2-10}$$

式中：H_{cr} 为发生岩爆的岩体临界埋深；μ 为岩体泊松比；γ 为岩体容重。

彭祝等（1996）根据 Gfiffith 准则推导出上覆岩体产生的应力场为岩爆的主要应力场来源时的临界埋深，其计算公式为

$$H_{cr}=\frac{8\sigma_t}{[(1+\lambda)+2(1-\lambda)\cos2\varphi]\gamma} \tag{2-11}$$

式中：λ 为侧向压力系数；φ 为岩体摩擦角。

潘一山等（2002）从岩石损伤和塑性软化特性出发，推导出岩爆发生的临界埋深，具体计算公式为

$$H_{cr}=\frac{\sigma_c(1-\sin\varphi)\lambda_{peak}}{2E\gamma\sin\varphi}\left[\left(1+\frac{E}{\lambda_{peak}}\right)^{\frac{1}{1-\sin\varphi}}-\frac{E}{\lambda_{peak}}-1\right] \tag{2-12}$$

式中：λ_{peak} 为岩体降模量；E 为岩体弹性模量。

2.2.6 复合判据

从岩爆孕育与发生机理来看，其与地下岩体所赋存环境相关，同时又与岩石、岩体的本身属性相关，是多种因素综合作用达到临界条件的结果。以上的判据仅从一个方面，如强度应力比、应力强度比、刚度或能量等方面对岩爆发生与否进行判别，必然具有片面性和局限性，不能综合涵盖地下工程的复杂情况。随着工程实践认识的逐渐增加以及室内试验所得结果的进一步研究验证，关于岩爆的判据研究已呈现出从单一判据向复合多元判据逐渐转变的趋势，而所得结果在实际工程应用中表现出了更好的适用性。

武警水电指挥部天生桥二级水电站岩爆课题组（1991）认为围岩是否产生岩爆主要由应力条件和岩石强度以及围岩的变形特性所控制，针对天生桥二级水电站引水隧洞岩爆问题，提出适用于该工程的岩爆判据为

$$\begin{cases}\sigma_{\theta max}\geqslant K_J\sigma_c\\W_{ET}\geqslant5\end{cases} \tag{2-13}$$

式中 K_J 的选取需根据围岩表面应力组合状态而定，当围岩两向应力的比值 $\sigma_L/\sigma_{\theta max}=0.25$ 时取 $K_J=0.30$、$\sigma_L/\sigma_{\theta max}=0.50$ 时取 $K_J=0.40$、$\sigma_L/\sigma_{\theta max}=0.75$ 时取 $K_J=0.45$、$\sigma_L/\sigma_{\theta max}=1.0$ 时取 $K_J=0.50$。

谷明成等（2002）对秦岭隧道岩爆发生情况进行详细研究后认为岩爆形成发生的条件有：①能有效积聚应变能的岩石，即岩性条件；②能量的来源，即较高的初始应力，同时还要有引起应变能释放的外部条件。因此，从岩性条件、初始应力条件和岩爆的控制因素等方面出发，提出岩爆复合判据为

$$\begin{cases} \sigma_c \geq 15\sigma_t \\ W_{ET} \geq 2.0 \\ \sigma_{\theta max} \geq 0.3\sigma_c \\ K_v \geq 0.55 \end{cases} \tag{2-14}$$

式中：K_v 为岩体完整性指数。

张镜剑等（2008）对谷明成等（2002）提出的岩爆判据进行研究后，认为其中 $\sigma_{\theta max} \geq 0.3\sigma_c$ 是根据秦岭隧道围岩片麻岩强度高的具体情况所得到的，其发生岩爆的条件偏高。而陶振宇（1991）所提出的岩爆下限条件偏低，为克服上述两判据在判别岩爆是否发生时的偏高与偏低缺陷，对谷—陶判据进行了修正，具体为

$$\begin{cases} \sigma_{1-insitu} \geq 0.15\sigma_c \\ \sigma_c \geq 15\sigma_t \\ K_v \geq 0.55 \\ W_{ET} \geq 2.0 \end{cases} \tag{2-15}$$

相应地，张镜剑等（2008）给出了岩爆的等级划分，如表 2-16 所示。

表 2-16 谷—陶判据修正后的岩爆分级表

岩爆分级	判 别 式	说 明
Ⅰ	$\sigma_1 < 0.15\sigma_c$	无岩爆发生，无声发射现象
Ⅱ	$\sigma_1 = (0.15 \sim 0.20)\sigma_c$	低岩爆活动，有轻微声发射现象
Ⅲ	$\sigma_1 = (0.20 \sim 0.40)\sigma_c$	中等岩爆活动，有较强声发生现象
Ⅳ	$\sigma_1 > 0.40\sigma_c$	高岩爆活动，有很强的爆裂声

2.2.7 系统工程方法

计算机技术的发展和系统工程研究的日趋进步，给利用新技术特别是系统工程技术，如神经网络、模糊数学、概率密度函数法等应用于解决工程问题提供了可能。

近年来系统工程中的一些新技术方法被应用到岩爆预测分析工作中，冯夏庭（1994）应用神经网络系统理论，提出了地下洞室岩爆预报的新方法——自适应模式识别方法。该方法结合专家的经验，从积累的工程实例中抽取岩爆模式特征，建立输入模式输出模式对，采用自学习的方法建立从输入模式到输出模式的非线性映射，并进行推广，由网络推理出待识别岩石岩爆发生的可能性和烈度。陈海军等（2002）选取岩石抗压强度、抗拉强度、弹性能量指数和洞壁最大切向应力作为岩爆预测的评判指标，建立了岩爆预测的神经网络模型，对岩爆的发生及其烈度进行预测。周科平等（2004）把常规的研究岩爆倾向性的方法与 GIS 技术结合起来，利用 GIS 的空间数据分析技术和模糊自组织神经网络，对评价岩爆倾向性的多源信息进行加工处理，建立了一个基于 GIS 技术的岩爆倾向性模糊

自组织神经网络模型。姜彤等（2004）根据现有研究成果，提出新的权重计算方法，建立了动态权重灰色归类模型。在进行岩爆预测时，提出了综合评判指数的概念，给出了新的评判方法。王元汉等（1998）采用模糊数学综合评判方法，选取影响岩爆的一些主要因素，例如地应力大小、岩石抗压和抗拉强度、岩石弹性能量指数，对岩爆的发生与否及烈度大小进行了预测。针对国内外一些岩石地下工程实例进行了分析计算，结果与实际情况符合得较好，这说明了岩爆预测的模糊数学综合评判方法的有效性。梁志勇等（2004）基于岩石单轴抗压破坏特征和强度概率分布规律，首次引入岩爆烈度是岩石概率破坏表现的观点，建立岩爆烈度与岩石单轴压缩强度概率密度函数的对应关系，进而确定不同应力强度比条件下各级岩爆烈度发生概率的计算公式。该预测模型能够反映洞室岩爆发生的基本规律，并可以预测不同应力条件下的各级岩爆的发生概率。刘章军等（2008）以模糊概率理论为基础，选取影响岩爆的一些主要因素，如洞壁最大切向应力 σ_θ、岩石单轴抗压强度 σ_c、岩石单轴抗拉强度 σ_t 以及岩石弹性能量指数 W_{et}，并以 σ_θ/σ_c、σ_c/σ_t 和 W_{et} 作为评价影响因子，同时将岩爆烈度划分为无岩爆、弱岩爆、中岩爆和强岩爆 4 个等级，建立岩爆烈度分级预测的模糊概率模型。熊孝波等（2007）在系统分析了影响岩爆发生的相关因素的基础上，结合地下工程实际，采用可拓综合评判方法，针对性地选取了 3 个评价指标，应用物元概念和关联函数，建立了岩爆预测的物元模型，对岩爆的发生与否及其烈度进行预测。陈祥等（2009）根据岩爆的发生机理，从内因和外因两个方面提出 3 个影响岩爆发生的核心因素：围岩二次应力的最大主应力与岩石抗压强度比、修改的岩爆倾向性指数和岩体完整性指数。对岩爆倾向性指数的计算方法进行修改，提出修改的岩爆倾向性指数，并将它和岩体完整性指数作为内因，将围岩二次应力的最大主应力与岩石抗压强度比作为外因，以这 3 个影响因素为判别指标，并确定了岩爆发生等级的判断标准。王吉亮等（2009）选用洞室围岩最大的切向应力 σ_θ、岩石单轴抗压强度 σ_c、抗拉强度 σ_t、岩石弹性能量指数 W_{et} 作为岩爆等级判定的距离判别分析模型的判别因子，以工程中实际岩爆情况及数据作为训练样本，进行分析计算，建立岩爆等级判定的距离判别分析模型。陈秀铜等（2008）在综合分析岩爆发生条件的基础上，对岩爆产生的影响因素进行了系统归类，并与系统工程决策方法和模糊数学评价方法有机结合，提出了一种层次分析法——模糊数学（AHP－FUZZY）岩爆预测方法。该方法较全面地考虑了岩爆发生的多种影响因素，避免了仅考虑少数几种判据所带来的局限性，同时通过层次结构分析方法较为客观地给出了各种影响因素的影响程度值，为提高岩爆综合预测评价的可靠性创造了条件。

　　这些方法在对岩爆灾害进行分析时可考虑较多的影响因素，具有一定优势，但人为主观干扰性较大，特别是权重选择中研究者的现场工作经验有无及对岩爆认识的程度不同，对于结果的影响很大，具体有效性值得进一步验证，实际应用中具有较大的局限性。

2.3　室内岩爆试验

　　岩爆受岩性、应力条件、开采条件等因素影响，发生机制极其复杂，而物理模拟试验研究岩爆具有独特优势。目前有很多的研究人员采用室内加卸载试验的方式研究单块岩样或带孔岩样的脆性破坏特征，进而研究岩爆发生的标准现象、力学边界、声发射特征等。

左宇军等人（2006）以单轴动—静组合加载实验为依据，能量平衡为原理，损伤力学为手段分析动—静组合载荷作用下岩石发生破坏时能量的转换，对岩爆能量组成以及单轴动静组合加载诱发的岩爆岩块弹射速度进行研究。研究结果表明，与只考虑静载荷作用产生的岩爆相比，按动—静组合载荷产生岩爆设计有岩爆倾向的深部地下工程岩体的支护更加符合实际。陈陆望等（2007，2008）为了探讨圆形地下洞室围岩岩爆破坏过程与机制，以单轴抗压强度 σ_c、脆性系数 K 与冲击能量指数 W_B 为概化指标，通过物理模型材料的正交试验，选取合适的具有岩爆倾向性的坚硬脆性岩体物理模型材料，制作了圆形和马蹄形洞室物理模型试件，并在岩土工程大型真三轴物理模型试验机上进行平面应变物理模型试验。徐林生（2003）按照地下工程洞室开挖过程中围岩的实际受力状况，主要采用卸荷三轴试验方法，探讨了岩爆岩石的变形破坏特征问题。李连贵等（2001）根据岩爆模拟试验的要求，进行了相似材料的配合比试验，筛选出适合作为岩爆模型的相似材料。进一步制作含孔模型试样，进行了不同加载比、不同开孔方式、不同几何特性的模型试验。许迎年等（2002）在岩爆模拟材料筛选试验的基础上，选取了最具岩爆倾向的材料制作含孔试件进行了含洞室岩体的岩爆模拟试验。

张永双等（2009）以中国西南地区地质作用最复杂的高黎贡山越岭隧道为例，在隧道工程地质条件分析的基础上，对最可能发生岩爆的花岗斑岩进行真三轴岩石力学试验测试，并结合原位地应力测量结果，确定不同工况下岩爆模拟试验的三向应力量值和加载、卸载方式，对岩爆进行模拟试验。王斌等（2011）在对开阳磷矿饱水砂岩静力学与动力学试验的基础上，基于饱水岩石的静态和动态破坏特征，从围岩结构效应、应力波边界效应和能量原理等角度，探讨了水防治层裂屈曲型岩爆的静力学与动力学机制。张晓君（2011）采用辉长岩试样，进行真三轴加卸载试验，真实模拟实际围岩的应力演化并且实现了小主应力方向的单面卸载。重庆地区某深埋坑道工程是由砂岩、粉砂岩、泥岩构成的层状地层，施工中始终存在岩爆危害。为降低岩爆威胁，田宁（2012）从岩爆倾向性室内评判着手，进行了复杂围岩组合试件力学性质和动态破坏特性试验研究，同时研究了浸水对深部岩体岩爆倾向性的影响，最终获得了岩爆倾向室内定量评价结果，为最大限度地降低岩爆威胁提供了试验依据。为了查明高储能岩体快速卸荷变形破坏机制，马艾阳等（2014）设计了锦屏大理岩岩爆试验，对岩爆试件的宏观破坏特征、声发射过程等进行研究。根据以往真三轴岩爆试验特征进行了全程和非全程试验，记录其过程及声发射特征。对比分析两者的宏观破坏特征，解释了岩爆试验的渐进破坏过程。何满潮等（2014）设计并研发冲击岩爆试验系统，该试验系统设计 16 种简谐波，通过其组合叠加，可以实现对开挖爆破、顶板垮落、断层滑动等冲击扰动波的模拟。

顾金才等（2014）为探讨高地应力隧洞岩爆机制，对抛掷型岩爆模拟试验技术，提出新的试验方案，研发新的试验装置，开展新的岩爆模拟试验。贺永胜等（2014）介绍了一种新型岩爆模拟专用气液复合快速补偿加载器的设计原理和技术特征。该加载器采用独特的 4 腔室气液联合设计，利用蓄能腔压缩气体绝热膨胀来快速补偿试样破坏时加载器的压力突降，使试样发生模拟岩爆。试验表明，加载器具有整体刚度高、操控性好、高速密封稳定可靠等特点，解决了回程腔背压消除、防止气体往液压缸泄漏、高速导向密封等关键问题，能够较好地实现单轴加载条件下试样不同烈度等级的岩爆过程模拟。刘祥鑫等

（2016）以"巷道—围岩"系统为研究对象，以水平应力卸荷操作模拟工程现场的巷道周边矿岩开挖卸荷作用，再现了巷道卸荷岩爆。周辉等（2015）结合锦屏二级水电站深埋隧洞典型岩爆案例，分析板裂屈曲岩爆的发生机制及结构面作用机制，结合板裂化围岩的结构特征，配制板裂化模型试样，采用 2 种不同的加载方式进行板裂屈曲岩爆的物理模拟试验。苏国韶等（2016）利用自主研发的真三轴岩爆试验系统，以 200～700℃不同高温冷却后和常温 25℃下的红色粗晶花岗岩作为岩样，进行岩爆弹射破坏过程的模拟物理试验。在借助高速摄像系统和声发射系统监测岩爆过程的基础上，分析了不同高温作用后岩样的岩爆弹射过程、破坏形态特征、峰值强度、声发射特性、碎块特征以及弹射动能的变化规律。苏国韶等（2016）对粗晶粒花岗岩试件开展应变型岩爆弹射破坏过程试验研究。设计不同的加载与卸载路径，模拟能量集聚驱动型与应力集中驱动型两类岩爆的弹射破坏过程，在借助高速摄像系统对岩石碎块弹射过程进行影像记录与速度测量的基础上，分析岩爆弹射破坏过程的特征与规律。

苏国韶等（2016）以红色粗晶花岗岩作为岩石长方体试件，开展了不同加载速率的应变型岩爆室内模拟试验，在提出一种岩爆碎块单位面积表面能测定方法的基础上，结合应力—应变曲线分析，实现了岩爆碎块耗能组成的定量化分析，进而探讨了不同轴向加载速率下岩爆碎块的耗能特征。赵菲等（2017）为了研究深部煤炭开采过程中煤岩体岩爆破坏过程声发射随应力演化的特性，对鹤岗矿区南山煤矿软岩巷道的煤岩体进行真三轴卸载岩爆试验，实时记录三向应力演化过程，并采集试验过程中的声发射信号进行参数和波形时频分析。齐燕军等（2017）为了深入认识深部巷道中岩爆的发生机制，研发了配备弹性储能模块的岩爆模拟试验系统对含预制圆形巷道 4 种岩性模型进行试验，通过调整初始应力水平和加载速率再现了不同岩性巷道的岩爆事件。试验过程中利用高速摄像系统对巷道围岩破坏全过程进行实时监测和记录，结合破坏特征对巷道岩爆的发生过程和机理进行了分析和探讨。李天斌等（2018）为了研究隧道工程在高地温和高地应力耦合作用下发生岩爆的特性，通过一系列技术研发，在二维地质力学模拟试验加载系统上成功进行热—力作用下隧道岩爆温度效应的物理模型试验。在研制具有岩爆倾向的硬脆性岩爆相似材料的基础上，自主开发大型物理模型温度场加载系统和隧道开挖装置，考虑 20℃、40℃、60℃、80℃ 4 种温度和侧压力系数为 2 的高地应力作用，共开展 4 个模型试验。司雪峰等（2018）为了模拟深部圆形洞室三维受力情况下岩爆的发生过程，以具有极强岩爆倾向性的花岗岩作为试验材料，利用自行研制的 TRW‑3000 岩石真三轴电液伺服诱变试验机，对含直径 50mm 贯穿圆形孔洞的 100mm×100mm×100mm 立方体花岗岩试样进行了三向不等压加载试验。

苗金丽等（2009）对真三轴应力状态下的突然卸载应变岩爆试验监测到的声发射原始波形数据进行频谱分析和时频分析。根据三亚花岗岩岩爆试验前后样品 SEM 微观结构照片，岩爆过程的声发射频谱特性及声发射参数 RA 值（声发射撞击上升时间/幅度）的不同，分析其破坏过程的微观机制。李德建等（2010）采用真三轴应力状态下单面突然卸载试验方法，进行莱州花岗岩岩爆试验，获得花岗岩岩爆碎屑。对碎屑特征进行测量，包括碎屑质量、长度、宽度、厚度，并对粗粒、中粒、细粒以及微粒等不同粒径范围内的碎屑数量、质量及粒度分布进行分析。何满潮（2014）等对北山花岗岩进行 4 种不同速率卸载的岩爆试验，收集试验后产生的碎屑，进行粒径分布和基本尺寸量测，得到碎屑尺度特征。利用声发射系统采集试验过程中声发射信号，采用典型的时频分析手段，提取每一个声发射波形信号的主频值，绘制整个试验全局的主频分布图，找出花岗岩岩爆的主频分布带。夏元友等（2014）通过自主研发的岩爆模拟试验装置对大尺寸试件进行岩爆试验，研究不同加卸载路径下产生岩爆碎屑的质量和形状分布特征，探讨试件发生岩爆的烈度与碎屑分形维数的关系。何满潮等（2018）运用自主研发的冲击岩爆实验系统，进行了改变动载波幅和静载的两种冲击岩爆实验，收集实验后砂岩碎屑，使用图像处理软件对两种冲击岩爆中粒碎屑图片进行处理，获得岩爆碎屑的粒度—数量、周长—数量以及面积—数量分形维数值。

2.4　孕育发生机理

岩爆是一种极为复杂的物理现象，不同学者对其形成、破坏机理等的看法不一。当前，关于岩爆的形成机理解释，国内谭以安的研究解释得到较为广泛的认可。谭以安（1989）认为由于岩爆的本质是洞室围岩突然释放高应力集中区内储聚的大量弹性应变能的一种剧烈的脆性破坏，因而其形成是一个渐进破坏过程。对岩爆形成的渐进破坏划分为以下几个阶段，具体过程示意如图2-3所示。

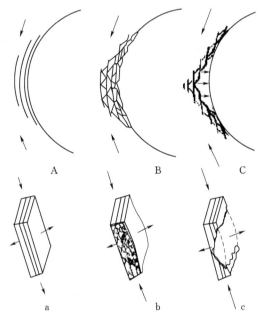

图2-3　岩爆破坏过程（谭以安，1989）

A—劈裂成板；B—剪断成块；C—块、片状弹射

（1）劈裂成板。洞室开挖过程中或开挖后，初始地应力发生扰动并重新分布，这样造成局部应力的集中和能量积聚，在切向应力梯度较大的部位，或在洞壁平行于最大初始应力部位，洞壁因压致拉裂而形成板状劈裂。其板面平直，与洞壁大体平行，无明显擦痕。此阶段为岩爆的初级破坏阶段。

（2）剪切成块。切向应力在平行劈裂板面方向继续作用，将使岩板屈曲失稳，随后产生剪切变形。当剪应力达到抗剪强度时，则产生剪切破坏。在板的周边，剪切微裂隙进一步贯通，形成宏观Ｖ形剪切面，使洞壁处于岩爆破坏的临界状态。该阶段为岩爆弹射酝酿阶段。

（3）块、片弹射。前两个阶段克服了岩体的黏聚力和内摩擦力，并产生声响和震动而耗散了大量的弹性应变能。岩块剪切滑移时，获得剩余能量，处于"跃跃欲弹"的状态。一旦被剪断，则发展到块、片弹射阶段，形变能转化为动能，使岩块（片）以一定的速度和散射角，骤然向洞内临空方向猛烈弹射，形成岩爆。

徐林生等（1999，2002）通过对二郎山公路隧洞岩爆现场跟踪调研、岩爆断口扫描电镜分析以及室内外岩石力学试验研究后认为，岩爆发生力学机制可归纳为压致拉裂型、压致剪切拉裂型、弯曲鼓折（溃屈）型三种基本型式，也可能以多种组合型式出现。同时，通过大理岩三轴压缩动态卸围压试验表明岩爆的产生是岩石内部张拉和剪切破坏的综合作用结果，而剪切作用使岩石局部产生破裂，有利于张拉破坏的形成，张拉破坏是岩爆产生的根本内因（徐松林，吴文，张华，2002）。

唐绍辉等（2003）根据对会泽铅锌矿麒麟厂矿区岩爆表征现象进行综合分析后认为：矿体中上盘岩体以张性破裂为主，属劈裂破坏。由于洞周岩体主应力迹线与洞壁基本平行，产生与巷道壁面基本平行的张性破裂面，进而形成近于成板状的岩片。同时在切向应力作用下，岩片产生溃屈折断，或在岩片边缘形成局部斜向剪断，形成劈裂松脱型岩爆。谷明成等（2002）根据秦岭隧道岩爆活动以及室内的岩石力学试验研究结果，认为岩爆的形成和发生经历张性劈裂、破裂成块和岩块弹射三个变形破坏阶段，所提观点与谭以安（1989）观点较为相近。即洞室开挖过程中，洞壁逐渐集中的切向应力，使局部岩体中与切向应力方向一致的原生微裂隙、微节理或软弱面（片麻理），沿切向应力方向劈裂扩展、分支、联合，形成宏观张性破裂面，将洞壁附近岩体劈裂成板状；破裂面扩展到一定程度时受到边界条件限制，要么改变方向，向临空面（洞壁）方向继续劈裂扩展，要么沿与洞壁斜交的弱面发生剪切，要么板状岩体在较大切向应力作用下发生压弯折断，使板状岩体破裂成形状各异的岩块；当破裂面扩展到洞壁时，破裂岩块自身积聚的应变能和稳定岩体释放的能量转化为破裂岩块的动能，破裂岩块获得一定的初速向临空面弹射出来，从而产生岩爆。侯发亮等（1990）认为围岩应力越大，岩体中积聚的能量也越大。如果围岩积蓄的比能（单位体积的能量）超过岩石破坏耗散的比能，它就会用一部分能量迫使岩石破坏，而超过的那一部分能量转化成动能释放出来。如果围岩积蓄的比能小于岩石破坏耗散的比能，就不可能发生岩爆。

此外，万姜林等（1998）通过对太平驿水电站引水隧洞施工中发生的岩爆现象进行对比分析后认为，岩爆是在具有一定的弹性应变能存储条件的硬脆性岩体中开挖隧洞时，由于地应力分异，围岩应力跃升，使得岩体内原生裂隙发生张拉破坏后发展为宏观裂纹，并且其作用应力随之急剧调整升高，积蓄能量进一步集中，使内部破坏加速扩展，成为宏观破坏（剪、张脆性破坏），而使岩片分离母岩，并同时获得弹射引发力，使岩片向临空方向弹射，在母岩体内则产生震动。它经历了内部原生裂隙启裂并稳定扩展（应力升高）→非稳定扩展（新旧裂纹急剧扩展）→宏观破坏和弹射、震动的"时序渐进破坏过程"，也即经历稳定破坏→加速破坏→动力弹射、震动过程。

国内关于岩爆机理的阐述，出发点基本相同，观点较为相近，即地下洞室开挖导致局部围岩应力集中，首先克服岩体强度而产生张—剪脆性破坏，并伴随声响和震动，消耗部分弹性应变能，同时将剩余的能量转化为岩块的动能，使围岩急剧向动态失稳发展，造成岩片脱离母体，向临空方向猛烈抛掷弹（散）射，进而表征为岩爆灾害现象。国外一般将岩爆灾害与微震现象联系起来。Kaiser等（Kaiser，1996；Pelli，1991）从破坏能角度出发，将岩爆的破坏机理归纳为以下三种（图 2-4）。

（1）岩体破裂导致岩体体积膨胀（有时伴随岩石弹射，有时无弹射现象）的破坏机理。地下巷道周边应力超过岩体强度时，岩体会产生裂隙导致岩体膨胀，如果岩体破坏迅速发生，这种破坏统称为应变型岩爆。破坏的主要能源就是破坏处岩体本身储存的应变能，这是土木工程中最常见的岩爆形式。

（2）地震能传播导致岩块弹射破坏机理。远处震源的应力波传播到地下空间自由面，导致原已存在的地质构造分割出来的离散岩块的猛烈弹射，破坏的主要能源来自远处的地震能。

（3）地震的震动引起岩块崩塌机理。地震的震动力诱发重力作用下极限平衡状态的离散岩块产生崩塌。破坏的主要能源来自远处的地震能和岩块的重力势能。

而 Hoek 等（1995）认为由于采矿或其他工程扰动所引起的岩爆以及微震事件所造成的围岩不稳定状态可包括沿原有裂隙面的滑移以及完整岩体的裂隙化，进而将岩爆划分为断裂型岩爆和应变型岩爆两种类型。

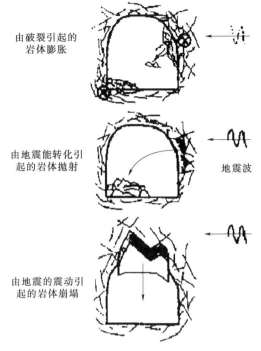

由破裂引起的岩体膨胀

由地震能转化引起的岩体抛射

地震波

由地震的震动引起的岩体崩塌

图 2 - 4 岩爆破坏机理示意图
（Kaiser，1991；Pelli，1991）

2.5 微震监测

关于岩爆的现场预测预报方面，有根据岩屑、声响、超前钻孔反应等多种工程经验判别方法，但这些方法由于对人员经验要求较高且具有较大的不确定性，工程中逐渐不再使用。随着地球物理技术的发展，微震监测技术逐渐发展成熟并应用于冲击地压、岩爆风险工程中。微震监测技术是通过获取岩石声发射所产生的弹性波来判断岩体内部的应力状态从而预测岩体的稳定性的一种超前地质预测技术，作为一种深井矿山地压监测方面的有效措施。随着技术的发展和建设的需要，深埋长隧洞工程日益增加，微震技术从采矿领域逐渐发展至长隧洞、边坡、坝基等领域。

2.5.1 微震应用方面

南非金矿早在 20 世纪 60 年代用高频拾震器对微震进行了较准确的定位，随着微震技术的不断成熟，越来越多的国家，美国、加拿大、波兰、澳大利亚等采矿大国开始普遍将微震应用于深井矿山的开采工作中。国际上技术先进的微震系统有南非 ISS 监测系统、加拿大 ESG 监测系统、英国 ASC 监测系统和波兰 SOS 监测系统。

我国的微震监测领域开始较晚，1959 年中科院地质物理所研制的 581 微震仪在门头沟进行了地压监测；1976 年长沙矿山研究院研制了便携式智能地音仪和多通道的声发射采集系统；中国地震局于 1984 年研制的慢速磁带地声仪在房山煤矿进行监测，从采集的信号反演出震源参数进行计算和分析，取得丰硕的成果；我国首次开展矿山多通道微震监测是 1986 年门头沟煤矿采用波兰 SYLOK 微震监测系统（鲁振华等，1989；刘万琴等，1991），兴隆庄煤矿在 1990 年引入澳大利亚微震监测设备。广东凡口铅锌矿在 2004 年利用 ESG 微震系统进行地压监测（李庶林，2005），铜陵冬瓜山矿 2005 年利用 ISS 微震监测系统进行深部采场地应力监测（唐礼忠等，2006），红透山铜矿也运用了微震监测系统对冲击地压进行监测（赵兴东等，2008）。济南张马屯铁矿在 2008 年采用微震监测技术探究了环境应力场、微震活动规律和岩石突水危害之间的关系。针对三河尖煤矿严重冲击矿压问题，通过建立运行微震监测系统，预报冲击矿压，使冲击矿压的防治取得了显著成效（丁强等，2005）。2010 年雅砻江锦屏二级水电站引水隧洞群采用 ESG 微震设备开展了岩爆微震预测，探索了岩爆孕育过程微震的时空强响应规律，在深埋隧洞岩爆预警领域取得了一定的研究成果。张文东等（2014）将微震监测技术用于锦屏二级引水隧洞工程施工，进行深埋隧洞的岩爆监测预警，实现对微震活动的全天候连续监测分析，并根据现场对岩爆的微震监测结果，对微震的时空演化与岩爆之间的关系进行初步探讨。夏永学等（2011）采用微震和地音监测系统对千秋煤矿煤岩震动信息进行了联合监测，研究确定了千秋煤矿评价冲击危险性的微震和地音指标。锦屏一级水电站坝区山高坡陡，两岸山体地应力高，左岸存在深部裂缝、低波速松弛岩体、煌斑岩脉及 f2、f5 断层等复杂地质条件。为对左岸边坡深部岩体微震活动性进行实时监测和分析，2009 年 6 月该边坡安装了加拿大 ESG 公司生产的微震监测系统，并基于微震监测结果进行了岩质边坡稳定性分析（徐奴文等，2010，2014）。丰光亮等（2015）基于微震监测技术对白鹤滩柱状节理玄武岩导流洞开挖全过程进行研究。乌东德水电站右岸地下厂房洞室群地质条件复杂，大规模洞室开挖导致围岩变形问题突出，严重影响施工进度及人员安全。引入高精度微震监测系统，分析微震时空演化特征，结合现场施工动态、地质资料和常规监测数据，揭示地下厂房围岩损伤特征。对比地下厂房围岩外观变形监测数据，探讨围岩大变形过程中震源参数演化规律，提出围岩大变形预警方法（李彪等，2017）。

2.5.2 微震信号解释方面

由于微震监测主要基于地震波传播原理，在精确定位、事件解译等方面具有一定的误差，所以在监测技术逐渐发展的同时，很多学者和仪器厂商也在这些方面进行了尝试。

王焕义（2001）基于岩体稳定性监测原理，提出一种岩体微震事件的精确定位方法。陆菜平等（2005）针对微震异常信号的突变时刻及突变时刻所对应的频率成分获得问题，采用时—频分析技术分析了两种典型微震信号的功率谱和幅频特性。夏永学等（2010）为了提高煤矿冲击地压预测预报水平，借助地球物理知识，优选和完善了 5 个物理意义明确且具有应用价值的危险预测指标。采用 R 值评分法对这 5 个指标的预测效能进行了研究。谢兴楠等（2014）通过对微震监测系统误差的深入剖析，提出了"统一定位误差"的概念，将微震定位的误差条件进行了前置性统一；结合非线性定位的特点，对微震定位参数进行了非线性变换，提出了降维定位的基本思路及实现方法，解释了平面截割定位的几何原理，揭示了微震定位（平面截割法）的基本实质，并研究了内、外场定位的定位稳定性及控制方法。巩思园等（2010）根据煤矿实际条件和震动波传播特点，建立了最优通道个数的确定原则，构建了用于定位精度评价模型中 P 波波速和 P 波到时标记精度的方差函数，符合两个参数随距离、纵波幅值阻尼系数和纵波波速变异系数增大而波动性增强的特点。夏永学等（2011）采用"最佳 D 值"设计准则对微震台网最佳布设方案进行了理论研究，得出最优台站布置点即为以震源位置为中心的正 n 边形的顶点，提出了微震台网布设一般性的原则和 P 波波速测定方法。吕进国等（2010）基于工作面微震事件释能规律的统计分析，研究了微震能量随时间推移而变化的趋势，认为高能量微震事件是冲击地压发生的必要条件。以大同忻州窑煤矿为例，采用时间序列模型中的 ARIMA 季节性模型和门限自回归模型分别对未来微震事件释放能量进行预测，比较了两种方法的优缺点及适用条件；构建了微震能量方差变化的特征函数，基于此特征函数提出了冲击危险模式的识别方法。董陇军等（2011）为解决传统方法因测量速度误差给定位精度造成的影响，研究TT、TD 和 3 种无需预先测量速度的震源定位的数学形式。吕进国等（2013）为提高矿井微震的定位精度，通过模拟试验对比分析常规定位及新方法在定位求解中的适用范围及优缺点，研究反演未知变量数目、检波器的密度、波速等对各自定位方法的影响。基于单纯形法的优点，并结合模拟退火法的全局收敛性，提出采用稳健的模拟退火—单纯形法进行微震定位。朱权洁等（2012）在前人研究的基础之上，探讨、验证了矿山微震信号的分形特征，并根据微震信号的特征确立了相关的无标度区间及分形盒维数算法。唐礼忠等（2012）利用冬瓜山铜矿微震监测数据，基于定量地震学原理。采用累积视体积、能量指数和累积开挖量时程曲线分析方法，研究矿山开采速率与微震变形之间的关系。并从能量的储存与释放的角度，结合视体积和弹性收敛体积，提出将累积地震视体积与累积开采量之比作为微震活动对开采速率的响应系数，以表征岩体中能量的储存与释放关系。姜鹏等（2015）利用 S 变换分析地下厂房岩石破裂、爆破振动信号的频率特征，通过频带能量分布比例对其进行量化研究，并作为信号特征，建立基于遗传算法优化的 BP 神经网络模型，实现信号的准确分类。在白鹤滩水电站左岸地下厂房微震监测资料的基础上，通过MATLAB 编制相应程序，对信号进行 ST 时频分解，并求解各子频段的能量分布比例。高永涛等（2015）为减小矿山地质、岩性、施工等因素对震源参数测量精度的影响，提出一种基于误差最小原理的震源参数反演算法（均匀速度模型），在目标函数取最小值条件下拟合出最优震源参数。高永涛等（2015）根据微震定位方程，基于误差最小原理，构造微震定位精度敏感性评价的输入/输出数学模型，选取震源点到各检波器之间距离的测量误差、微震波波速标定误差和信号到时拾取误差 3 个影响因素作为分析因子。从信息熵的角度，分析因素分布密度函数，并通过泛函变分求得相应表达式。尚雪义等（2016）针对矿山微震与爆破信号难以识别的问题，提出了基于经验模态分解（EMD）和奇异值分解（SVD）的矿山信号特征提取及分类方法。张楚旋等（2016）基于微震活动性参数研究在岩体稳定性预报中的重要性，探讨 b 值、能量指数 EI、施密特数 S_{cs}、累积视体积 ΣVA 等微震参数在顶板冒落前后的变化，提出"能量指数与累积视体积之比（EEI）"以及"施密特数与累积视体积之比（ES_{cs}）"的概念，并将其作为岩体稳定性预测的参数。董陇军等（2016）采用人工识别方法，依托微震监测系统，建立矿山爆破与微震事件样本数据库。统计分析数据库内各事件地震力矩、事件总能量、事件 P 波能量与 S 波能量比、事件的静压力降、事件的发生时间、传感器触发数量和拐角频率等震源参数特征。对比分析首次峰值到时、首次峰值幅值、最大峰值到时及最大峰值幅值的概率密度分布特征，通过 FFT 变换，统计分析两类事件信号的主频分布规律。赵小虎等（2017）针对分布式微震监测系统对时间同步算法性能的较高需求，提出了一种分布式与结构式相结合的新型最优一致性时间同步算法（OCTS）。李楠等（2017）采用多重分形理论研究了冲击破坏过程不同阶段微震波形的多重分形及其时变响应特征，提出了将最大多重分维数 D_{maxq}、多重分形谱参数 $\Delta\alpha$ 和 $\Delta f(\alpha)$ 作为煤矿微震波形多重分形特征量。王泽伟等（2017）介绍了一种有别于传统定位思路的定位方法——虚拟场优化法（Virtual Field Optimization Method，VFOM），并给出了以台站计算震级偏差最小为目标的近震震级公式回归方法。将 VFOM 和近震震级参数回归方法用于开阳磷矿用沙坝矿区 401 个微震事件的震源定位和近震震级公式的重新标定。李贤等（2017）为提高工程噪声环境中低信噪比微震信号的自动识别率及其 P 波自动拾取准确率，结合 Allen 算法能快速自动拾取震动信号的优点及 Bear 算法善于拾取低信噪比震动信号 P 波初至的优势，在 Allen 算法的基础上，引入 Bear 算法的加权因子和特征函数，对 Allen 算法进行改进，提出适用于工程尺度的微震信号及 P 波初至自动识别的 AB（Allen coupled with Bear algorithm）算法。贾宝新等（2017）针对微震定位误差较大的情况，探究了台阵密度同定位误差之间的联系。通过建立立体监测体系模型，以到时差为变量建立目标方程，采用粒子群算法进行定位求解，研究了定位方法、波速误差和震源位置对定位的影响。王恩元等（2018）为了进一步提高微震自动定位精度，并实时对定位可靠性进行综合评价，研究提出了基于小波分析的微震波形瞬时频率算法和可变分辨率的包络函数，建立了以瞬时频率和包络函数为特征函数序列的微震波形到时自动拾取方法（IFEPM），实现了微震波形高精度到时自动拾取等技术，并在煤矿现场进行了爆破试验验证和应用研究。微震监测作为岩体微破裂空间监测技术在隧道工程岩爆预警上发挥了重要作用。由于微震数据存在的波动性（时间序列）、离散性（空间分布）和误差，利用震源参数随施工循环的演化特征评估岩爆发育过程并非足够稳定、有效。马春驰等（2018）基于 3 种微震监测易于获取且紧密联系的震源参数（地震能量、地震矩和视应力），扩展建立了用于岩爆评估与预警的 EMS 方法。

2.5.3　扩展应用方面

夏永学等（2011）为了定量研究煤矿采场超前支承压力的分布规律，采用固定工作面的方法，研究了采煤工作面前方微震事件的分布特征，在此基础上通过微震波波形分析和反演，进行了工作面前方视应力的分布特征研究。李化敏等（2012）利用微震监测系统，采集平煤十一矿 3 次煤柱型冲击地压发生前后的微震信号，分析 3 次冲击地压期间微震信号的时序特征，并利用 FFT 方法、分形几何原理研究微震信号的频谱特征和分布变化规律。孔令海等（2012）采用微震监测技术对长壁工作面见方期间围岩破坏的整个过程进行监测，研究长壁工作面见方期间微震事件动态信息与岩层运动及矿压显现间的关系，揭示大能量微震事件发生和工作面围岩异常矿压的物理力学机制。张书敬等（2012）采用千秋煤矿微震监测技术对 21141 工作面冲击地压发生规律、覆岩破裂与微震事件的关系、冲击地压与微震事件的关系进行研究。获得了该条件下顶板垮落带与断裂带高度、顶板周期性活动特征、冲击危险区域、冲击能量来源以及冲击地压为主要影响因素。张伯虎等

（2012）将微震监测系统引入水电厂房，在塌空区域建立精度较高的 ISS 微震系统，通过互联网实施远程控制。对获得的大量微震监测数据进行处理，采用不同方法对塌空区和整个地下厂房进行稳定性分析。金沙江白鹤滩水电站导流洞Ⅲ1类柱状节理玄武岩发育，开挖过程中松弛破坏明显，对施工人员安全及施工进度造成严重影响。王桂峰等（2015）在分析冲击矿压发生和锚网索支护防冲机制的基础上，从支护构件柔性吸能和能量平衡的角度，对工作面巷道支护的防冲能力进行计算。结合"SOS"微震监测系统长期监测获得的冲击和强矿震数据，考虑微震系统的定位误差，引入防冲支护设计可靠度参数 $P(x)$，将工作面现有支护条件在不同 $P(x)$ 时的计算可抵御震源能量与冲击时实际的震源能量进行比较分析，探讨微震反求支护参数方法的可行性。赵周能等（2015）在分析钻爆法和 TBM 法开挖下围岩应力状态的基础上，基于锦屏二级水电站深埋隧洞微震监测数据，对比研究了钻爆法和 TBM 法开挖条件下深埋隧洞的微震特性及岩爆风险。马天辉等（2015）以锦屏二级水电站岩爆高发洞段作为研究对象，采用微震监测技术作为岩爆监测预警手段。通过对比现场实际情况和微震监测结果，揭示出微震的时空演化与岩爆之间的关系。通过岩体损伤过程特征提取对应的微震监测事件，总结出微震事件密度云图、微震事件震级与频度的关系、微震事件震级、能量集中度等微震监测指标规律，并以地震学中的 3S 原理作为岩爆判断基础，提出 4 个岩爆判据。马克等（2016）采用加拿大 ESG 微震监测系统对锦州某大型地下水封石油洞库局部开挖过程进行实时监测和分析，圈定监测范围内围岩的潜在危险区域，再现开挖过程中洞库失稳区域的岩体微破裂萌生、发展和集聚。白鹤滩水电站左岸地下厂房规模巨大，开挖卸荷导致局部围岩破坏问题突出。戴峰等（2015）为研究开挖扰动下围岩破坏演化机制及变形机制，通过构建微震监测系统，开展地下厂房开挖卸荷过程微震实时监测。赵周能等（2016）以锦屏二级水电站 TBM 开挖的深埋隧洞为工程背景，基于微震监测数据和岩爆实例，研究了深埋隧洞 TBM 掘进过程中微震与岩爆时空分布特征及岩爆孕育过程微震演化规律。唐礼忠等（2017）为应用矩张量理论，研究矿山开采围岩破坏机制，对理论运用中的关键问题提出了解决办法：①通过引入适于矿山岩体应力状态的矩张量三分量分解模型，解决了由于矿山应力状态不确定带来的矩张量分解方程组求解的不确定问题；②针对 Ohstu 提出的矩张量岩体破坏模式判据的不足之处进行了讨论和修正，使其适用于矿山岩体的工程岩体破坏模式分析。夏永学等（2016）根据微震监测数据的分析，提出了断层冲击地压发生的 4 个典型微震特征，即微震事件的高能特征、丛集现象、前震—主震—余震序列和上盘效应。朱梦博等（2017）为了充分发挥 PAI-k-MFV 算法参数自适应的优势，同时提高 P 波到时正确拾取率和拾取精度，通过引入 STA/LTA 算法和改进 MFV 准则，对 PAI-k-MFV 算法进行改进。程关文等（2017）通过对煤矿采动影响微震区微震事件的空间和能量的空间分布规律分析，研究微震事件数沿垂直方向的突变性，进而确定煤矿顶板对变形和破坏其控制作用的关键层。赵金帅等（2018）通过构建微震监测系统，研究白鹤滩水电站右岸主变室第Ⅳ层分幅开挖下岩体的微震特性及稳定性。

经过几十年的不断发展，微震已经广泛地应用于我国各大深部矿山、深埋引水隧洞及高陡岩质边坡等大型岩土工程领域，同时也取得了学术上的一系列理论成果，但仍有很大的提升空间值得去探索。

2.6　岩爆防治

在地下洞室的施工过程中，对于岩爆问题的治理措施应该遵循"以防为主、防治结合"的原则（冯夏庭，2012）。当然，在隧道设计阶段如果能避开岩爆高发的高地应力区，就应该尽量避让，即使无法避开，也应该尽量避免使洞轴线与最大水平主应力方向垂直。目前，对于岩爆的防治，主要从以下四个方面着手。

1. 加固围岩

加固围岩是一种较为常见的岩爆防治措施，大量工程实践表明，洞室开挖后及时进行喷锚支护能够有效防治岩爆。除了传统的喷锚支护以外，钢支撑挂网、挂网喷锚等措施也得到了广泛应用。虽然喷锚支护简单易行，但是其设计参数及支护时机却没有统一标准，往往针对具体工程进行：二郎山公路隧洞开挖过程中的支护参数就是根据不同的岩爆烈度分别设计的（徐林生等，1999）；苍岭隧道的锚喷支护参数则是根据岩爆的时空规律总结设计的（汪琦等，2006）；雪峰山隧道则是结合了隧址区的岩性和地质构造来设计的（黄戡等，2011）。总之，现阶段的支护措施和支护参数还缺乏一个统一的设计标准，实践中往往根据工程经验确定。

2. 改善围岩的物理力学性质

改善围岩的物理力学性质主要是指弱化岩体的力学性质。现阶段常用的弱化岩体力学性质的方法主要就是高压注水，包括向洞壁喷洒冷水以及钻孔向岩体深部注水两种方式。王贤能等（1998）经过研究发现，高压注水对岩爆的防治主要从三个方面起作用：一是降低围岩强度；二是通过降温使岩体内积聚的能量释放；三是使岩体产生新的裂隙，破坏其完整性。高压注水因其低成本性和易操作性，成为目前最常见的岩爆防治措施之一。

3. 改善围岩的应力条件

改善围岩应力条件主要是通过一定的工程措施使掌子面及围岩的应力提前释放，调整围岩的应力状态及分布方式，避免出现应力集中，其与改善围岩的物理力学性质通常是相辅相成的。目前，改善围岩应力条件的工程方法主要有径向应力释放孔、纵向切槽、爆破卸压以及大口径超前钻孔等（Grodner，1999）。

4. 改善施工方法

隧道施工会对岩爆造成一定的影响，因此采取合理的施工方案和参数是十分必要的。一般来说，"短进尺、弱岩爆"的原则适用于大多数岩爆隧道（司军平，1998）。除此之外，隧道截面的选取以及开挖方式的选择也要根据工程实践具体调整而定。

在实际的工程操作中，因为地质条件的多样性和岩爆的复杂性，上述的原则不一定都具有可操作性或者有效性，因此，根据工程具体情况应当采取适合的综合防治措施。

第3章

锦屏二级水电站施工排水洞岩爆

3.1 工程概况

　　锦屏二级水电站位于四川省凉山州境内的雅砻江锦屏大河弯处雅砻江干流上，地处青藏高原向四川盆地过渡的地貌斜坡地带，地理位置如图3-1所示。锦屏山近南北向展布于河弯范围内，山势雄厚，重峰叠嶂，沟谷深切，主体山峰高程4000m以上，最高峰4488m，最大高差达3000m以上。锦屏二级水电站为低闸、长隧洞、高水头、大流量的

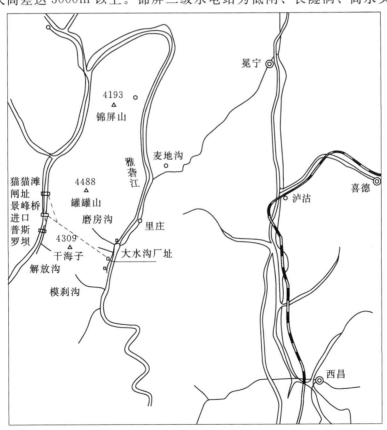

图3-1　锦屏二级水电站工程地理位置示意图

引水式电站。电站建成后,将供电川渝并参与西电东送,是雅砻江上水头最高、装机容量最大的一座水电站。电站利用锦屏 150km 大河弯的天然落差,截弯取直凿洞引水。电站安装 8 台 600MW 的水轮发电机组,总装机容量 4800MW。电站额定水头 288.00m,保证出力 1972MW,多年平均发电量 242.3 亿 kW·h。该水电站由首部枢纽、引水系统、地下厂房等组成,闸址以上控制流域面积为 10.3 万 km^2,闸址处多年平均流量 $1220m^3/s$。主体工程于 2007 年 1 月开工建设,2014 年 11 月 29 日上午,雅砻江锦屏二级水电站最后一台机组宣布正式运行。锦屏二级水电站一般埋深 1500~2000m,最大埋深 2525m,实测地应力中最大主应力值高达 46.41MPa,且明显表现出地应力量值随埋深增加而增大的趋势,在工程建设期间发生了大小不等的岩爆灾害。

锦屏二级水电站引水隧洞洞线为景峰桥—大水沟直线方案,平行布置两条辅助洞及 4 条引水隧洞。引水隧洞长约 16.7km,断面为圆形,洞径 13m。两条辅助洞横断面皆为城门洞形,A 洞断面尺寸为 5.5m×5.7m(宽×高),B 洞断面尺寸 6m×6.25m。同时为解决高压突水问题修建洞径 7.2m 的圆形施工排水洞。上覆岩体一般埋深 1500~2000m,最大埋深约为 2525m,具有埋深大、洞线长、洞径大的特点。

3.2 地质构造

工程区地质构造情况如图 3-2 所示,大河弯区主要发育一系列近南北向展布的紧密复式褶皱和高倾角的压性或压扭性走向断裂,并伴有 NWW 向张性或张扭性断层。有些褶皱和断裂虽遭受后期构造作用的叠加和改造,但其组合和展布仍有一定的规律性。由于地壳表层的不均一性和压应力作用的不一致,构造形态在空间分布上表征为多样性。东部地区断裂较西部地区发育,北部地区较南部地区发育,规模较大。东部的褶皱大多向西倾倒,而西部地区扭曲、揉皱现象表现的比较明显。究其原因是因为近东西向应力场东侧的压应力较大,产生较多的断裂和向西倒转的褶皱,而在向西部传递中,应力逐渐减弱。

3.2.1 褶皱

(1) 落水洞背斜。轴向 NNE,轴面近直立,背斜总体向南倾伏。核部由下三叠统(T_1)组成,两翼地层为西部中三叠统杂谷脑组(T_2z)和砂、板岩(T_3)地层,因受结构面影响,两翼地层不对称。其核部 T_1 地层在辅助洞内出露桩号为 AK2+141~2+567、BK2+129~2+588,出露的视厚度为 426~459m;其西侧翼 T_2z 杂谷脑组大理岩产状为 N50°~65°E NW∠60°,内多处见次一级小型尖棱扭曲和揉褶,B 洞桩号 BK1+630.00~1+670.00 洞段为一褶皱、揉皱带,见有多个与层面基本相同的尖棱状复褶皱。A 洞桩号 AK1+540.00~1+550.00 洞段见岩层揉皱现象,发育有尖棱状复褶皱,其轴向大部为 NE 走向。

(2) 解放沟复型向斜。轴向 NNE,向南倾伏,核部由三叠系上统砂、板岩组成,向北至大药山尖灭。其次一级褶皱较发育,主要有以下几个次一级褶皱组成。①大堂沟向斜。该向斜出露较宽,两翼略显对称,倾角均在 70°以上,南端主要发育在黑色板岩之中,往北至棉纱沟一带翘起,核部为砂、板岩,两翼由大理岩组成。②陆房沟背斜。该背

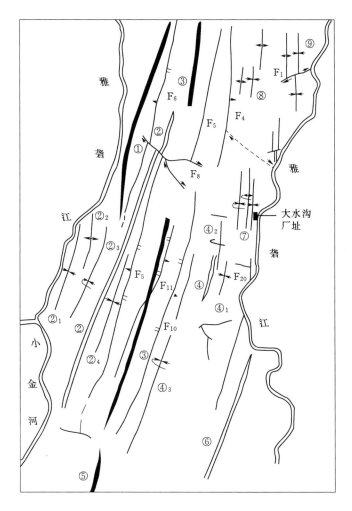

图 3-2　锦屏工程区构造纲要图

①—落水洞背斜；②—解放沟复型向斜；②₁—大堂沟向斜；②₂—陆房沟背斜；②₃—羊房沟倒转背斜；
②₄——碗水向斜；③—老庄子复型背斜；④—养猪场复型向斜；④₁—庄子向斜；④₂—西牦
牛山背斜；④₃—和尚量子倒转背斜；⑤—足木背斜；⑥—马函向斜；⑦—大水沟
复型背斜；⑧—漫桥沟复型背斜；⑨阿角堡子向斜

斜主要由三叠系下统地层组成背斜核部，东翼缓，西翼陡，稍有向东倒转趋势。轴向近
SN，在陆房沟内有明显的核部平缓、两翼较陡的向南倾伏背斜形态。两翼地层为砂、板
岩，向南延伸到古拉沟内，可见到转折端。向北至三滩、猫猫滩仍可见到，核部及其两翼
中层间皱曲及揉皱现象较为普遍。③羊房沟倒转背斜。该背斜由砂岩、板岩组成，两翼岩
层倾向 NE，倾角 $50°\sim70°$，其两翼板岩中更小型褶皱较发育。其东翼与一碗水向斜连接，
西翼则与大堂沟向斜连接。④一碗水向斜。该向斜轴向 NNE，两翼较对称，两翼倾角
$60°\sim70°$，东翼则为 $50°$，由砂岩、板岩组成，向北延伸至大药山南侧因倒转及结构面影
响而尖灭于白山组大理岩中。

（3）老庄子复型背斜。该背斜轴向 $N15°\sim20°E$，轴面近于直立，该背斜向北倾伏，

核部为盐塘组地层，两翼则为白山组地层，产状较对称，倾角65°～80°。两翼均为断层所切，分别与养猪场复型向斜、解放沟复型向斜相连接。延至干海子一带，被平移断层（F_8）所切。由于该复型背斜向北倾伏，辅助洞内未揭露到该背斜核部的盐塘组地层，辅助洞均在其两翼的白山组地层内穿越。

（4）大水沟复型背斜。该背斜由一系列次一级的褶皱组成，其核部及两翼地层均为盐塘组大理岩和泥质灰岩等组成。据大水沟长探洞及辅助洞揭示，在大水沟长探洞0～4168m洞深范围内，除向斜1为正常褶皱外，其余两个向斜和两个背斜均为倒转褶皱，并发现向斜1、向斜3核心部位小型褶皱局部集中发育。

3.2.2 断层

区域内断层构造主要表现为顺层挤压和NNE向的逆冲断层性质。逆冲断层规模大，层间错动频率较高，其次为近ES向横切断层，多表现为逆平移或正平移性质，此类断层中，多见方解石脉、细晶岩脉及石英岩脉填充。按不同构造形迹和展布方位大体可归纳为：NNE向、NNW向、NE～NEE向、NW～NWW向4个构造组。现将施工排水洞附近及其通过的断层描述如下：

（1）NNE断层。NNE构造控制了区内主要构造线和主体山脉的延伸，工程区主要有以下5个断裂。①F_{19}断层。产状N5°W～N25°E/SW或NW∠25°～50°，横穿许家坪厂区，为一反坡缓倾角逆断层。糜棱岩带宽0.3～0.5m，劈理带宽15～30m，两侧岩石有硅化现象。②F_5断层（拉纱沟——碗水断层）。断于白山组大理岩、角砾状大理岩与西侧三叠系上统砂岩、板岩层内，两者呈断层接触。断层带多被新生界角砾岩所掩盖。在南端一碗水附近断层带内岩石呈片理化和千枚岩化，影响带宽5～10m，到中段手爬山一带被F_8断层所切。因断层影响，形成绵延数十千米的断层崖陡壁，并在断层通过地段清晰可见断层冲沟及垭口负地形。产状为N10°～30°E/NW∠70°，在北段的满桥沟以南梁子可见断层角砾岩，其构造角砾岩与片状岩同时出现，并具有定向排列，属压扭性结构面。③F_6断层（锦屏山断层）。产状N20°～50°E/NW或SE∠60°～87°，区内断层带宽1～4.2m，影响带宽6～37m，部分断于大理岩内部，断层往北表现清楚，往南有收敛趋势。④F_7断层。南起于手爬山北坡。断层面平整，形成深切沟谷，宽5～10m。走向N20°E，近直立，被沿沟断层F_{23}错开，错距20～50m。往北顺沟延伸，并形成延绵数千米的断层崖。⑤F_9断层。产状N10°～20°E/SE∠80°～85°，全长5km。在木落脚附近，其下盘为石英、绿帘石绿泥石岩，较破碎，上盘为大理岩。断层宽6～7m，主带宽1.2m，挤压成片状，局部糜棱岩化，形成延绵数千米的断层崖陡壁。

（2）NE～NEE断层。①F_{17}断层（牛圈坪断层）。产状为N45°E/NW∠50°，断于三叠系上统砂岩、板岩中，挤压带宽达20余m，揉皱剧烈，并见断层泥，其中充填石英脉。②F_{25}断层。产状N70°E/SE∠66°～75°，主带宽4～5m，断层带内角砾岩宽40～50cm，两侧沿断层带方向有劈理发育，岩体完整性较差，沿断层带有泉水出露。③F_{28}断层。产状N20°E/SE∠70°。挤压破碎带宽1～2m，挤压呈片状岩，此断层性质不明。④F_{29}断层。产状N20°E/SE∠85°。挤压破碎带宽5m，岩层轻微扭曲，局部见宽约30cm的挤压片岩。

（3）NW～NWW断裂。①F_8断层（上手爬正平移断层）。N42°～80°W/NE∠45°～

63°，发育于四坪子，上手爬梁子及干海子以北，横切碳酸盐岩和砂岩、板岩地层。断层带宽8～13m，带内岩石扭曲破碎，呈片岩化和糜棱岩化，多见石英脉穿插，沿断层带有泉水出露。②F_{27}断层。该断层位于干海子中部，挤压破碎，干海子地区唯一的小泉也分布于该断层附近。产状为N30°～40°W，NE或NNE。

3.2.3 节理

三叠系地层中的节理可归纳成下列几组：①N5°～30°W/SW或NE∠30°～75°，节理密集，面光滑，常与构造线平行；②N60°～80°W/SW∠10°～25°或∠70°～85°，陡缓两组，缓倾角组大都张开，面呈波状，延伸长，陡倾，每一组断续延伸长，张开，常密集成带；③N0°～30°E/SE或NW∠70°～90°，顺层节理，大都闭合；④N30°～60°E/SE∠10°～35°，缓倾角，多张开，面起伏弯曲，延伸较长；⑤N40°～50°E/SE或NW∠45°～80°；⑥N65°～80°E/NW或SE∠55°～80°，常为节理密集带，时有石英脉充填。节理大都属闭合性质，以高倾角节理最多，仅在两组节理交汇处具张开性质。岩体内节理的发育程度受岩层结构、断层及所处的构造部位控制，如层状岩体（T_2^4y、T_2^6y）在断裂破碎带附近及褶皱核部，则节理较发育；而厚层块状岩体（T_2^5y）则节理不甚发育。同时，节理随埋深的增加发育程度相对减弱。

3.3 地层岩性

施工排水洞围岩主要由三叠系地层构成，分别为西部下三叠统（T_1）、盐塘组（T_2y）、杂谷脑组（T_2z）、白山组（T_2b）、三叠系上统（T_3）及第四系角砾岩，工程地质剖面如图3-3所示。

1. 下三叠统（T_1）

由绿砂岩、绿泥石片岩、绿砂岩与灰白色或浅肉红色大理岩组成，呈互层状。单层厚度在20～60cm不等，其中绿泥石片岩各向异性明显。产状变化较大，以SN～N20°E、W/NW∠75°～85°为主，落水洞背斜的核部由该地层构成。

2. 中三叠统（T_2）

（1）东部中三叠统盐塘组（T_2y）：在辅助洞主要揭露T_2^4y、T_2^5y、T_2^6y地层，岩性、岩相均相对稳定，主要由结晶灰岩、大理岩、泥质灰岩组成。

1）T_2^4y。由灰白、灰绿色条带状云母大理岩组成，局部夹厚0.3～1.5m的灰白色白山质大理岩，条带状构造，主要矿物为方解石、黑（白）云母、石英、绿泥石、绿帘石、少量铁矿物等，镜下具细粒花岗变粒结构、鳞片粒状变晶结构和条带状构造。云母及绿色矿物常顺层理呈带状定向分布，且与大理岩呈绿色或黑白相间出现，形成清晰的层理。多见沿白山质大理岩带发育的顺层挤压带。本层除局部含灰黑色厚层大理岩外，总的岩相较稳定。该层主要分布于背斜核部地层。可见视厚度298～304m，单层厚1.2～2m不等。其岩层产状为N10°～20°E、SE∠85°～87°。

2）T_2^5y。岩层岩相变化较大；下段为灰～灰黑色大理岩、灰～褐色条带状或角砾状中厚层大理岩。前者为变余微粒结构，后者为粒状变晶结构，黄铁矿晶体呈星点状分布；上

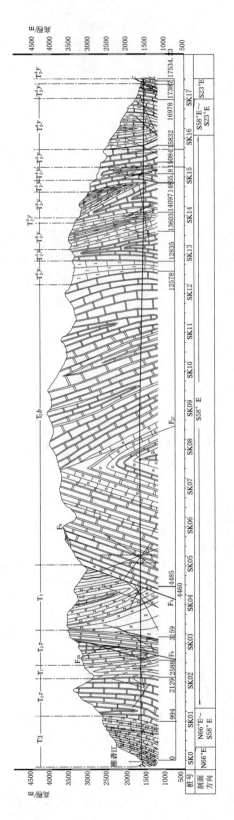

图 3-3 工程地质剖面图

段为灰白～白色粗晶厚层块状大理岩，可见视厚度为 208.9～1018.0m。各岩性间变化呈渐变过渡状态。岩层产状为 SN～N48°E、E/SE 或 NW∠76°～85°。

3）T_2^6y：灰～灰黑色泥质灰岩夹深灰色大理岩，泥质灰岩呈极薄层～中厚层状，主要矿物为方解石、石英、云母、炭、泥质和少量黄铁矿，镜下具泥质微粒结构。常见泥质条带与灰岩互层出现；所夹大理岩细晶致密，常呈中厚层状出露。该层厚度变化大，视厚度为 15.7～1195.4m 不等，泥质灰岩中见较多的片状云母条带及针片状矿物，黄铁矿晶体呈星点状分布其中；沿顺层挤压结构面常见石英脉或方解石脉充填，且岩体的完整性较差，局部呈弱～强风化状，岩层变化较大，产状为 N25°W～N30°ENE～SE 或 NW∠63°～86°。

（2）白山组（T_2b）：主要分布于工程区中部，岩相稳定，结构致密、质纯，是区内主要的岩溶化地层。底部为杂色（白、灰、绛紫、褐色等）大理岩与结晶灰岩互层，厚200 余 m，中细粒结晶，致密坚硬；互层各厚几米至几十米，共互层 3～4 次。中部为粉红色厚层状大理岩，有时略带紫色或白色，厚 50～70m。上部为灰～灰白色致密厚层块状大理岩。区内本层与下伏盐塘组地层为连续沉积接触，局部为结构面接触。全层厚750～2270m。

（3）杂谷脑组（T_2z）：分布于锦屏山结构面以西，该地层岩性杂，主要有灰黑色夹灰白色、白色角砾或花斑组成的角砾状大理岩和花斑状大理岩、灰色厚层结晶大理岩、灰黑色结晶夹灰白色条带大理岩或灰白色夹灰黑色条带大理岩、灰色～灰白色厚层状结晶大理岩，中、厚层～巨厚层状，局部夹绿砂岩条带或透镜体，与上覆砂岩、板岩呈整合接触。岩层产状：N32°～66°E，NW∠68°～84°，局部为 SN～N10°E，E～SE∠83°。

3. 三叠系上统（T_3）

岩性为中厚层钙质粉砂岩局部夹薄层板岩，局部为泥质板岩夹粉砂岩，岩性较单一。钙质粉砂岩单层厚 0.5～1.5m，泥质板岩单层厚 5～20cm（以 5～20cm 为主）。层理清晰，但由于位于向斜转折端，走向为 N10°～65°E 不等，总体倾向为 NW，以陡倾角为主，倾角一般大于 65°～80°。

4. 第四系（Q）

第四系角砾岩不整合于基岩之上，粒径一般为 2～30cm，大者达数米，分选性差，磨圆度差，大多呈次棱角状，钙质胶结较坚硬。该层在施工排水洞内可见视厚度为46～62.27m。

3.4 地应力

3.4.1 宏观特征

锦屏工程区长期以来地壳急剧抬升，雅砻江急剧下切，山高、谷深、坡陡。地貌上属地形急剧变化地带，因此，原存储于深处的大量能量，在地壳迅速抬升后，虽经剥蚀作用使部分能量释放，但残余部分很难释放殆尽，因而是地应力相对集中地区，有较充沛的弹性能储备。从区域上说，工程区位于川藏交界处，临近主要的构造带，构造应力强度较高。区域构造应力场主要有以下特征：

（1）与断块周边深大断裂的走滑活动性相对应，N—E边界附近的最大主应力方向由北而南逐渐由北向东转化为近EW及WN，而W—S边界附近的最大主应力方向由北而南逐渐由NE转为近SN及NNW。

（2）断块内部的最大主应力作用方向总体上呈NW，断裂附近有不同程度的偏转。雅砻江大河弯地区则位于最大主应力方向由NW转为NWW的过渡地带。

从雅砻江大河弯地区展布的地质构造形迹看，存在一系列近南北向展布的紧密复式褶皱和高倾角的压性或压扭性断层，并伴有NWW向张扭性或张性断层。可以判断锦屏二级水电站工程区处于近东西向（NWW～SEE）应力场控制之下。

3.4.2 地应力实测

锦屏二级水电站大水沟厂址右岸5km长探洞内采用水压致裂法进行了5组三维地应力测试（表3-1），同时东端辅助洞第一～七横通洞及西端辅助洞第一、第二、第四、第五、第七横通洞内同样也采用水压致裂法进行了地应力测试工作，结果如表3-2所示。

表3-1　　　　　厂址区5km长探洞三维地应力实测值

埋深/m	最大主应力 σ_1			中主应力 σ_2			最小主应力 σ_3		
	值/MPa	方位角/(°)	倾角/(°)	值/MPa	方位角/(°)	倾角/(°)	值/MPa	方位角/(°)	倾角/(°)
463	14.38	47	−6	10.03	152	−66	5.67	134	22
960	32.21	20	47	18.20	75	−27	11.53	148	29
1182	38.02	120	62	27.26	110	−31	17.49	22	4
1599	36.93	136	67	34.86	115	−31	18.87	30	9
1843	42.11	116	75	26	119	−14	19.06	29	0

表3-2　　　　　辅助洞不同埋深应力实测值

横通洞	最大主应力 σ_1			中主应力 σ_2			最小主应力 σ_3		
	值/MPa	方位角/(°)	倾角/(°)	值/MPa	方位角/(°)	倾角/(°)	值/MPa	方位角/(°)	倾角/(°)
东端1	11.11	126	−24	7.7	1	−52	5.17	50	27
东端2	19.11	148	58	9.97	146	−31	7.19	56	1
东端3	40.69	146	49	18.81	75	−16	12.82	177	−36
东端4	41.92	148	59	29.8	100	−22	18.67	18	21
东端5	40.25	142	73	29.54	148	−16	19.57	57	−2
东端6	45.77	127	57	23.13	172	−20	14.08	73	−24
东端7	46.41	156	−44	25.3	121	43	10.56	53	−13
西端1	28.14	126	51	13.28	124	−39	11.69	35	1
西端2	10.69	144	−51	7.81	100	30	6.89	24	−22
西端4	44.18	142	70	27.98	129	−20	20.72	39	1
西端5	25.39	127	37	16.39	354	−47	14.42	62	−20
西端7	35.22	162	61	21.04	242	−16	14.95	20	24

由地应力测量结果可知：①东端辅助洞最大主应力值为 $11.11\sim46.41$MPa，倾角在 $24°\sim73°$ 之间，西端辅助洞最大主应力值为 $25.39\sim44.18$MPa，倾角在 $37°\sim70°$ 之间，最大主应力的方向较为一致，在 S18°E$\sim$S54°E 之间；②测试区域岩体内的地应力为自重应力与构造应力联合作用的结果，随洞深及岩体埋深的增加，各测点的最大主应力量值总体表现出逐渐增大的趋势，且初始应力场主导作用逐渐从自重应力与构造应力联合作用向以自重应力作用为主转变；③断层等地质构造对初始地应力分布具有较大影响，由于第 6 组（西端第二横通洞内）遇有溶洞、西端第五横通洞测孔受附近 F_6 断层带影响，局部地应力受到地质构造影响而释放，故应力测试值相对偏低；④最大主应力随埋深增加而逐渐增大。中主应力明显较大处，一般与背斜构造的核部有关，背斜核部中和面上部的应力场中最大主应力为垂直，中主应力平行褶皱轴向，最小主应力垂直褶皱轴向，与实测应力值基本吻合，即褶皱构造发育地域，存在局部应力场。同时，随着埋深的增加，地应力从河谷应力状态转变为竖直自重应力状态。

3.4.3 初始地应力场反演

为研究工程区初始地应力场分布规律与特征，陈秀铜等（2007）根据地应力测试所得结果对锦屏二级水电站工程区三维初始地应力场进行了反演回归分析。

三维初始地应力场计算模型的坐标原点选在隧洞进水处西南侧，计算模型坐标（X-O-Y）的坐标原点在大地坐标（$X_地$-O-$Y_地$）的位置为：$X_0=325011.1317$，$Y_0=3520617.9135$，Z_0 为海平面。沿 X 轴和 Y 轴的计算范围分别为 21km 和 10km，竖直方向从海拔 -1000.00m 到山顶。三个坐标的方位分别为：X 轴 S58°E，Y 轴 N32°E，Z 轴与大地坐标重合，辅助洞在计算模型中位于 $Y=5000$m 的位置，其轴线方向与 X 轴平行，具体区域位置如图 3-4 所示（陈秀铜，李璐，2007）。

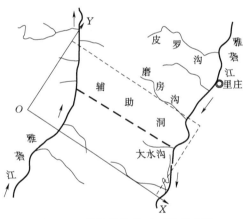

图 3-4 数值计算模型区域示意图

分析计算结果表明：①辅助洞轴线典型地层的最大主应力约为 70MPa，位于辅助洞西端进深 9km 位置附近，即辅助洞纵剖面埋深最大位置（图 3-3）；②由最大主应力曲线变化特征可知，最大主应力大体体现了辅助洞埋深的变化过程。初始地应力场的主要控制因素是自重和近东西向的水平挤压构造，其次是近南北向的水平挤压构造作用；③由图 3-5 中 σ_{xx}、σ_{yy}、σ_{zz} 沿洞轴进深变化曲线可知，进洞与出洞位置 σ_{xx} 一般大于 σ_{yy} 和 σ_{zz}，是其主导应力，而隧洞中部 σ_{zz} 大于 σ_{yy} 和 σ_{xx}，自重应力是主导应力。在隧洞中部区域，隧洞走向与初始地应力中第二主应力 σ_2 走向基本一致，而第一主应力 σ_1、第三主应力 σ_3 方向与隧洞轴线近垂直；④工程区初始地应力场可分为 3 种典型地应力特征带，即进、出口区的河谷应力带、中段自重应力带、断层区应力带；⑤工程实际中初始地应力大于 20MPa 区域即为高地应力区，锦屏二级水电站工程区最大初始地应力一般皆大于这一量值，即属于高地应力甚至极高地应力区，达到岩爆地质灾害所需要的地应力量值需求。

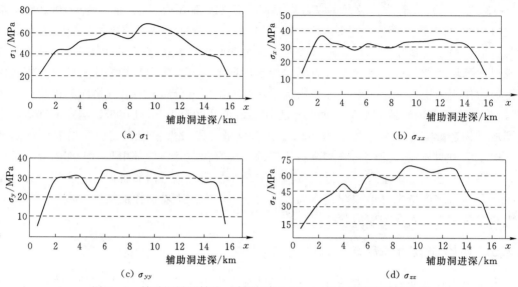

图 3-5　辅助洞沿洞轴线（高程 1600.00m）应力随进深变化曲线

3.5　岩爆统计及特征

3.5.1　桩号统计

中国水电顾问集团华东勘测设计研究院采用《水力发电工程地质勘察规范》（GB 50287—2006）中所规定的岩爆划分标准对于锦屏二级水电站施工排水洞岩爆情况进行了统计划分，具体如表 3-3 所示。

表 3-3　　　　　　　锦屏二级水电站施工排水洞岩爆发育统计表

桩　号	地层	围岩类别	岩爆部位	破坏方式	声响特征	爆坑深度/m	岩爆等级
SK14＋441.00～14＋426.00	T_2^6y	Ⅲ	右壁	片、板状塌落	—	1.1	Ⅲ
SK14＋415.00～14＋390.00	T_2^6y	Ⅲ	右壁	片、板状塌落	—	1.8	Ⅲ
SK14＋415.00～14＋390.00	T_2^6y	Ⅲ	左壁、顶拱	片、板状塌落	—	2.1	Ⅲ
SK14＋252.00～14＋250.00	T_2^6y	Ⅲ	右侧拱肩	片、板状塌落	—	1.0	Ⅱ
SK14＋251.00～14＋245.00	T_2^6y	Ⅱ	右侧拱肩	片、板状塌落	—	1.2	Ⅲ
SK14＋230.00～14＋227.00	T_2^6y	Ⅱ	右侧拱肩	片状塌落	—	1.5	Ⅲ
SK14＋226.00～14＋224.00	T_2^6y	Ⅱ	左侧拱肩	片、板状塌落	—	0.8	Ⅱ
SK14＋222.00～14＋220.00	T_2^6y	Ⅱ	右侧拱肩	片、板状塌落	—	1.0	Ⅱ
SK13＋039.00～13＋043.00	T_2^5y	Ⅲ	左拱肩	片、块状塌落	轻微声响	0.45	Ⅰ
SK13＋010.00～13＋005.00	T_2^5y	Ⅲ	右拱肩	片、块状塌落	轻微声响	0.3	Ⅰ
SK12＋980.00～12＋976.00	T_2^5y	Ⅱ	右壁	片、块状塌落	闷响岩爆声	0.5	Ⅰ

桩　号	地层	围岩类别	岩爆部位	破坏方式	声响特征	爆坑深度/m	岩爆等级
SK12＋975.00～12＋970.00	$T_2^5 y$	Ⅱ	右壁	多块、少量片状	闷响岩爆声	1.0	Ⅱ
SK12＋969.00～12＋963.00	$T_2^5 y$	Ⅱ	右壁	多块、少量片状	闷响岩爆声	0.6	Ⅱ
SK12＋930.00～12＋925.00	$T_2^5 y$	Ⅱ	右壁	片、块状塌落	闷响岩爆声	0.3	Ⅰ
SK12＋924.00～12＋920.00	$T_2^5 y$	Ⅱ	右壁	多块、少量片状	闷响岩爆声	0.7	Ⅱ
SK12＋919.00～12＋915.00	$T_2^5 y$	Ⅱ	右壁	片、块状塌落	闷响岩爆声	0.4	Ⅰ
SK12＋838.00～12＋830.00	$T_2^5 y$	Ⅲ	右壁	片、块状塌落	轻微岩爆声	0.3	Ⅰ
SK12＋823.00～12＋819.00	$T_2^6 y$	Ⅲ	右壁	片、块状塌落	轻微岩爆声	0.3	Ⅰ
SK12＋810.00～12＋809.00	$T_2^6 y$	Ⅲ	右壁	片、板状塌落	清脆岩爆声	0.4	Ⅰ
SK12＋722.00～12＋720.00	$T_2^6 y$	Ⅲ	右壁	多块、少量板状	很大岩爆声	1.0	Ⅱ
SK12＋720.00～12＋718.00	$T_2^6 y$	Ⅲ	右拱肩	片状剥离	清脆岩爆声	0.2	Ⅰ
SK12＋648.00～12＋646.00	$T_2^6 y$	Ⅲ	右壁	片状剥离	沉闷岩爆声	0.3	Ⅰ
SK12＋626.00～12＋625.00	$T_2^6 y$	Ⅲ	右拱肩	片状剥离	清脆岩爆声	0.2	Ⅰ
SK12＋620.00～12＋618.00	$T_2^6 y$	Ⅲ	右拱肩	片状剥离	沉闷岩爆声	0.3	Ⅰ
SK12＋545.00～12＋542.00	$T_2^6 y$	Ⅱ	左壁	片状剥离	轻微岩爆声	0.5	Ⅰ
SK12＋540.00～12＋538.00	$T_2^6 y$	Ⅱ	右拱肩	片状剥离	轻微岩爆声	0.6	Ⅱ
SK12＋536.00～12＋535.00	$T_2^6 y$	Ⅱ	右拱肩	片状剥离	轻微岩爆声	0.3	Ⅰ
SK12＋531.00～12＋530.00	$T_2^6 y$	Ⅱ	右壁	片状剥离	轻微岩爆声	0.3	Ⅰ
SK12＋524.00～12＋523.00	$T_2^6 y$	Ⅱ	左壁	片状剥离	轻微岩爆声	0.2	Ⅰ
SK12＋515.00～12＋514.00	$T_2^6 y$	Ⅱ	右拱肩	片状剥离	轻微岩爆声	0.2	Ⅰ
SK12＋506.00～12＋505.00	$T_2^6 y$	Ⅱ	右拱肩	片、块状剥离	轻微岩爆声	0.3	Ⅰ
SK12＋465.00～12＋445.00	$T_2^6 y$	Ⅱ	右拱肩、拱顶	板状塌落	较大响声	2.2	Ⅲ
SK12＋438.00～12＋437.00	$T_2^6 y$	Ⅱ	右拱肩	片状剥离	轻微岩爆声	0.3	Ⅰ
SK12＋418.00～12＋418.00	$T_2^6 y$	Ⅱ	右壁	片状剥离	轻微岩爆声	0.2	Ⅰ
SK12＋406.00～12＋405.00	$T_2^6 y$	Ⅱ	左壁	片状剥离	轻微岩爆声	0.2	Ⅰ
SK12＋404.00～12＋404.00	$T_2^6 y$	Ⅱ	拱顶	片状剥离	轻微岩爆声	0.3	Ⅰ
SK12＋385.00～12＋380.00	$T_2^6 y$	Ⅱ	左壁	片状剥离	轻微岩爆声	0.3	Ⅰ
SK12＋380.00～12＋376.00	$T_2^6 y$	Ⅱ	左拱肩	片状剥离	轻微岩爆声	0.4	Ⅰ
SK12＋374.00～12＋370.00	$T_2^6 y$	Ⅱ	左拱肩	片状剥离	轻微岩爆声	0.2	Ⅰ
SK12＋366.00～12＋364.00	$T_2^6 y$	Ⅱ	左拱肩	片状剥离	沉闷响声	0.5	Ⅰ
SK12＋060.00～12＋054.00	$T_2 b$	Ⅲ	右壁	片状剥落	—	1.0	Ⅱ
SK11＋950.00～11＋940.00	$T_2 b$	Ⅲ	右壁至拱顶	片、板状塌落	强烈岩爆声	2.2	Ⅲ
SK11＋940.00～11＋938.00	$T_2 b$	Ⅱ	右壁至左拱腰	片、板状塌落	较大声响	0.6	Ⅱ
SK11＋932.00～11＋931.00	$T_2 b$	Ⅱ	左拱腰	片状剥离	轻微声响	0.3	Ⅰ
SK11＋926.00～11＋925.00	$T_2 b$	Ⅱ	右拱肩	片状剥离	轻微声响	0.3	Ⅰ
SK11＋920.00～11＋917.00	$T_2 b$	Ⅱ	左拱腰	片状、少量块状	有爆响声	0.6	Ⅱ

续表

桩　　号	地层	围岩类别	岩爆部位	破坏方式	声响特征	爆坑深度/m	岩爆等级
SK11+917.00～11+906.00	T_2b	Ⅱ	右壁拱肩、腰	板状塌落	强烈爆响声	2.0	Ⅲ
SK11+905.00～11+900.00	T_2b	Ⅱ	右壁	片状	有爆响声	0.2	Ⅰ
SK11+896.00～11+895.00	T_2b	Ⅱ	右壁	片状	有爆响声	0.2	Ⅰ
SK11+892.00～11+891.00	T_2b	Ⅱ	右拱腰	片状	有爆响声	0.3	Ⅰ
SK11+880.00～11+879.00	T_2b	Ⅱ	左壁	片状	轻微声响	0.4	Ⅰ
SK11+825.00～11+820.00	T_2b	Ⅲ	左壁	片状塌落	轻微声响	0.4	Ⅰ
SK11+805.00～11+803.00	T_2b	Ⅱ	右拱腰	片状、少量块状	轻微声响	0.5	Ⅰ
SK11+799.00～11+797.00	T_2b	Ⅱ	右壁	片状、少量块状	轻微声响	1.5	Ⅲ
SK11+751.00～11+750.00	T_2b	Ⅱ	左拱肩	片状剥离	轻微声响	0.2	Ⅰ
SK11+672.00～11+670.00	T_2b	Ⅱ	右壁	片状剥离	有爆响声	0.4	Ⅰ
SK11+670.00～11+668.00	T_2b	Ⅱ	拱顶	片状剥离	有爆响声	0.3	Ⅰ
SK11+665.00～11+664.00	T_2b	Ⅱ	拱顶	片状剥离	轻微声响	0.2	Ⅰ
SK11+663.00～11+661.00	T_2b	Ⅱ	右拱肩	片状剥离	轻微声响	0.4	Ⅰ
SK11+665.00～11+665.00	T_2b	Ⅱ	左拱腰	片状剥离	轻微声响	0.4	Ⅰ
SK11+660.00～11+658.00	T_2b	Ⅱ	右拱肩	片状、块状塌落	沉闷爆响声	1.1	Ⅲ
SK11+605.00～11+597.00	T_2b	Ⅱ	右拱肩	片状、块状塌落	较大响声	0.7	Ⅱ
SK11+588.00～11+587.00	T_2b	Ⅱ	右壁	片状剥离	较大响声	0.4	Ⅰ
SK11+586.00～11+586.00	T_2b	Ⅱ	拱顶	片状剥离	轻微爆响	0.2	Ⅰ
SK11+585.00～11+584.00	T_2b	Ⅱ	右壁	片状、块状塌落	轻微爆响	0.4	Ⅰ
SK11+582.00～11+580.00	T_2b	Ⅱ	右壁	片状剥离	轻微爆响	0.6	Ⅱ
SK11+577.00～11+575.00	T_2b	Ⅱ	右壁	片状剥离	轻微爆响	0.5	Ⅰ
SK11+478.00～11+477.00	T_2b	Ⅱ	左壁	片状剥离	轻微爆响	0.2	Ⅰ
SK11+468.00～11+468.00	T_2b	Ⅱ	左壁	片状剥离	轻微爆响	0.1	Ⅰ
SK11+230.00～11+222.00	T_2b	Ⅱ	左壁	块、片状塌落	较大爆响声	1.3	Ⅲ
SK11+101.00～11+100.00	T_2b	Ⅱ	左拱肩	片状剥落	轻微闷响声	0.3	Ⅰ
SK11+087.00～11+085.00	T_2b	Ⅱ	左拱肩	片状剥落	轻微闷响声	0.3	Ⅰ
SK11+071.00～11+070.00	T_2b	Ⅱ	右壁	片状剥落	轻微脆响	0.3	Ⅰ
SK11+061.00～11+060.00	T_2b	Ⅱ	左壁	片状剥落	轻微脆响	0.2	Ⅰ
SK11+046.00～11+045.00	T_2b	Ⅱ	左壁	片状剥落	较闷爆响	0.4	Ⅰ
SK11+020.00～11+015.00	T_2b	Ⅱ	右壁	片状剥落	较闷爆响	0.5	Ⅰ
SK11+021.00～11+017.00	T_2b	Ⅱ	左壁	片状剥落	清脆岩爆声	0.5	Ⅰ
SK11+012.00～11+010.00	T_2b	Ⅱ	拱顶	片状、少量块状	较闷爆响	0.7	Ⅱ
SK11+002.00～11+001.00	T_2b	Ⅱ	左拱腰	片状剥落	清脆岩爆声	0.5	Ⅰ
SK11+000.00～10+999.00	T_2b	Ⅱ	右拱腰	片状剥落	清脆岩爆声	0.5	Ⅰ
SK10+997.00～10+988.00	T_2b	Ⅱ	右拱腰	片状、少量块状	较闷爆响	1.6	Ⅲ
SK10+995.00～10+995.00	T_2b	Ⅱ	左壁	片状剥落	清脆岩爆声	0.3	Ⅰ

桩 号	地层	围岩类别	岩爆部位	破坏方式	声响特征	爆坑深度/m	岩爆等级
SK10+982.00~10+981.00	T_2b	II	左拱肩	片状剥落	清脆岩爆声	0.5	I
SK10+975.00~10+972.00	T_2b	II	左壁	片状剥落	清脆岩爆声	0.6	II
SK10+967.00~10+962.00	T_2b	II	右壁	片状剥落	—	0.5	I
SK10+849.00~10+844.00	T_2b	II	拱顶	片状、块状	较响岩爆声	1.0	II
SK10+813.00~10+808.00	T_2b	II	拱顶	片状、块状	较响岩爆声	1.6	III
SK10+663.00~10+658.00	T_2b	II	左壁	片状剥落	轻微岩爆声	0.5	I
SK10+587.00~10+582.00	T_2b	II	左壁	片状、块状	—	1.0	II
SK10+555.00~10+546.00	T_2b	III	左壁	片、块状塌落	—	0.6	II
SK10+551.00~10+545.00	T_2b	III	右壁	片、块状塌落	—	1.2	III
SK10+487.00~10+483.00	T_2b	III	右拱肩	片状剥落	轻微岩爆声	0.5	I
SK10+476.00~10+473.00	T_2b	III	右拱肩	片状、块状	—	0.7	II
SK10+449.00~10+452.00	T_2b	III	拱顶、左拱肩	片状、块状	—	0.7	II
SK10+447.00~10+444.00	T_2b	III	拱顶、左拱肩	片状、块状	清脆岩爆声	0.8	II
SK10+425.00~10+420.00	T_2b	III	右壁、右拱肩	片、块状塌落	—	1.5	III
SK10+425.00~10+423.00	T_2b	III	拱顶、左拱肩	片状、块状	清脆岩爆声	0.7	II
SK10+411.00~10+408.00	T_2b	III	拱顶、左拱肩	片状剥落	轻微岩爆声	0.5	I
SK10+400.00~10+398.00	T_2b	III	左拱肩	片状剥落	—	0.5	I
SK10+395.00~10+392.00	T_2b	III	左拱肩	片状、块状	清脆岩爆声	0.7	II
SK10+356.00~10+353.00	T_2b	III	拱肩、拱顶	片状、块状	—	0.5	II
SK10+349.00~10+342.00	T_2b	III	拱顶、左拱肩	片状、块状	—	0.8	II
SK10+109.00~10+106.00	T_2b	III	右拱肩	片状、块状	清脆岩爆声	0.6	II
SK10+073.00~10+065.00	T_2b	III	左拱肩	片状剥落	轻微岩爆声	0.5	I
SK10+058.00~10+053.00	T_2b	III	拱顶、左拱肩	片状剥落	轻微岩爆声	0.5	I
SK9+942.00~9+947.00	T_2b	III	拱顶、左拱肩	片状、块状	清脆岩爆声	0.8	II
SK9+899.00~9+897.00	T_2b	II	拱顶、拱肩	片状、块状	清脆岩爆声	1.0	II
SK9+894.00~9+890.00	T_2b	II	拱顶、拱肩	片状、块状	清脆岩爆声	1.0	II
SK9+891.00~9+888.00	T_2b	II	右拱肩、拱顶	块状、片状	—	1.2	III
SK9+888.00~9+886.00	T_2b	II	拱顶、拱肩	块状、片状	清脆岩爆声	1.0	II
SK9+882.00~9+879.00	T_2b	II	拱顶、拱肩	块状、片状		1.2	III
SK9+880.00~9+878.00	T_2b	II	右拱肩	片状、块状	清脆岩爆声	1.0	II
SK9+879.00~9+877.00	T_2b	II	拱顶、拱肩	片状、片状	—	1.5	III
SK9+877.00~9+875.00	T_2b	II	上半部洞壁	块状、片状	清脆岩爆声	1.4	III
SK9+872.00~9+869.00	T_2b	II	右拱肩至左壁	块状、片状	—	1.2	III

3.5.2 岩爆特征

1. 岩爆规模

武警水电指挥部天生桥二级水电站岩爆课题组（1991）按岩爆规模分为零星岩爆

（0.5m＜L≤10m）、成片岩爆（10m＜L≤20m）和连续岩爆（L＞20m）三大类。按照规模锦屏二级水电站施工排水洞岩爆可分为：①零星型岩爆（0.5m＜L≤10m），如桩号 SK14＋252.00～14＋250.00、SK14＋251.00～14＋245.00 等处，岩爆破坏段长度较小，属于零星型岩爆；②成片型岩爆（10m＜L≤20m），如桩号 SK12＋838.00～12＋830.00、SK11＋605.00～11＋597.00 等处，岩爆破坏段长度介于 10m 与 20m 之间，为成片型岩爆；③连续型岩爆（L＞20m），如桩号 SK12＋465.00～12＋445.00、SK14＋415.00～14＋390.00 等处，岩爆破坏段长度大于 20m，则为连续岩爆型。

此外，按破坏类型锦屏二级水电施工排水洞岩爆可分为：片、板状剥落型、弯曲鼓折破裂型、穿状/楔状爆裂型及洞室垮塌型。按岩爆发生主控因素可分为应变型岩爆和构造控制型岩爆。构造控制型岩爆又分为节理控制型岩爆和断裂型岩爆两类。节理控制型岩爆主要是指由于地下洞室开挖后的应力分异作用，围岩产生新鲜断裂面与洞壁原有单条或多条节理构造交汇贯通，产生脱离体后由于洞壁围岩应力及应变的继续调整，所发生的一种抛掷性现象，并伴随声响特征。断裂型岩爆则是指在断裂端部或中部等局部位置由于构造断裂的构造作用，积聚较高的构造应变能。开挖临空面形成，而突然释放所积聚能量的一种过程，这一过程中一般伴随有较高等级的微震现象，同时严重危害地下洞室的稳定性。由表 3-3 可知，锦屏二级水电站施工排水洞所发生岩爆的类型主要为应变型零星岩爆，构造型岩爆相对较少，局部岩爆点受节理控制，发生节理控制型岩爆。目前，仅桩号 SK09＋287.00 段附近发生过断裂型岩爆一次，并造成洞室严重垮塌现象。

2. 声响特征

岩爆发生时普遍具有明显的声响特征，带有开裂声和间断性噼啪声声响，但对于不同类型岩爆声响特征不同，如清脆、沉闷声等。片、板状剥落型岩爆一般为先有噼啪开裂声响后发生剥落，而爆裂弹射型和洞室垮塌型则在声响特征上不具有明显的时效特征，表现为突然突发性特征。

3. 破坏方式

（1）片、板状剥落。施工排水洞开挖，洞壁围岩积聚能量释放，潜表部围岩发生劈裂破坏，进而成层剥落，呈薄片或板状抛射或弹射，单层厚度 0.5～10cm，破裂面大多平直，如图 3-6 所示。

（a）　　　　　　　　　　　　　　（b）

图 3-6　片、板状剥落

（2）弯曲鼓折破裂。洞壁浅部围岩后壁较深部位围岩在应力及应变能的持续释放及自重应力作用下，产生鼓胀层裂，并发生弯曲折断现象。破裂面中部较为平直，表现为拉裂面，端部则呈参差阶梯状，如图 3-7 所示。

（a）　　　　　　　　　　　　　（b）

（c）　　　　　　　　　　　　　（d）

图 3-7　弯曲鼓折破裂

（3）穹状/楔状猛烈爆裂。相较前两种破坏方式，穹状/楔状猛烈爆裂表现形式更为猛烈，一般对应较高等级岩爆。由于围岩所积聚的较高弹性应变能的突然猛烈释放，对应岩体大范围的抛掷现象，同时附带有气浪及声响特征。此种破坏方式爆坑面一般表现出张性与张剪性共存的特征，形成较为粗糙的破坏面，如图 3-8 所示。

4. 破裂面特征

破裂面呈如下特征：

（1）整破裂面。破裂面较为平直，粗糙，可见如放射状和平行状花纹，属于张性破裂面，如图 3-7（a）所示。

（2）阶梯状破裂面。阶梯高度 0.5～10cm，最大可达 20cm，阶梯数不等，破裂错动形式有三种：①顺阶坎错动，阶面为剪切，阶坎为拉断破坏；②逆阶坎错动，阶面、阶坎均发生剪切破坏；③垂直错动，阶面为张性破坏，阶坎发生剪切破坏，如图 3-8（i）所示。

（3）穹状/弧形破裂面。呈球面或椭球面型，为穹状、楔状猛烈爆裂型岩爆产生的破裂面，为剪性、剪张性共存破裂面，如图 3-8（b）所示。

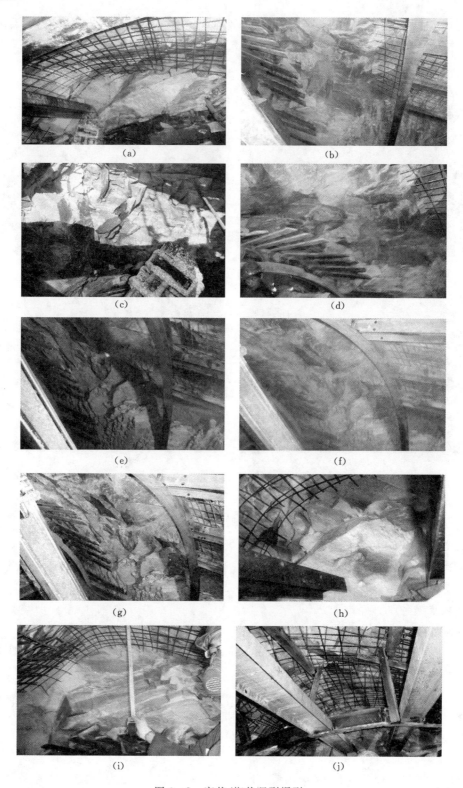

图 3-8　穹状/楔状猛烈爆裂

3.5.3 统计规律

1. 沿洞轴线分布规律

施工排水洞岩爆段长度及爆坑深度随桩号变化如图 3-9 所示，由图可知施工排水洞目前岩爆连续段长度较低，一般为 10m 以下，即多为零星岩爆。10m 以上仅 3 处，占 2.61%。同时，爆坑深度一般低于 2.0m，2.0m 以上也仅 3 处。同时，由图可知由于断裂构造的存在，桩号 SK13+000.00～14+000.00 段附近仅局部存在岩爆灾害。

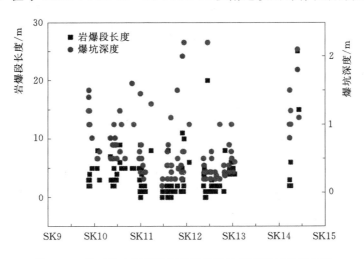

图 3-9 施工排水洞岩爆段长度及爆坑深度随桩号变化图

2. 截断面分布规律

对施工排水洞所发生的 110 余次岩爆截断面位置进行统计后得知，右壁 33 次、右拱肩 28 次、左壁 21 次、左拱肩 16 次、拱顶 21 次，其中拱顶一般为左右两侧洞壁发生时同时发生。利用岩爆发生部位反演初始地应力场中最大主应力方向可知（陆家佑，王昌明，1994），对于施工排水洞初始地应力场而言整体趋势主要以自重应力为主，即岩爆灾害主要发生于左右两侧洞壁，向斜、背斜、断层等地质构造的存在改变了初始应力场中局部应力场的分布，使得岩爆发生位置发生一定的变化。

3. 岩爆时效规律

根据现场记录资料，岩爆多发生于掌子面开挖后几个小时内，以 3h 内最为活跃，而较强岩爆则具有明显的滞后性特征，即一般开挖 20h 后出现，距掌子面 10～25m 范围内发生。

4. 岩爆与洞室埋深关系

由图 3-10 可知，10m 以内岩爆破坏长度段及爆坑深度 1m 以内，多集中于埋深1800～2000m，由于施工排水洞段埋深变化不大，同时地层岩性及围岩等级、局部构造改变应力场分布和开挖速率等诸多不同原因，使得岩爆段长度及岩爆深度与洞室埋深没有较为明显的规律可循。

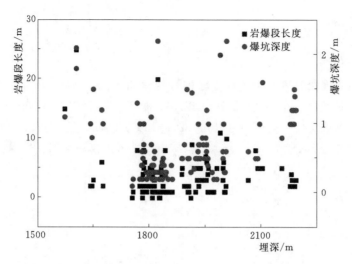

图 3-10 施工排水洞岩爆段长度及爆坑深度随埋深变化图

5. 岩爆与地层岩性关系

施工排水洞岩爆累计长度统计如表 3-4 所示。由表可知，目前已开挖段中岩爆主要发生于 T_2b 地层中。该地层中发生岩爆累积长度 243m，占总岩爆累积长度的 56.38%，而 T_2^6y 与 T_2^5y 地层中分别为 143m、45m，分别占 33.18%、10.44%。

表 3-4   施工排水洞岩爆累计长度统计表

岩爆类型	地 层			合计/m	百分比/%
	T_2b	T_2^6y	T_2^5y		
零星岩爆/m	222	58	45	325	75.41
成片岩爆/m	21	15	0	36	8.35
连续岩爆/m	0	70	0	70	16.24
合计/m	243	143	45	431	
百分比/%	56.38	33.18	10.44		

同时由表 3-4 可知，零星、成片及连续岩爆长度分别为 325m、36m、70m，占总长度的比例分别为 75.41%、8.35%、16.24%，即以零星岩爆为主。

6. 岩爆与断层及节理构造的关系

岩体与其他材料的最大区别是岩体中存在各种尺度的不连续面，包括节理、裂隙、断层等。不连续面的存在，一方面造成了岩体材料不均匀性与各向异性特性，同时对局部地应力场分布产生影响。对比分析图 3-3 与图 3-9 可知，SK13+043.00～14+220.00 段存在多条断层。断层的存在改变局部初始地应力场分布特征。加拿大 URL 实验室在深 420m 的竖井中共进行 350 次三轴应力测量。测量结果表明，断裂构造存在区域应力，方位及量值皆存在较大离散性，不但应力量值上存在差异，同时应力方向上也具有较大差异，但断层附近一定范围初始地应力量值一般发生消逝现象（Martin，1990；Martin，Chandler，1993）。锦屏二级水电站在西段第五横通洞中进行的现场地应力测量结果显示，断层构造对局部地应力量值及方向具有明显影响。局部初始应力受地质构造作用影响而产生应力释放现象，地应力测试值较低。我国鲁布革水电站厂区 F_{203} 断层（马启超，1986）及瑞典斯德哥尔摩 Forsmark 核电站（Stephansson O，1975）等多处翔实地应力测量结果皆表明了这一现象，且断层对其附近的应力方向及量值具有一定的影响范围。同时，断裂形成过程中易于释放较高能量，势必影响岩爆灾害发生与否及等级特征。

加拿大及南非等国所提出的断裂性岩爆旨在说明由于开挖扰动断层，进而释放断裂附近所积聚的应变能，或由于断层活动产生地震能等而诱发岩爆灾害。本书基于前人研究成果分析后认为：多条断裂及断裂带附近一般存在明显应力降低现象，难以发生等级较高的岩爆灾害，而施工排水洞实际工程也验证了这一认识，但应注意断裂与洞室断面及位置之间的不同组合关系对洞室稳定的影响，对于具体情况应具体分析。

此外，由表 3-3 可知锦屏二级水电站施工排水洞桩号 SK14＋441.00～14＋221.00 段发生等级较高的岩爆灾害。但由上述分析可知，此段附近存在多条断层，断裂构造存在，初始应力场发生应力消逝现象，即一般为低地应力区（图 3-5），利用传统应力强度比或强度应力比判据以及后文所提出的岩爆多元复合判据，自应力和能量的角度对其进行判别的结果与实际情况并不符合。SK14＋150.00～14＋450.00 段工程地质展示图如图 3-11 所示。由图可知，岩爆既发生于无节理洞段，存在节理处也发生岩爆灾害并伴随有塌落现象存在，且这些点爆坑深度量值较大，而节理密集带则无岩爆发生。对岩爆主控因

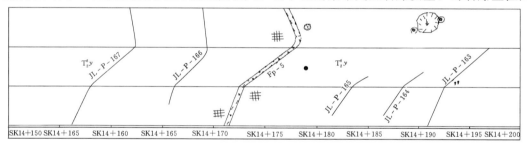

（a）SK14＋150.00～14＋200.00 洞段

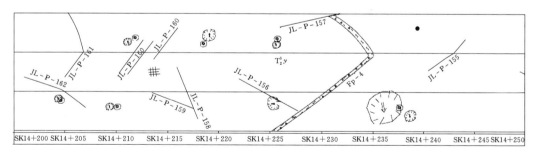

（b）SK14＋200.00～14＋250.00 洞段

图 3-11（一）　锦屏二级水电站施工排水洞工程地质展示图（SK14＋350.00～14＋450.00）

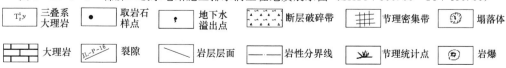

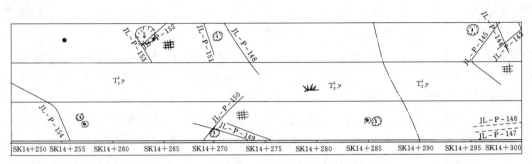

（c）SK14＋250.00～14＋300.00 洞段

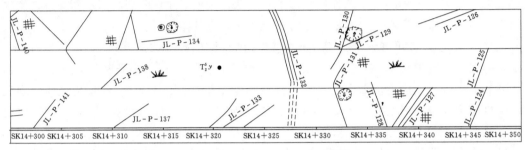

（d）SK14＋300.00～14＋350.00 洞段

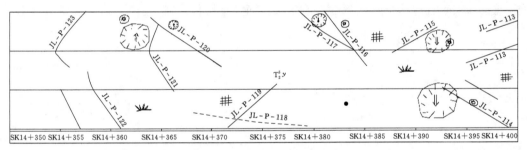

（e）SK14＋350.00～14＋400.00 洞段

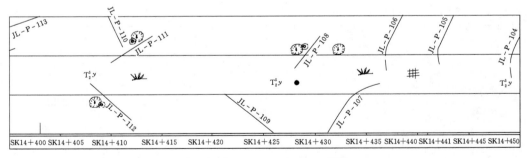

（f）SK14＋400.00～14＋450.00 洞段

图 3-11（二）　锦屏二级水电站施工排水洞工程地质展示图（SK14＋350.00～14＋450.00）

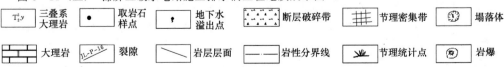

素进行分析后认为，岩爆量级较大的原因是由于此处存在节理，节理与洞室面的组合方式利于岩爆灾害发生，进而发生等级较高的岩爆灾害，该处岩爆类型为节理控制型岩爆。对应节理密集带却无岩爆发生，这说明节理密度（影响应力分布）、存在状态（产状、填充物、起伏度等）等因素对岩爆灾害的发生具有不同的影响。

7．岩爆与围岩关系

排水洞岩爆与围岩类别统计如表 3－5 所示，可知岩爆主要发生于Ⅱ类围岩中，占总岩爆段长度的 70.07％，Ⅲ类围岩中发生岩爆次数相对较少，即对于锦屏二级水电站施工排水洞而言，在这一特有的高地应力环境下，围岩等级较高易于释放较高弹性的应变能，发生岩爆地质灾害。

表 3－5　　　　　　　　　　施工排水洞岩爆与围岩类别统计表

围岩类别	岩　爆　类　型			合计/m	百分比/%
	零星岩爆/m	成片岩爆/m	连续岩爆/m		
Ⅱ	206	26	70	302	70.07
Ⅲ	119	10	0	129	29.93
合计	325	36	70	431	

第4章

齐热哈塔尔水电站引水隧洞岩爆

4.1 工程概况

齐热哈塔尔水电站工程位于新疆维吾尔自治区塔什库尔干塔吉克族自治县境内的叶尔羌河主要支流塔什库尔干河上，为塔什库尔干河中下游河段梯级开发水电站的第二级，坝址以上径流面积9680km²。水电站为低闸坝长隧洞引水式电站，以发电为主。拦河坝位于下坂地水利枢纽工程下游约13.6km处，距塔什库尔干县城约56km。坝型为复合土工膜斜墙砂砾石坝，最大坝高16.8m，闸坝顶总长390m。工程等级为Ⅲ等，工程规模为中型。设计正常蓄水位2743.00m，库尾与上游下坂地水电站尾水相接，总库容173万 m³。引水发电洞长15639.86m，洞径4.7m，引水流量78.6m³/s，采用岸边式地面厂房，装机容量210MW。

4.2 地质构造

工程区地处西昆仑褶皱系（Ⅴ）中部的公格尔—桑株塔格隆起（Ⅴ₂）西南部（图4-1）。公格尔—桑株塔格隆起（Ⅴ₂）北东以布伦口、卡拉克断裂与恰尔隆—库尔浪优地槽褶皱带（Ⅴ₁）为邻，南西以康西瓦断裂为界与喀喇昆仑褶皱系（Ⅵ）相接。

区域地处帕米尔、塔里木盆地和昆仑山三个构造区的交汇地带，断裂发育，按其走向可分为北西—南东向和东西或近东西向两组，其中北西—南东向构造最为发育，断裂规模宏大，是区域主要控制性构造，主要控制性断裂特征如下：

（1）喀喇昆仑断裂。该断裂是亚洲大陆中部一区域性断裂带，北起明铁盖达坂西侧，经红旗拉甫、乔戈里峰、日土，在狮泉河一带逐渐与北西西向噶尔河断裂汇合。北部主要位于阿富汗境内，中段在我国新疆和克什米尔之间，南段在西藏阿里地区。工作区仅出露了中段的一小部分。走向NW310°，倾向NE，倾角50°～65°，全长约600km，沿断裂有宽约100～500m的破碎带。作为帕米尔高原西侧控制性的边界断层，受印度板块向北以56.4mm/a的相对运动速率影响，在狮泉河一带，全新世的右旋水平运动速率为20～30mm/a，沿断裂带曾发生过5级左右的地震，是一条全新世以来活动的断裂。

（2）塔什库尔干断裂。该断裂沿塔什库尔干断陷盆地系发育。该盆地主要由5个断陷盆地首尾相连，自北向南分别为木吉盆地、布伦口盆地、苏巴什盆地、塔合曼盆地和塔什

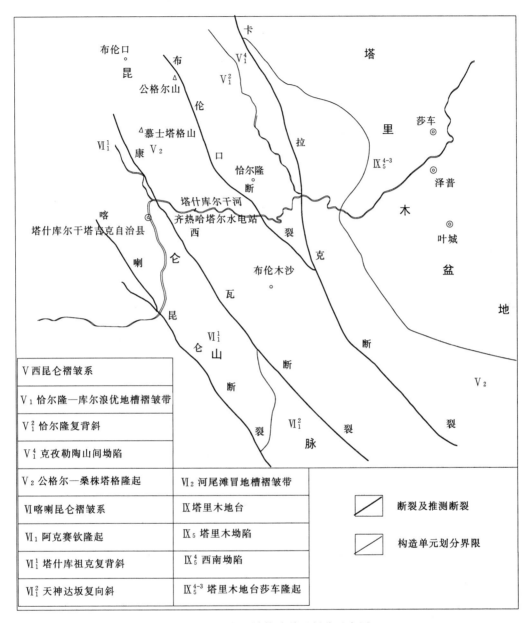

图 4-1 工程区域构造单元划分示意图

库尔干盆地。相应该断裂带也大致由 5 条次级断裂组成，分别称之为木吉盆地北缘断裂、布伦口断裂、苏巴什盆地东缘断裂、塔合曼盆地东缘断裂和塔什库尔干盆地西缘断裂。沿各段断层均可见到全新世活动的清晰痕迹。在这些断裂带上所发现的古地震及历史地震形变带所显示的地震震级均为 7～7.5 级。

（3）康西瓦断裂。该断裂是塔里木板块和喀喇昆仑板块的板块分界断层，距离齐热哈塔尔电站坝址的最近距离为 4～5km。西起塔什库尔干盆地东缘，经辛迪向南东延伸至麻扎、三十里营房，而后向东经康西瓦、慕士山至琼木孜塔格西南被阿尔金断裂斜向截断，全长约 725km，由平行的 3～4 条断层构成走向 NW～SE 的叠瓦状逆冲带组成，断层面主体向南倾斜，倾角在 60°～75°，整体呈反 S 形，主弧形向南西突出。沿断裂带有很宽的糜棱岩化带、角砾岩化带及片理化带，带宽 3～5km。破碎带宽度一般为几百米，其中有300～500m 糜棱岩化带。受断裂长期活动的影响，断裂两侧的花岗岩因动力作用变为碎裂花岗岩或糜棱岩化的花岗碎裂岩，并有大量石英脉和闪长岩脉分布，为一条全新世以来的活动断裂，沿该断裂带于 1944 年 9 月 28 日在塔什库尔干县城北西发生过 6 级地震，于1975 年 4 月 28 日在和田南上发生 6.1 级地震。

（4）布伦口断裂。该断裂为塔什库尔干断裂的一部分，是划分三级构造单元的分界断裂。位于空贝利—布伦口—木扎灵一线，走向自西向东由近 E 向—NWW—NNW 向，总体呈向 NE 凸出的弧形展布，倾向 N 或 NE，倾角 60°～70°。断裂南西侧为元古界地层，北东侧为古生代地层，破碎带明显，以糜棱岩化为主要特征，其中，在断裂南段可见新鲜的古地震形变带，长逾 10km，错断了最新的冲沟及低阶地，地表保存清楚的断层陡坎。在该断裂的中段，前人发现的地震形变带以北，发现有清晰的错断阶地现象，Ⅰ 级阶地被错断了 13m，形成多期冲沟和断层陡坎。沿断裂带于 1911 年曾发生过 7.5 级地震，1963年发生过 6.5 级地震，说明该断裂自新生代以来仍有较强的活动性。

（5）安大力塔克断层。该断层为康西瓦断裂的东支，该断裂在近场区内呈向北突出的弧形，经塔什库尔干河以北，又可分为两支。北侧的一支为近南北走向，南侧的一支为近东西走向，向西与塔什库尔干盆地东侧边界断裂相交。断裂两侧岩性变化不大，均为灰黑色板岩及黑云母石英片麻岩，但其岩层产状变化较大，南盘的岩层走向 NE40°倾向 SE，倾角 76°，北盘岩层走向 NW298°倾向 NE，倾角 51°，主断面走向 NW303°，倾角近直立，断层面呈舒缓波状，上宽下窄，破碎带宽 100～350m，主要由糜棱岩构成，见有宽 10～40cm 的黑色断层泥。据有关资料，该断裂活动年代在 7 万～8 万年之前，其活动性与该断裂南部麻扎、康西瓦一带相比明显减弱，因此分析认为该断裂是一条活动断裂，但其活动性自晚更新世以来已明显减弱。

（6）瓦恰断层。该断层是康西瓦断裂的西支，断裂起于瓦卡断裂谷地的东侧边界，控制瓦卡断陷谷地的发育，向北西方向延伸，终止于塔什库尔干河左岸的辛迪村以东附近，断裂全长约 50km。该断裂走向为 NW320°～330°，倾向 SW，倾角 45°～80°，破碎带宽20～50m，断层面倾角下缓上陡，呈波状，主要由糜棱岩构成，为一条逆走滑性质的断裂。沿断裂走向，在地貌上形成明显的盆山分界线，元古界的地层逆冲于晚更新世冲洪积物之上，南西盘的晚更新世卵砾石层发生较为明显的牵引，呈略向西南倾斜；北东盘的元古界地层岩体破碎。卫星影像显示，该断裂在司热洪村以南有明显右旋错断年轻的冲沟和山脊的现象，因此判断该断裂是一条全新世以来活动的断裂。

（7）科科什老可断裂带（公格尔断裂）。该断层起于公格尔山东侧，由北向南延伸至塔什库尔干河库克西力克乡以南附近，总体走向为 NNW，全长约为 190km。断裂在公格尔山以东附近以舒缓的波状向南延伸，断面倾向 SW，倾角约为 65°，为元古界逆冲于泥盆系、石炭系之上，到库克西力克乡附近，由近平行的多条断层组成，由西向东分别为F12、F5、F6，走向近 SN 向，倾向 W，倾角 70°～85°，断裂带宽 20～60m，主要沿科科什老可沟发育，在厂房附近通过。该断裂带以北纬 38.2°为界可分为南、北两段，南北段的活动性有明显差异。①历史地震震中分布差异明显：北段小震震中成带状分布，且有中强地震发生，沿断裂带1959年在公格尔山曾发生过6.4级地震和多次5级地震，现今仍有小震活动，而南段没有地震震中分布。②该断裂带的活动性由北向南有逐渐减弱的趋势：南段自进入山区以后其活动性明显减弱，线性影像上表现模糊且不连续，至塔什库尔干河处，该断裂在地貌上仅表现为沟谷地形，未见错断晚更新世地层，在厂房附近该断裂的破碎带内黑色断层泥均已胶结成岩，断裂带南段自晚更新世以来没有活动迹象。

场地在大地构造上位于塔里木南缘活动带的中昆仑变质地体的中部，区域新构造运动强烈，发育多条活动断裂，其中卡兹克阿尔特活动断裂、肯别尔特活动断裂、塔什库尔干活动断裂、康西瓦活动断裂、公格尔活动断裂、克孜勒陶—库斯拉普活动断裂和喀喇昆仑活动断裂具有发生7级地震的构造条件；奥依塔克活动断裂具有发生6级地震的构造条件。近场区主要位于喀喇昆仑褶皱系和西昆仑海西褶皱系两大构造单元的分界线以北地区，场地主要位于西昆仑海西褶皱系的公格尔—桑株塔格隆起区内。进场区主要活动断裂为康西瓦活动断裂和公格尔活动断裂，具备发生7级地震的构造条件。

4.3 地层岩性

区域范围内元古界至新生界地层均有分布，其中以元古界和古生界地层分布最广。由于构造运动强烈，沉积建造复杂，岩浆活动和变质作用强烈，地层岩性、岩相复杂多样，沉积岩主要有砾岩、砂岩、泥质砂岩和灰岩等。工程区地处昆仑古生代变质岩区的西昆仑华力西中期变质带内，该变质带主要分布在康西瓦断裂和卡拉克断裂之间，以元古界变质岩系为主，加里东期和华力西中期变质岩系次之，以区域低温动力变质为主，热液接触变质次之。除中、新生界地层外，其余各地层均有不同程度的变质。区域地层简表如表4-1所示。

表4-1 区域地层简表

地层单位				地层代号	岩性与分布
界	系	统	组		
新生界	第四系			Q	冲积、洪积砂砾石层、砂层及冰积、风积半胶结的砂砾石层，主要分布在盆地、河谷、沟谷和坡脚
	第三系	上第三系	西域组、阿图什组	N_2	砾岩、泥岩、砂岩夹砾岩，分布于小班地的南部
		下第三系	下拉夫底群	Exl	粉砂质泥岩夹砂岩，分布于小班地的南部
中生界	侏罗系		叶尔羌群	$J_{1+2}yr$	砂岩、粉砂岩、页岩、泥岩、炭质页岩，夹煤层和菱铁矿，底部有砾岩，主要分布在巴克乡东北一带
	白垩系	下统	下拉夫迭组群	K_1x	上部为巨厚层状砂砾岩夹少量砂岩及泥质砂岩；下部为薄层状泥晶灰岩、泥质岩、粉砂质泥岩夹少量砂砾岩，底部为砾岩，分布于小班地的南部
古生界	石炭系~二叠系			C-P	灰岩、大理岩、变质砂岩、泥灰岩，分布于巴克乡西北部
	石炭系	上统	库尔良群上段	C_2k^2	凝灰岩、英安岩、玄武英安岩，分布于小班地的南部

续表

地 层 单 位				地层代号	岩 性 与 分 布
界	系	统	组		
古生界	志留系		买热孜干群	Smr	板岩、石英细砂岩、粉砂岩、页岩互层，分布于巴克乡与大同乡之间
	奥陶～志留系			$O-S$	片岩、板岩及大理岩，分布于齐热哈塔尔水电站发电厂房附近
	奥陶系		马列兹肯群	Oml	上部为灰岩、泥质灰岩、含砾石英砂岩、粉砂岩，下部为石英砾岩、石英砂岩夹砂质白云岩，分布于大同乡北侧
中元古界	长城系			CH	粉砂质板岩、变粒岩、片岩夹大理岩透镜体，分布于工程区北部
			赛图拉岩群	ChSb	班迪尔岩组：片岩、变质砂岩夹少量大理岩，分布于小班地南部
				ChSs	苏斯岩组：东段为绢英岩、绢云方解石英岩、片岩、大理岩夹少量变粒岩、石英霏细板岩，西段为变粒岩夹片麻岩、片岩，分布于小班地的南部
				ChSt	塔米尔岩组：角闪片岩夹大理岩，分布于大同乡附近
				Chwq	瓦恰岩组：片岩、变粒岩、石英片岩、片麻岩夹少量角闪片岩，分布于小班地的南部
				Ptkgn	变质闪长岩及片麻状花岗岩，主要分布于齐热哈塔尔水电站库、坝区
			科冈达万群	Pt_1kg	不纯大理岩，夹石英岩、片岩、角闪岩，分布于大同乡的西侧
			欧阳李切特群	Pt_1oy	石英片岩类夹片麻岩及少量角闪岩、大理岩、斜长玢岩，分布于巴克乡南部
			拉斯克母群	Pt_1Ls	石英片岩类与片麻岩类不均匀互层，夹角闪岩、大理岩、石英岩，分布于大同乡附近

4.4 地应力

工程区地应力场方向比较凌乱。在工程区西北部，最大主应力的优势方位为 NW—NNW；在工程区的东部及东北部，最大主应力的优势方位为 NE。河谷切割强烈，引水洞线临近河谷，应力场可能会受到地形的影响。

根据中国地质科学院地质力学研究所三个钻孔的水压致裂地应力测量以及平洞内一组三维应力测量成果，隧洞通过段地应力具有以下特征：

（1）隧洞进口段。处于深切河谷边，地应力状态受地形、地貌以及边坡卸荷的影响较大，平洞内地应力测量成果表明，应力值较低，并且应力差较小。最大主应力 2.82MPa，其方位角约为 25°，倾向 SSW，倾角 42°；中主应力 2.08MPa，方位角 244°，倾向 NE，倾角 41°；最小主应力 1.80MPa，其方位角 136°，倾向 NW，倾角 21°。

（2）隧洞出口段。围岩以片岩、板岩为主，发育有多条规模较大断层，裂隙极发育，岩体破碎。QZK15 孔测量成果表明，在其孔深 71.5～116.83m 深度范围，其最大水平主应力在 3～4MPa 之间，最小水平主应力在 1.5～2.4MPa 之间，这表明测试钻孔附近应力作用强度较低。该孔进行的印模定向试验结果为最大水平主压应力方向为 N32.4°W。QZK48 孔测量成果表明，地应力量值随深度变化不大，在 174.35～252.40m 深度域内，实测最小水平主应力值为 3.5～6.0MPa，最大水平主应力值为 6.0～9.0MPa。该孔中进行的 3 段印模定向结果表明，其最大水平主应力优势方位为 N40°W 左右。

（3）洞身段。根据 QZK14 测试成果，在其测试孔深 76.19～141.00m 深度范围内最大水平主应力在 12～15MPa 之间，最小水平主应力在 7～9MPa 之间。该孔中进行的 3 个测段的印模定向试验结果表明其附近的最大水平主应力优势方位为 NW 方向。

（4）结合工程区内地形地貌条件、岩性分布及地质构造特征，上述 4 个测点的地应力测试结果都在一定程度上受到测点附近局部地形和岩石条件的影响，这不仅表现为地应力的大小，主应力方向也受到了显著影响。相对而言，QZK14 和 QZK48 钻孔的地应力测试结果对于完整岩体的地应力分布特征具有一定的代表性，而 QZK15 钻孔附近岩石相当破碎，应力量值较小，其测值仅反映了该测点附近较为破碎岩体中的应力状态。

根据《工程岩体分级标准》（GB 50218—94）附录 B 第（3）条"埋深大于 1000m，随深度增加，初始应力均逐渐趋向于静水压力分布，大于 1500m 以后，一般可按静水压力分布考虑"的规定，不同埋深下 σ_H/σ_v 比值，根据工程类比经验（表 4-2），确定 σ_H/σ_v 的比值。

表 4-2　　　　　　　　不同埋深下 σ_H/σ_v 经验比值

隧洞埋深/m	σ_H/σ_v	隧洞埋深/m	σ_H/σ_v
<500	3.0～2.0	1000～1500	1.5～1.0
500～1000	2.0～1.5	>1500	1.0

据此对洞线的最大水平主应力进行推算，得到地应力量值综合分析结果如表 4-3所示。

表 4-3　　　　　　　　地应力综合分析结果

桩号/m	水平主应力/MPa			垂直主应力/MPa
	小值	大值	平均	平均
20～60	0.00	14.30	7.15	0.53
60～799	2.60	34.47	18.54	7.53
799～1079	14.30	33.13	23.72	15.51
1079～2269	12.45	31.67	22.06	9.58
2269～2791	20.00	40.20	30.10	17.62
2791～3313	22.50	42.91	32.70	24.34
3313～3743	25.00	49.67	37.34	34.14
3743～4643	25.00	46.27	35.63	43.31
4643～5067	25.00	50.44	37.72	33.63

续表

桩号/m	水平主应力/MPa			垂直主应力/MPa
	小值	大值	平均	平均
5067~5565	22.50	30.51	26.50	23.60
5565~5761	22.50	35.71	29.11	16.12
5761~6385	7.25	32.11	19.68	8.24
6385~7139	17.00	47.08	32.04	20.18
7139~8101	20.00	45.22	32.61	29.61
8101~8858	20.00	47.08	33.54	20.18
8858~9041	20.00	27.58	23.79	12.77
9041~9697	20.00	47.08	33.54	20.18
9697~10142	20.00	43.99	32.00	27.64
10142~10918	14.30	47.08	30.69	20.18
10918~11582	5.14	32.56	18.85	7.79
11582~12362	14.30	48.73	31.51	20.85
12362~13842	20.00	47.43	33.72	19.82
13842~15263	5.14	32.56	18.85	7.79
15263~15639.86	8.88	40.09	24.48	11.36

通过宏观分析和实际测量可知，工程区范围内地应力场方向较凌乱，最大主应力方向由西北部到东部逐渐由 NW—NNW 转变为 NE 方向。局部受地形影响，应力场可能更加复杂。工程实践中认为初始地应力大于 20MPa 区域即为高地应力区。由表 4-3 可知，齐热哈塔尔水电站引水隧洞大多数洞段最大水平主应力均超过该值，即处于高地应力区，存在发生岩爆的可能性。

4.5 岩爆统计与特征

4.5.1 桩号统计

齐热哈塔尔水电站引水隧洞发生大小岩爆 350 余次，其中详细记录如表 4-4 所示。

表 4-4　　　　　　齐热哈塔尔水电站引水隧洞岩爆发生情况统计表

日　期	桩　号	破坏位置	岩体形状	岩块大小/cm
2012 年 9 月 23 日	1024~1120	顶拱		爆坑深度 25
	1702	右边侧	大石块	
2012 年 9 月 24 日	1706	右侧壁	三大块	
	1701.5~1710.5	左顶拱	掉块	爆坑深度 28
2012 年 9 月 25 日	1710.5	右侧壁	小块	
2012 年 9 月 27 日	1715	右侧壁	大块	

续表

日　期	桩　号	破坏位置	岩体形状	岩块大小/cm
2012 年 9 月 29 日	1716.8	右侧壁	大块	200×100×60
2012 年 10 月 4 日	1729	右侧壁	块石	100×150×60
2012 年 10 月 6 日	1736～1732	右侧壁	大块	350×200×50
	1684～1754.5	右顶拱	连续剥落	爆坑深度 34
2012 年 10 月 23 日	1795～1797	右侧拱顶	大块	
2012 年 10 月 24 日	1797～1802	右侧壁	中块	
2012 年 10 月 25 日	1802～1807	拱顶右侧到侧壁	大块	
2012 年 10 月 26 日	1807～1810	拱顶右侧到侧壁	片状	
	1844～1935.4	右顶拱	连续剥落	爆坑深度 14
	2020.1～2098.3	右顶拱	连续剥落	爆坑深度 19
	2220.1～2232	顶拱	连续剥落	爆坑深度 15
	2240～2245	顶拱	连续剥落	爆坑深度 18
2012 年 10 月 7 日	2475	右拱顶	片石	60×40×(5～15)
2012 年 10 月 6 日	2476	右拱顶	片石	70×50×(10～15)
2012 年 10 月 5 日	2485.1～2480	右拱顶	片石	60×30×(5～15)
2012 年 10 月 4 日	2481	右拱顶	片石	
2012 年 10 月 3 日	2478.3	右侧壁	碎石片	
2012 年 10 月 1 日	2483	右拱顶	大片石	
2012 年 9 月 29 日		断面、拱顶	大片石	110×60×(20～30)/120×50×(20～30)
2012 年 10 月 2 日		拱顶	大片石	120×90×(15～25)
2012 年 9 月 28 日		拱顶、断面	大片石	90×70×(20～30)/100×60×(20～30)
2012 年 9 月 27 日		拱顶、断面	大片石	140×50×(20～30)/100×40×(20～30)
2012 年 9 月 26 日		拱顶、断面	大片石	90×80×(20～30)/90×60×(20～30)
2012 年 9 月 25 日		拱顶、断面	大片石	120×50×(20～30)/100×60×(20～30)
2012 年 9 月 24 日	2485.3	拱顶、断面	大片石	120×60×(20～30)/110×50×(20～30)
2012 年 9 月 23 日		拱顶、断面	大片石	110×60×(20～30)/90×70×(20～30)
2012 年 9 月 22 日		拱顶、断面	大片石	140×60×(20～30)/100×60×(20～30)
2012 年 9 月 21 日		拱顶	大片石	130×60×(20～40)
2012 年 9 月 20 日		拱顶	大片石	90×40×(20～30)/130×70×(20～40)
2012 年 9 月 19 日		拱顶	片石、碎石	30×20×(20～30)/50×30×(10～30)
2012 年 9 月 18 日		断面拱顶	大片石	100×60×(20～30)/70×60×(20～40)
2012 年 9 月 17 日		拱顶	大片石、碎片	60×50×(10～20)/70×40×(20～30)
2012 年 9 月 16 日	2504	拱顶、断面	碎片	
2012 年 9 月 15 日		拱顶	碎片	
2012 年 9 月 13 日		拱顶	碎石	
2012 年 9 月 12 日		拱顶	碎片	

续表

日　期	桩　号	破坏位置	岩体形状	岩块大小/cm
2012 年 9 月 11 日	2514~2519	拱顶	碎、片石	
2012 年 9 月 10 日		拱顶	碎、片石	
2012 年 9 月 9 日		拱顶	大片石	60×80×(20~30)/100×60×(20~40)
2012 年 9 月 8 日		拱顶	大片石	140×60×(20~30)
2012 年 9 月 7 日		拱顶、右侧壁	大片石	130×50×(20~30)
2012 年 9 月 6 日	2517~2513	拱顶、右侧壁	大片石	90×80×(20~30)/70×90×(20~40)
2012 年 9 月 1 日		拱顶	大片石	100×60×(10~20)/130×90×(10~20)
2012 年 9 月 5 日		拱顶、右侧壁	大片石	70×60×(20~30)/150×60×(20~30)
2012 年 9 月 2 日		右拱顶、右侧壁	大片石	140×60×(20~30)
2012 年 9 月 4 日		拱顶、右侧壁	大片石	80×60×(10~20)/120×60×(20~30)
2012 年 9 月 3 日		拱顶、右侧壁	大片石	90×80×(10~20)/100×60×(20~25)
2012 年 8 月 31 日	2527.4~2525.8	拱顶、右侧壁	大片石	
2012 年 8 月 30 日	2528.4~2527.4	拱顶、侧壁	片石	170×100×(15~30)/50×30×(10~20)/80×50×(10~30)
2012 年 8 月 28 日	2529.8~2528.4	拱顶、侧壁	片石	100×60×(15~30)/30×20×(10~20)/70×30×(10~20)
	2511~2529	右顶拱	连续剥落	爆坑深度 40
2012 年 8 月 26 日	2530.8~2529.8	拱顶、侧壁	片石	90×60×(10~30)/50×30×(10~20)
2012 年 8 月 24 日	2533.4~2530.8	拱顶、侧壁	片石	100×70×(20~30)/60×50×(10~20)/80×50×(10~30)
2012 年 8 月 20 日	2534~2533	拱顶、侧壁	片石	100×70×(15~30)/120×80×(5~20)/60×50×(10~20)
2012 年 8 月 17 日	2535.6~2534	拱顶	片石	70×50×(10~20)
2012 年 8 月 14 日	2538~2535.6	右拱顶	大片石	110×70×(10~30)
2012 年 8 月 13 日	2540~2538	拱顶	片石	70×40×(10~30)
2012 年 8 月 12 日	2543~2540	右拱顶	大片石	110×70×(15~30)
2012 年 7 月 26 日	2544.3~2543	拱顶	碎石	
2012 年 7 月 25 日	2548~2544.3	拱顶	片石	50×30×(5~15)
2012 年 7 月 24 日	2549.5~2548	拱顶	片石	30×20×(5~10)
2012 年 7 月 23 日	2552.7~2549.5	右拱顶	大片石	150×60×(20~30)
2012 年 7 月 22 日	2556~2552.7	右拱顶	片石	50×30×(10~20)
2012 年 7 月 21 日	2559.5~2556	拱顶	片石	60×50×(10~20)
2012 年 7 月 20 日	2563.5~2559.5	右拱顶	片石	80×50×(20~30)
2012 年 7 月 15 日	2565.5~2563.5	右拱顶	片石	60×40×(10~20)
2012 年 7 月 14 日	2596.5~2565.5	右拱顶	片石	50×30×(10~20)
2012 年 7 月 13 日	2573~2569.5	右侧壁	片石	70×50×(15~30)

日　期	桩　号	破坏位置	岩体形状	岩块大小/cm
2012 年 7 月 12 日	2576.8～2573	拱顶	碎石	
2012 年 7 月 11 日	2580.8～2576.8	右边墙	片石	50×40×(10～20)
2012 年 7 月 10 日	2584.8～2580.8	右侧墙	片石	50×30×(10～20)
2012 年 7 月 9 日	2588.5～2584.8	右拱顶	片石	50×60×(10～20)
2012 年 7 月 8 日	2592.1～2588.5	右拱顶	片石	60×70×(10～20)
2012 年 7 月 7 日	2595.4～2592.1	右拱顶	片石	50×60×(20～30)
2012 年 7 月 6 日	2599～2595.4	左边墙	片石	70×50×(15～25)
2012 年 7 月 5 日	2602.1～2599	右拱顶	片石	50×60×(10～20)
2012 年 7 月 4 日	2606.1～2602.1	左边墙	片石	60×50×(20～30)/100×70×(30～40)
2012 年 7 月 3 日		左边顶	片石	100×60×(20～30)/80×50×(20～30)
2012 年 6 月 2 日	2610.1～2606.1	左侧壁	片石	
2012 年 6 月 3 日		侧壁	大片石	
2012 年 6 月 1 日	2624	右侧、右拱顶	大片石	100×60×(20～30)/60×50×(10～20)/80×50×(20～30)
2012 年 6 月 3 日		右顶拱	连续剥落	爆坑深度 20
2012 年 6 月 4 日		拱顶	大片石	
2012 年 6 月 5 日		拱顶	片石	
2012 年 6 月 6 日		拱顶	片石	
2012 年 6 月 7 日		拱顶	片石	
2012 年 6 月 8 日		拱顶	大片石	100×60×(20～30)
2012 年 6 月 9 日		拱顶	大片石	110×70×(10～30)/60×10×(10～20)
2012 年 6 月 10 日	2620～2632	断面	片石	
2012 年 6 月 11 日		拱顶	片石	
2012 年 6 月 12 日		拱顶	大片石	150×60×(20～30)
2012 年 6 月 13 日		拱顶	片石	
2012 年 6 月 14 日		右侧壁	片石	
2012 年 6 月 15 日		断面	片石	
2012 年 6 月 16 日		拱顶	大片石	80×90×(20～30)/100×60×(20～30)
2012 年 6 月 17 日		断面	大片石	150×60×(20～30)/120×50×(20～30)
2012 年 6 月 18 日		拱顶	片石	110×50×(15～25)/100×60×(20～30)
2012 年 6 月 19 日	2684～2686	拱顶	片石	
2012 年 6 月 20 日	2686～2689.5	左侧壁	碎片石	
2012 年 7 月 2 日	2713～2709.4	断面拱顶	片状	10×60×(20～30)/60×50×(10～20)
2012 年 7 月 1 日	2717～2713	右边顶	片石	
2012 年 7 月 27 日	2716.6～2722.1	拱顶	片石	

续表

日 期	桩 号	破坏位置	岩体形状	岩块大小/cm
2012 年 7 月 28 日	2722.1～2726.1	拱顶	片石	60×40×(10～20)
2012 年 7 月 29 日	2726.1～2730.1	拱顶	片石	50×30×(10～20)
2012 年 7 月 30 日	2730.1～2733.6	右侧壁	片石	
2012 年 7 月 31 日	2733.6～2737.2	右拱顶	片石	30×20×(5～15)
2012 年 8 月 1 日	2737.2～2740.7	拱顶	片石	50×30×(10～20)
2012 年 8 月 2 日	2740～2744.1	右拱顶	片石	70×50×(10～30)
2012 年 8 月 3 日	2744.1～2748.1	拱顶	片石	50×35×(10～20)
2012 年 8 月 4 日	2748.1～2750.9	拱顶	片石	
2012 年 8 月 5 日	2750.9～2754.8	右拱顶	片石	60×50×(10～30)
2012 年 8 月 6 日	2754.8～2758.5	拱顶	片石	50×30×(10～20)
2012 年 8 月 7 日	2758.5～2762.6	拱顶	片石	50×30×(10～20)
2012 年 8 月 8 日	2762.6～2766.5	拱顶	片石	
2012 年 8 月 9 日	2766.5～2768.5	右拱顶	片石	60×40×(15～30)
2012 年 8 月 10 日	2768.5～2772	右拱顶	片石	50×30×(10～20)
2012 年 8 月 11 日	2772～2774.2	右拱顶	片石	30×20×(15～20)
2012 年 8 月 12 日	2774.2～2776.8	拱顶	片石	60×50×(10～20)
2012 年 8 月 13 日	2776.8～2781	拱顶	片石	50×30×(10～20)
2012 年 8 月 14 日	2781～2784.7	拱顶	片石	100×70×(15～30)
2012 年 8 月 15 日	2784.7～2787.1	右拱顶	片石	60×40×(10～30)
2012 年 8 月 16 日	2787.1～2788.4	拱顶	片石	30×20×(5～10)/60×50×(10～30)
2012 年 8 月 17 日	2788.4～2793.2	拱顶	片石	30×20×(5～10)
2012 年 8 月 18 日	2793.2～2797.5	拱顶	片石	
2012 年 8 月 19 日	2797.5～2802	右拱顶	片石	
2012 年 8 月 20 日	2802～2806.3	拱顶	片石	30×20×(5～10)
2012 年 8 月 21 日	2806.3～2810.7	右拱顶	小片石	
2012 年 8 月 22 日	2810.7～2815.1	拱顶、右侧壁	片石	60×50×(10～30)
2012 年 8 月 23 日	2815.1～2817.5	拱顶	片石	50×30×(10～20)
2012 年 8 月 24 日	2817.5～2820.6	拱顶	片石	30×20×(5～10)
2012 年 8 月 25 日	2820.6～2824.1	拱顶	片石	50×30×(10～20)
2012 年 8 月 26 日	2824.1～2827.1	断面	片石	30×20×(5～10)
2012 年 8 月 27 日	2827.1～2830.5	拱顶	碎石	
2012 年 8 月 28 日	2830.5～2833.7	拱顶	片石	50×30×(10～20)
2012 年 8 月 29 日	2833.7～2836	拱顶	片石	60×30×(10～30)
2012 年 8 月 30 日	2836～2839	拱顶	片石	60×50×(10～30)/50×30×(10～20)

续表

日　期	桩　号	破坏位置	岩体形状	岩块大小/cm
2012 年 8 月 31 日		拱顶、右侧壁	片石	
2012 年 9 月 1 日		断面	碎石	
2012 年 9 月 2 日		断面	碎石	
2012 年 9 月 3 日		断面左侧	片石	80×60×(20～30)/70×90×(20～30)
2012 年 9 月 4 日		断面	片石	
2012 年 9 月 5 日		断面	大片石	100×80×(20～40)
2012 年 9 月 6 日		断面	片、碎石	
2012 年 9 月 7 日		断面	碎片	
2012 年 9 月 8 日		断面	碎、片石	
2012 年 9 月 9 日		断面左侧	大块石	110×90×(30～50)
2012 年 9 月 10 日		断面	碎片	
2012 年 9 月 11 日		断面右侧	大块石	120×60×(30～40)
2012 年 9 月 12 日		断面	碎石	
2012 年 9 月 13 日		断面	碎片	
2012 年 9 月 13 日		右顶拱	连续剥落	爆坑深度 40
2012 年 9 月 14 日	2839～2843	断面	碎片	
2012 年 9 月 15 日		断面拱顶	大片石	110×60×(30～40)/60×90×(20～30)
2012 年 9 月 16 日		断面	碎片	
2012 年 9 月 17 日		断面	碎片	
2012 年 9 月 18 日		拱顶断面	碎片	
2012 年 9 月 19 日		断面	碎、片石	90×40×(20～30)
2012 年 9 月 20 日		断面	片石	60×30×(20～30)/50×40×(20～30)
2012 年 9 月 21 日		断面	碎、片石	60×40×(20～30)/80×30×(10～30)
2012 年 9 月 22 日		断面侧壁	片石	60×40×(20～30)/80×40×(20～30)
2012 年 9 月 23 日		断面左侧	片、碎石	100×60×(20～30)
2012 年 9 月 24 日		断面左侧	片、碎石	70×50×(20～30)
2012 年 9 月 25 日		断面	片石	100×60×(20～30)
2012 年 9 月 26 日		断面	片石	80×60×(20～30)/60×40×(20～30)
2012 年 9 月 27 日		断面	片石	80×60×(20～30)/60×40×(20～30)
2012 年 9 月 28 日		断面拱顶	片石	60×30×(20～30)/50×40×(20～30)
2012 年 9 月 29 日		断面	片石	80×50×(20～30)
2012 年 9 月 30 日	3223～3318	断面拱顶	大片石	130×60×(20～30)/110×70×(20～30)
	3223～3318	顶拱	连续剥落	爆坑深度 15
	3228～3318	顶拱	连续剥落	爆坑深度 10
	3351～3376	右顶拱	连续剥落	爆坑深度 13

续表

日 期	桩 号	破坏位置	岩体形状	岩块大小/cm
2012 年 9 月 30 日	3325~3399	右顶拱	连续剥落	爆坑深度 36
	3399~3451	右顶拱	连续掉块	爆坑深度 22
	3458~3461	顶拱	连续掉块	爆坑深度 20
	3450~3478	右顶拱	连续掉块	爆坑深度 35
	3770~3787	右顶拱	掉块	爆坑深度 30
	3800.7~3865.2	右顶拱	连续剥落	爆坑深度 34
2013 年 7 月 26 日	4777~4778	右侧拱顶		55×45×25
2013 年 7 月 26 日	4777~4778	右侧拱顶		55×45×25
2013 年 7 月 26 日	4777~4781	拱顶		55×40×25
2013 年 7 月 25 日	4779~4785	左侧拱顶		55×40×25
2013 年 7 月 24 日	4784~4788	左侧拱顶		55×40×25
2013 年 7 月 23 日	4812~4817	右侧拱顶		55×40×25
2013 年 7 月 22 日	4795~4801	拱顶	三角形	60×50×30
2013 年 7 月 21 日	4800~4805	左侧拱顶		55×45×20
2013 年 7 月 20 日	4806~4811	右侧拱顶		55×40×25
2013 年 7 月 19 日	4812~4818	右侧拱顶		55×45×25
2013 年 7 月 18 日	4817~4820	拱顶		55×40×20
2013 年 7 月 17 日	4818~4824	左侧拱顶		55×45×25
2013 年 7 月 16 日	4818~4822	右侧拱顶		55×45×25
2013 年 7 月 15 日	4822~4825	右侧拱顶		55×40×25
2013 年 7 月 12 日	4855~4860	右侧拱顶		55×40×25
2013 年 7 月 11 日	4855~4860	右侧拱顶		40×35×25
2013 年 7 月 10 日	4858~4860	右侧拱顶		55×40×25
2013 年 7 月 8 日	4866~4873	右侧拱顶		50×40×25
2013 年 7 月 5 日	4880~4883	右侧拱顶		55×45×20
2013 年 7 月 4 日	4890~4895	右侧拱顶		50×40×25
2013 年 7 月 2 日	4892~4895	右侧拱顶		55×45×25
2013 年 6 月 4 日	5018~5003	拱顶		50×45×20
2013 年 5 月 31 日	5023~5018	断面拱顶		75×55×20
2013 年 5 月 28 日	5041~5031	左侧拱顶		70×50×20
2013 年 5 月 27 日	5041~5034	左侧拱顶		65×45×20
2013 年 5 月 26 日	5041~5036	左侧拱顶		70×45×20
2013 年 5 月 25 日	5048~5041	左侧拱顶		65×45×20
2013 年 5 月 24 日	5048~5044	左侧拱顶		70×55×20
2013 年 5 月 23 日	5050~5046	左侧边墙		70×50×20

日　　期	桩　号	破坏位置	岩体形状	岩块大小/cm
2013 年 5 月 15 日	5074～5067	右侧拱顶		70×50×25
2013 年 5 月 14 日	5081～5074	右侧拱顶		80×40×20
2013 年 5 月 13 日	5081～5078	右侧拱顶		75×45×20
2013 年 5 月 11 日	5894～5855	右侧拱顶		70×50×20
2013 年 5 月 12 日	5050～5081	右侧拱顶		70×60×20
2013 年 5 月 10 日	5096～5086	右侧拱顶		60×35×25
2013 年 5 月 9 日	5096～5089	右侧拱顶		70×40×20
2013 年 5 月 8 日	5096～5094	右侧拱顶		60×40×20
2013 年 5 月 5 日	5116～5096	右侧拱顶		50×25×20
2013 年 5 月 4 日	5116～5096	右侧拱顶		60×30×20
2013 年 5 月 3 日	5980～5984	拱顶正中		80×50×20
2013 年 5 月 2 日	5108～5106	拱顶右侧		55×40×25
2013 年 5 月 1 日	5113～5124	拱顶正中		75×30×25
2012 年 10 月 10 日	5328	拱顶右侧、边墙	片状、多边形	30×20×10
2012 年 10 月 4 日	5358	拱顶右侧、边墙	片状、多边形	60×40×8
2012 年 10 月 3 日	5347	拱顶右侧、边墙	片状、多边形	50×40×10
2012 年 10 月 2 日	5349	拱顶左侧、边墙	片状、多边形	40×30×10
2012 年 9 月 30 日	5354	拱顶右侧	三角形、多边形	40×50×20
2012 年 9 月 30 日	5360	拱顶右侧边墙	片状、多边形	70×40×10
2012 年 9 月 30 日	5354	拱顶右侧	三角形、多边形	40×50×10
2012 年 9 月 26 日	5370	拱顶	三角形	40×30×20
2012 年 9 月 26 日	5376	拱顶右侧边墙	片状、多边形	50×40×8
2012 年 9 月 26 日	5370	拱顶	三角形	40×30×20
2012 年 9 月 18 日	5410	拱顶右侧	三角形、多边形	40×60×30
2012 年 9 月 18 日	5410	拱顶右侧边墙	片状、多边形	40×30×10
2012 年 9 月 18 日	5410	拱顶右侧	三角形、多边形	40×60×30
2012 年 9 月 10 日	5445	拱顶右侧	三角形、多边形	40×30×20
2012 年 9 月 10 日	5445	拱顶右侧	片状、三角形、多边形	40×30×10
2012 年 9 月 10 日	5445	拱顶右侧	三角形、多边形	40×30×20
2012 年 9 月 5 日	5458	拱顶右侧	多边形	40×60×30
2012 年 9 月 5 日	5458	拱顶右侧	片状、多边形	60×40×8
2012 年 9 月 5 日	5458	拱顶右侧	多边形	40×60×30
2012 年 9 月 2 日	5459	拱顶右侧	三角形、多边形	40×50×20
2012 年 9 月 2 日	5459	拱顶右侧	三角形、多边形	40×50×20

续表

日　期	桩　号	破坏位置	岩体形状	岩块大小/cm
2012 年 7 月 30 日	5521	拱顶左侧	多边形	70×80×50
2012 年 7 月 31 日	5524	拱顶右侧	三角形、多边形	60×70×60
2012 年 4 月 27 日	5640	拱角、拱顶中心	三角形、多边形	60×50×50
2012 年 4 月 17 日	5662	拱角、拱顶中心	三角形、多边形	60×50×50
2012 年 4 月 10 日	5690	拱角、拱顶中心	三角形、四边形	70×60×40
2012 年 4 月 6 日	5710	拱角、拱顶中心	三角形、四边形	60×50×50
2012 年 3 月 12 日	5760～5750	拱顶左侧	长方形	40×30×20
2012 年 2 月 23 日	5810～5800	拱顶左侧	三角形	70×60×30
2012 年 2 月 23 日	5810～5800	拱顶左侧	长方形、正方形	60×40×20
2012 年 2 月 18 日	5810～5800	左拱顶	三角形、长方形、四边形	60×50×40
2013 年 6 月 27 日	5978～5990	右侧拱顶		60×55×25
2013 年 6 月 7 日	5980～5955	右侧及拱顶		65×45×20
2013 年 6 月 2 日	6620～6615	右侧及拱顶		60×55×30
2013 年 6 月 4 日	6625～6627	左侧墙		65×50×20
2013 年 6 月 5 日	6240～6272	拱顶正中		65×40×20
2013 年 6 月 11 日	6598～6590	左侧墙		50×40×25
2013 年 6 月 12 日	6545～6525	右侧拱顶		65×70×35
2013 年 6 月 15 日	6335～6320	拱顶正中		50×35×20
2013 年 6 月 19 日	6325～6344	拱顶正中		60×35×20
2013 年 6 月 22 日	6364～6340	右侧及拱顶		75×65×30
2013 年 6 月 22 日	6505～6485	右侧拱顶		75×45×20
2012 年 1 月 13 日	7394	拱顶	长方形、三角形、正方形	60×60×50
2012 年 2 月 14 日	5810～5820	右拱角	片状	20×10×6
2012 年 1 月 18 日	7396	断面拱角	长方形、三角形	60×60×50
2012 年 4 月 10 日	7523	拱角、拱顶中心	三角形、多边形	60×90×50
2012 年 4 月 16 日	7533	拱角、拱顶中心	三角形、多边形	70×90×120
2012 年 4 月 20 日	7544	拱角、拱顶中心	三角形、多边形	90×120×60
2012 年 4 月 25 日	7555	拱角、拱顶中心	三角形、多边形	50×60×50
2012 年 5 月 3 日	7570	拱角、拱顶	三角形、长方形	60×70×40
2012 年 5 月 11 日	7573	拱顶	三角形、长方形	70×20×70
2012 年 5 月 20 日	7575	拱顶	三角形	60×50×40
2012 年 6 月 4 日	7576	拱顶	三角形、长方形	60×60×60
2012 年 6 月 9 日	7575	拱顶	三角形、长方形	60×70×40

日　期	桩　号	破坏位置	岩体形状	岩块大小/cm
2012 年 6 月 20 日	7575～7574	拱顶	三角形	60×50×40
2012 年 7 月 1 日	7574	拱角、拱顶中心	三角形、多边形	50×60×60
2012 年 7 月 11 日	7579	拱角、拱顶中心	三角形、多边形	70×80×50
2012 年 7 月 19 日	7588	拱角、拱顶中心	三角形、多边形	50×60×60
2012 年 7 月 27 日	7592	拱角、拱顶中心	三角形、多边形	50×60×60
2012 年 10 月 27 日	7590	拱顶右侧	片状、多边形	60×30×10
2012 年 8 月 1 日	7608	拱顶右侧	长方形、多边形	40×60×50
2012 年 8 月 1 日	7608	拱顶右侧	片状、多边形	40×60×8
2012 年 8 月 2 日	7611	拱顶右侧	三角形、多边形	60×50×60
2012 年 8 月 3 日	7611	拱顶右侧	多边形	40×50×50
2012 年 8 月 2 日	7611	拱顶右侧	片状、多边形	60×50×10
2012 年 8 月 4 日	7613		多边形	40×60×50
2012 年 8 月 5 日	7613		三角形、多边形	40×50×50
2012 年 8 月 5 日	7613	拱顶右侧	片状、三角形、多边形	50×40×10
2012 年 8 月 6 日	7626		长方形、多边形	40×60×50
2012 年 8 月 7 日	7630		多边形	40×50×50
2012 年 8 月 8 日	7635	拱顶	多边形	40×50×50
2012 年 8 月 13 日	7654	拱顶、拱顶右侧	片状、三角形、多边形	60×40×8
2012 年 8 月 13 日	7654	拱顶、拱顶右侧	多边形	40×60×50
2012 年 8 月 15 日	7660	拱顶右侧	长方形、多边形	40×50×50
2012 年 8 月 15 日	7660	拱顶右侧	片状、多边形	50×30×10
2012 年 8 月 18 日	7682	拱顶	多边形	40×60×50
2012 年 8 月 20 日	7685	拱顶右侧	多边形	40×50×50
2012 年 8 月 20 日	7685	拱顶右侧	片状、多边形	30×20×8
2012 年 8 月 24 日	7700	拱顶右侧	三角形、多边形	40×60×50
2012 年 9 月 3 日	7730	拱顶左侧	三角形、多边形	40×50×10
2012 年 9 月 5 日	7745	拱顶左侧	多边形、长方形	60×40×10
2012 年 9 月 5 日	7745	拱顶左侧	多边形、长方形	60×50×10
2012 年 9 月 7 日	7745	拱顶左侧	片状、长方形	60×70×15
2012 年 9 月 7 日	7746	拱顶	三角形、多边形	40×30×20
2012 年 9 月 12 日	7745	拱顶右侧	片状、多边形	40×50×80
2012 年 9 月 15 日	7773	拱顶右侧	三角形	40×30×20
2012 年 9 月 17 日	7776	拱顶右侧	片状、多边形	60×40×10

续表

日　期	桩　号	破坏位置	岩体形状	岩块大小/cm
2012 年 9 月 18 日	7780	拱顶右侧	三角形、多边形	40×30×20
2012 年 9 月 20 日	7788	拱顶右侧	三角形、长方形	50×40×10
2012 年 9 月 23 日	7796	拱顶	三角形、多边形	50×50×10
2012 年 9 月 27 日	7810	拱顶	三角形	50×40×20
2012 年 9 月 22 日	7801	拱顶右侧	片状、多边形	30×20×10
2012 年 10 月 4 日	7844	拱顶右侧	片状、长方形	70×20×15
2012 年 10 月 6 日	7845	拱顶右侧	片状、长方形	80×25×15
2012 年 10 月 8 日	7843～7846	拱顶右侧	片状、长方形	80×20×15
2012 年 10 月 14 日	7890	拱顶右侧	片状、多边形	40×30×8
2012 年 10 月 18 日	7910	拱顶右侧	片状、长方形	50×30×10
2012 年 10 月 28 日	7952	拱顶右侧	片状、多边形	60×40×8
2013 年 5 月 20 日	8165～8170	拱顶偏右	无爆坑	40×35×15
	10521～10530	拱顶及边墙	片状、板状	爆坑深度 0.4
		拱顶偏右侧	片帮	爆坑深度 0.3
		拱顶	片状，有一定崩射	爆坑深度 0.2～0.3
		右边墙	片状剥落	爆坑深度 0.2
	11170～11190	拱顶	片帮	爆坑深度 0.5
2013 年 8 月 31 日	14630～14635	右侧及拱顶	三角形	40×45×45
2013 年 8 月 30 日	14633～14638	右侧拱顶	三角形	45×45×50
2013 年 8 月 29 日	14638～14642	右侧	三角形	40×45×50
2013 年 8 月 28 日	14642～14649	右侧拱顶	三角形	40×45×50
2013 年 8 月 27 日	14678～14681	右侧拱顶	三角形	40×45×45
2013 年 8 月 26 日	14311～14315	拱顶		40×45×50
2013 年 8 月 25 日	14654～14658	右侧拱顶		40×45×45
2013 年 8 月 23 日	14660～14665	右侧		40×40×45
2013 年 8 月 22 日	14664～14669	右侧拱顶		40×45×45
2013 年 8 月 21 日	14668～14669	拱顶		40×40×35
2013 年 8 月 19 日	14674～14678	左侧		30×40×40
2013 年 8 月 18 日	14680～14683	左侧		30×35×40
2013 年 8 月 17 日	14685～14687	拱顶		40×45×45
2013 年 8 月 16 日	14690～14694	左侧拱顶		40×45×45
2013 年 8 月 14 日	14700～14704	左侧	三角形	50×40×45
2013 年 8 月 13 日	14705～14710	拱顶		30×35×35
2013 年 8 月 11 日	15776～15780	左侧		40×45×50
2013 年 8 月 11 日	14716～14718	左侧拱顶		40×40×45
2013 年 8 月 10 日	14721～14725	拱顶		40×45×45

日　期	桩　号	破坏位置	岩体形状	岩块大小/cm
2013 年 8 月 9 日	14725~14727	左侧拱顶		30×35×35
2013 年 8 月 7 日	14737~14741	拱顶		30×45×30
2013 年 8 月 6 日	14740~14745	拱顶		30×40×50
2013 年 8 月 5 日	14746~14749	左侧拱顶		30×35×35
2013 年 8 月 3 日	14765~14771	左侧拱顶		40×45×30
2013 年 8 月 2 日	14761~14766	右侧拱顶		45×50×25
2013 年 8 月 1 日	14767~14772	拱顶	三角形	50×50×30

4.5.2　类型划分

由表 4-4 及现场岩爆洞段调查可知，齐热哈塔尔水电站引水隧洞所发生岩爆的主要破坏形式为连续剥落，其中引水隧洞最长剥落时间可达 119h，而支洞中最长时间可达 150 天，并仍表现出连续剥落特征。按照岩爆破坏类型，其主要为片、板状剥落型。由现场调查可知，齐热哈塔尔水电站引水隧洞所发生岩爆的类型主要为应变型零星岩爆（变现形式为连续性剥落），局部岩爆点受节理控制，进而产生爆坑面单面平滑的特征，故而本次岩爆研究的孕育、发生机理及后续岩爆判据等的研究主要集中于应变型岩爆。

4.5.3　统计规律

1. 声响特征

岩爆发生时普遍具有明显的声响特征，带有开裂声和间断性噼啪声声响，但对于不同类型岩爆声响特征不同，如清脆、沉闷声等。片、板状剥落型岩爆一般为先有噼啪开裂声响后发生剥落，而爆裂弹射型和洞室垮塌型则在声响特征上不具有明显的时效特征，表现为突然突发性特征。由于齐热哈塔尔水电站引水隧洞所发生岩爆基本为连续剥落型的应变型岩爆，故而其声响特征主要表现为噼啪声，类似鞭炮声，且一般持续一定的时间。

2. 破坏型式

（1）片、板状剥落。引水隧洞开挖，洞壁围岩积聚能量释放，潜表部围岩在二次应力调整时发生劈裂破坏，进而成层剥落，呈薄片或板状，单层厚度 5~10cm（抑或更大尺寸），破裂面大多较为平直，并最终影响洞室形状，如局部 V 字形断面，如图 4-2 所示。

 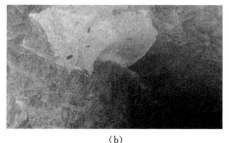

（a）　　　　　　　　　　　　　　　　　　（b）

图 4-2（一）　片、板状剥落及洞形变化

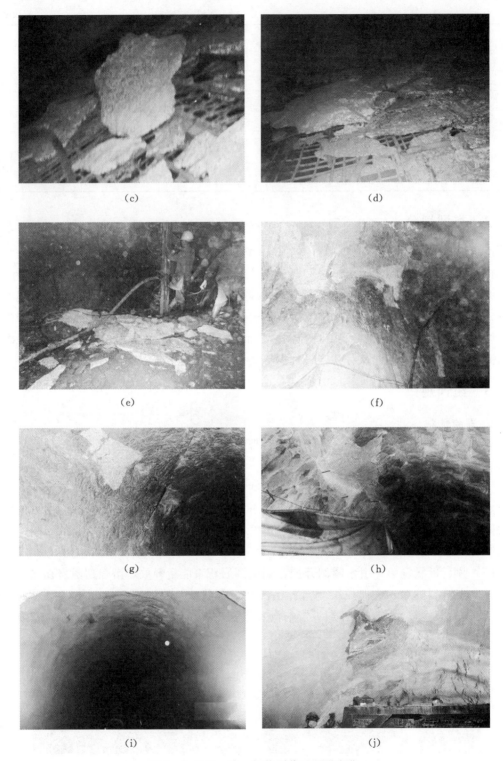

图 4-2（二） 片、板状剥落及洞形变化

图 4 - 2（三）　片、板状剥落及洞形变化

（2）弯曲鼓折破裂。洞壁浅部围岩后壁较深部围岩在应力及应变能的持续释放及自重应力作用下，产生鼓胀层裂，并发生弯曲折断现象。破裂面中部较为平直，表现为拉裂面，端部则呈参差阶梯状，如图 4 - 3 所示。

3. 沿洞轴线分布规律

齐热哈塔尔水电站引水隧洞岩爆沿洞轴线分布规律如图 4 - 4 所示。

图 4-3　弯曲鼓折破裂

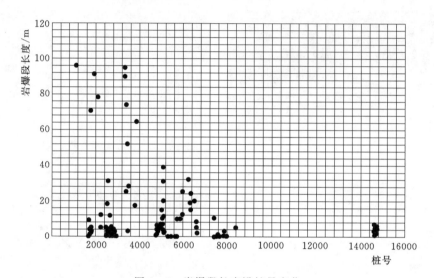

图 4-4　岩爆段长度沿桩号变化

由图 4-4 可知，齐热哈塔尔水电站岩爆连续段长度较低，一般均为 20m 以下，即多为零星岩爆，其中连续段长度大于 20m 的为 17 处，占 4.85%。此外由图 4-4 可知，桩号 1600~8000 段岩爆连续段长度明显大于桩号 14000~15000 段范围内所发生岩爆的连续段长度，桩号 14000~15000 段范围内一般低于 10m，即多为零星岩爆。

4. 截断面分布规律

引水隧洞岩爆所发生位置沿洞室断面分布情况如图 4-5 所示。

由图 4-5 可知，岩爆主要发生于右拱顶及拱顶位置，其中右拱顶为 38%，拱顶为 35%。不考虑记录上的错误及精度问题，齐热哈塔尔水电站引水隧洞岩爆主要发生于拱顶偏右位置，即临近河谷一侧，这一规律与

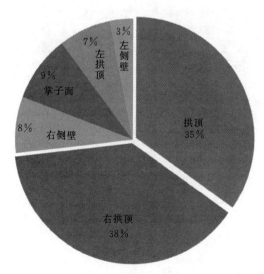

图 4-5　岩爆发生部位

该工程山体所赋存地应力场分布宏观特征相关。

5. 岩爆时效规律

齐热哈塔尔水电站引水隧洞岩爆发生时间沿洞室桩号变化特征如图4-6所示，其中分时间段如图4-7所示。

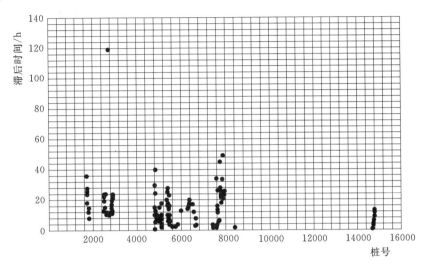

图4-6 岩爆发生时间沿洞室桩号变化

由图4-6可知，齐热哈塔尔水电站引水隧洞所发生岩爆一般滞后于掌子面开挖40h以内。桩号1600～8000段岩爆发生时间变化较大，而桩号14000～15000段岩爆发生时间较为集中，一般均低于15h。

由图4-7可知，齐热哈塔尔水电站引水隧洞所发生岩爆在掌子面开挖后6h以内占23%，6～12h为37%，12～24h为32%，而大于24h只占8%，其中桩号2717段连续剥落时间持续到119h。

6. 岩爆与围岩等级关系

根据齐热哈塔尔水电站设计方中水北方勘测设计研究有限责任公司所提供的围岩等级类别数据，结合表4-4岩爆发生情况统计表，

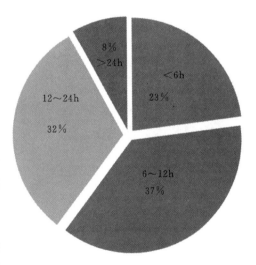

图4-7 岩爆发生时间百分表

可知已有岩爆主要发生于Ⅱ类围岩中，约占总岩爆次数的80%，Ⅲ类围岩中发生岩爆次数相对较少，仅占20%。即，对于齐热哈塔尔水电站引水隧洞而言，在这一特有的高地应力硬岩深埋环境中，围岩等级较高易于释放较高的弹性应变能力，相应发生岩爆地质灾害。

齐热哈塔尔水电站引水隧洞所发生岩爆的主要类型为应变型岩爆，破坏形式主要为片、板状剥落，并具有一定的持续时间，基本无弹射现象。岩爆的主要声响特征为噼啪爆

裂声，多数发生于临近河谷拱顶一侧。桩号 1600～8000 段岩爆连续段长度明显大于桩号
14000～15000 段范围内所发生岩爆的连续段长度，桩号 14000～15000 段范围内一般低于
10m，多为零星岩爆。一般滞后于掌子面开挖 40h 以内，桩号 1600～8000 段岩爆发生时
间变化较大，而桩号 14000～15000 段岩爆发生时间较为集中，一般均低于 15h。此外，
齐热哈塔尔水电站岩爆主要发生于Ⅱ类围岩中，Ⅲ类围岩发生次数相对较少。

第 5 章

深埋长隧洞开挖围岩应力路径演化

5.1 应力对岩石破裂的影响

岩爆孕育及发生机理复杂，目前所提出的各种岩爆机理理论并未得到学术界的一致公认。地下洞室开挖掌子面推进过程中，洞壁围岩应力重新调整。岩体应力调整过程产生裂隙，并随着掌子面的推进呈动态变化。裂隙的形态特征对于围岩稳定性具有决定性作用。同时开挖围岩从初始地应力场下初始稳定能量场向新的稳定能量场转变，而这一转变过程中对应不同能量的释放方式，如岩爆、大变形等。洞室开挖距离掌子面不同距离的围岩应力不仅在量值上不同，同时方向也不尽相同。从应力作用方面考虑，影响裂隙生成、扩展及融合的主要因素有主应力差量值和主应力作用方向两项。

1. 主应力差量值

随着加载于岩石试件上的作用应力量值的逐步增加，试件中原有裂隙扩张的同时伴随新生微裂隙的逐渐形成。断裂力学研究结果表明，裂隙生成方向与最大主应力量值、方向以及应力差量值等变量相关（图 5-1）。

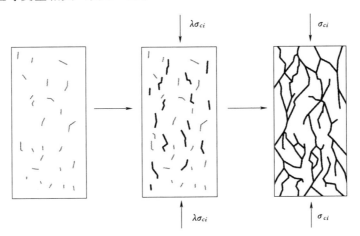

图 5-1 岩石裂隙生成、扩展、交融及贯通示意图（浅色为原生裂隙）

2. 主应力作用方向

大量实验和理论研究都表明岩体次生裂纹的产生、扩展和贯通大致都沿着最大主应力方向，或与最大主应力方向成一较小夹角发展。当洞室开挖引起的二次应力超过微裂隙扩展应力阈值时，微裂隙将逐渐形成宏观裂隙，进而可诱发围岩发生失稳现象（图 5-2）。

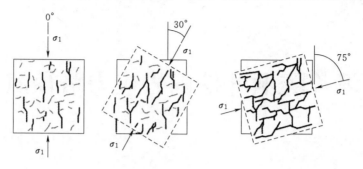

图 5-2　主应力作用方向对裂隙生成、扩展及贯通的影响示意图

假设岩石中含有大量的方向杂乱的细微裂隙，其中有一裂缝如图 5-3 所示。它的长轴方向与最大主应力 σ_1 夹角为 β。由 Griffith 强度理论可知，岩石内部已有裂隙中最优发育方向随所处应力状态不同而不同。

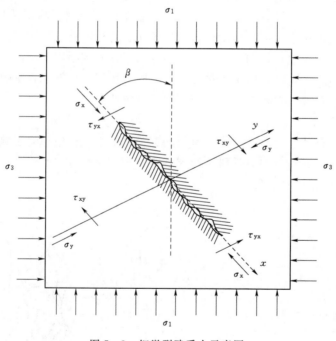

图 5-3　细微裂隙受力示意图

当 $\sigma_1 + 3\sigma_3 > 0$ 时，优势裂隙方位角为

$$\beta = \frac{1}{2}\arccos\frac{\sigma_1 - \sigma_3}{2(\sigma_1 + \sigma_3)} \tag{5-1}$$

当 $\sigma_1 + 3\sigma_3 < 0$ 时，优势裂隙方位角为

$$\beta = 0 \tag{5-2}$$

由式（5-1）和式（5-2）可知，已有裂隙在不同应力组合情况下优势破裂方位相应不同。一般规律为：①一般受力状态下，岩石中的细微裂隙优势发育方位角为 $0° \sim 45°$；

②单轴压缩状态，岩石中的细微裂隙优势发育方位角为 30°；③单轴受拉状态，岩石中的细微裂隙优势发育方位角为 0°；④静水压力状态，岩石中的细微裂隙优势发育方位角为 45°。

Diederichs 等（2004）认为浅部围岩应力偏转及量值变化对于围岩破坏具有很大影响，应力强度比 0.35～0.45 为围岩启裂临界值，故而在围岩稳定分析中应注意应力逐渐调整过程的影响。Eberhardt（2001）利用数值软件 Visage 对掌子面推进过程中围岩应力量值及方向变化进行了模拟研究。结果表明，应力调整过程一般发生在距掌子面两倍洞径范围内。刘立鹏、汪小刚等（2013）利用 Flac 3D 软件，对不同初始应力场情况下掌子面推进过程围岩应力变化调整模式及裂隙发育规律进行了模拟分析，认为优势裂隙发育角度与围岩应力调整具有直接关系。刘宁（2011）等对锦屏二级水电站 3 号引水隧洞 TBM 开挖时洞壁不同深度围岩应力演化过程进行了监测分析，证实了掌子面效应的存在，即掌子面后 0.5 倍洞径范围内是应力调整最剧烈的区域，对启裂强度及围岩损失范围具有重要的影响。Cai（2008）对比分析了钻爆法工况下，地下洞室常用数值分析软件 Flac 以及 Phase2 软件中考虑应力路径对于洞室开挖的响应。Kaiser 等（2001）利用三维边界元分析软件 MAP3D，对 Winston Lake Mine 的 565 号 6 矿洞进行了开挖应力变化及其对开挖边界稳定性的分析研究。Li 等（2012）通过对锦屏二级水电站 3 号引水隧洞原生节理及诱生裂隙发育规律统计后发现，随着主应力量值及方向变化，微裂隙逐渐发育、发展、融会贯通，这一过程与掌子面的推进速度相关，且宏观裂隙发育情况与应力方向变化也呈现出一定的规律性。由于微裂隙的发育与应力调整有关（掌子面推进），而围岩体强度与微裂隙的发育程度相关，故而在掌子面推进过程中，洞壁围岩表现出黏聚力强度与摩擦强度不同的激活机制（Martin C D，1997；Hajiabdolmajid V 等，2002；Read R S，2004），对于各种不同工程岩性具有不同的阀值（Edelbro C，2009；Hajiabdolmajid V 等，2003）。因此，无论所处何种应力状态下，岩体次生裂隙的产生、扩展和贯通基本沿最大主应力方向发生，或与最大主应力方向成一较小夹角。同时岩体破坏时，主裂纹的扩展方向除与裂纹的力学性质有关外，还受已有微裂隙分布、空隙等的影响，而对地下洞室开挖主应力量值及方向变化特征的详尽研究将进一步深化对裂隙产生、扩展及贯通的认知。

5.2 主应力量值变化

岩体不仅仅只是一种单纯的地质材料，同时亦处于复杂的应力环境中，地下工程岩体开挖是一种典型的力学卸荷过程，即岩体的某一方向、多方向荷载或变形得到释放。岩体未开挖前处于三向应力状态，开挖后则为一向或两向受压状态，已有越来越多的证据表明，在高地应力地区地下工程施工期间所进行的岩体开挖工作往往能引起一系列与应力释放相联系的变形和破坏现象。处于洞室周围不同深度的岩体，其所经历的应力路径不同，表现的相应加载/卸荷方式也不同，进而力学变形特性不同。故而此处对两种不同应力场情况下（初始应力场中最大主应力水平、竖直）掌子面推进过程中，洞壁围岩所历经的应力路径进行分析。

传统岩石（体）力学理论认为，无较大结构面岩体中开挖水平圆形洞室，可视岩体为均质、各向同性的弹性体，利用弹性力学公式计算围岩应力，并进行稳定性分析。由于岩体并非理想的均质、各向同性弹性体，因此，应用弹性力学求解的围岩应力具有一定的误差。但由于其适用性强，在工程设计及稳定性计算中一直被采用。假设开挖岩体的垂直应力为 P_v，水平应力为 P_h 且均匀分布，侧压系数 $K = P_h/P_v$。如图5-4所示，洞壁围岩径向应力 σ_r、切向应力 σ_θ 及剪应力 $\tau_{r\theta}$ 的计算公式分别为

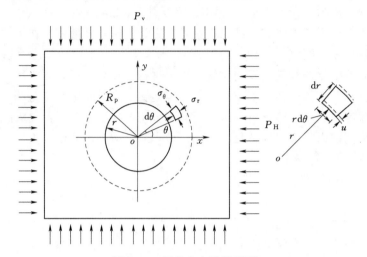

图5-4 围岩应力计算简图

$$\sigma_r = \frac{1}{2}P_v\left[(1+K)\left(1-\frac{r_0^2}{r^2}\right)+(1-K)\left(1-\frac{4r_0^2}{r^2}+\frac{3r_0^4}{r^4}\right)\cos2\theta\right] \tag{5-3}$$

$$\sigma_\theta = \frac{1}{2}P_v\left[(1+K)\left(1+\frac{r_0^2}{r^2}\right)+(1-K)\left(1+\frac{3r_0^4}{r^4}\right)\cos2\theta\right] \tag{5-4}$$

$$\tau_{r\theta} = \frac{1}{2}P_v\left[(1-K)\left(1+\frac{2r_0^2}{r^2}-\frac{3r_0^4}{r^4}\right)\sin2\theta\right] \tag{5-5}$$

式中：r_0 为洞室半径；r 为径向距离；θ 为自水平轴算起的极坐标中的角度。

则围岩中任意一点 (r, θ) 处的最大主应力 σ_1 和最小主应力 σ_3 分别为

$$\sigma_1 = \frac{1}{2}(\sigma_r+\sigma_\theta)+\left[\frac{1}{4}(\sigma_r-\sigma_\theta)^2+\tau_{r\theta}^2\right]^{1/2} \tag{5-6}$$

$$\sigma_3 = \frac{1}{2}(\sigma_r+\sigma_\theta)-\left[\frac{1}{4}(\sigma_r-\sigma_\theta)^2+\tau_{r\theta}^2\right]^{1/2} \tag{5-7}$$

由式（5-6）、式（5-7）可知，当 $r=r_0$、$\theta=0°$，$r=r_0$、$\theta=90°$ 时，洞壁围岩最大主应力 σ_1 和最小主应力 σ_3 分别为

$$r=r_0,\theta=0° \qquad \sigma_1=3P_v-P_h,\sigma_3=0$$

$$r=r_0,\theta=90° \qquad \sigma_1=3P_h-P_v,\sigma_3=0$$

上述洞壁围岩应力重分布解析结果是基于弹性力学所得，并以平面应变为前提假设，其中未考虑施工动态过程对围岩应力重分布的影响（量值及方向），无法定量分析施工掌子面推进过程对围岩应力变化的影响，具有一定的局限性。因此，利用地下洞室三维模型详尽分析掌子面推进过程中应力及应力方向变化特征，充分认识裂隙发展、应力量值变化

等，对于工程设计及施工支护具有不可忽视的作用，同时可进一步从应力及裂隙发育变化角度（裂隙形成、扩展、交融）加深对洞室围岩稳定及岩爆孕育发生机理的认识。

为研究掌子面推进过程中，围岩应力场自初始应力场向重分布应力场发生转变时应力量值及主应力方向动态变化过程及规律。以齐热哈塔尔水电站引水隧洞典型开挖洞形为基础建立三维数值分析计算模型，研究弹性材料情况下（Ⅱ类围岩）洞室围岩应力变化特征。模型中洞室轴线方向取为 z 轴，竖直方向为 y 轴，水平垂直洞室轴线方向为 x 轴。其中 x 方向各外沿 25m，y 方向外沿 25m，z 方向共 22m，模型共划分 97504 个单元，105825 个节点，如图 5-5 所示。

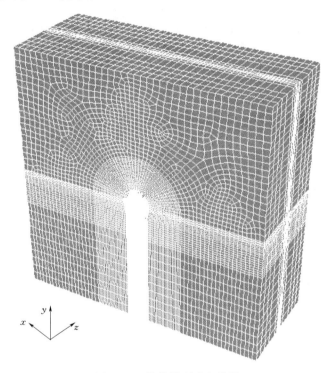

图 5-5 数值模型建立情况

为了监测围岩应力变化特征，设置一监测平面（图 5-6），其中掌子面逐渐靠近监测面时 L 为负值，掌子面穿过监测面后 L 为正值。并沿洞壁方向设置 15 个监测点，监测点具体布置情况如图 5-7 所示。

围岩物理力学参数以及所赋存环境中初始地应力量值如表 5-1 所示。

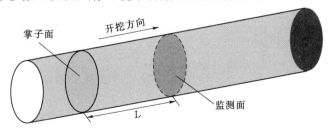

图 5-6 应力监测面位置

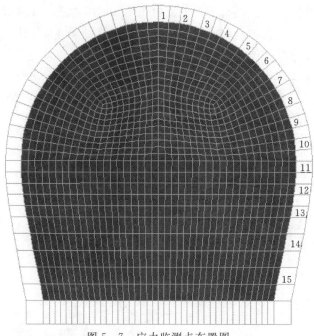

图 5-7 应力监测点布置图

表 5-1 岩体力学参数及初始地应力场量值

弹性模量 E/GPa	泊松比 ν	初始应力场/MPa		
		$\sigma_{1-insitu}$	$\sigma_{2-insitu}$	$\sigma_{3-isitu}$
20	0.2	35.31	20.18	20.18

5.2.1 最大主应力水平

最大主应力水平是指工程所在区域中初始应力场中最大主应力为水平方向。此时，根据地下洞室选线原则，一般情况下最大主应力方向与洞室轴线方向平行，而在洞壁围岩应力路径分析中，则为最大主应力沿模型中的 x 方向分布，其他方向（y、z 方向）分别为中主应力及最小主应力分布方向。随着掌子面的逐渐推进，15 个监测点主应力变化如图 5-8 所示。

由图 5-8 可知，掌子面推进过程中，监测点所处位置不同，即洞壁围岩位置不同，应力量值大小变化规律不同。具体可分述如下：

（1）掌子面未贯穿监测面之前（$L < -1$m）。

1）掌子面与监测面之间距离 $L > 5$m（约 1 倍洞径）时，掌子面推进中，对监测岩体的最大主应力 σ_1、中主应力 σ_2 及最小主应力 σ_3 量值影响较小，基本保持不变。

2）掌子面与监测面之间距离 -5m$ < L < -1$m 时，掌子面推进过程中，监测岩体的最大主应力 σ_1、中主应力 σ_2 缓慢增加，而最小主应力 σ_3 则相应减小。

（2）掌子面与监测面距离较小时（-1m$ < L < 1$m）。

1）掌子面与监测面之间的距离 -1m$ < L < 0$m 时，监测岩体的最大主应力 σ_1、中主

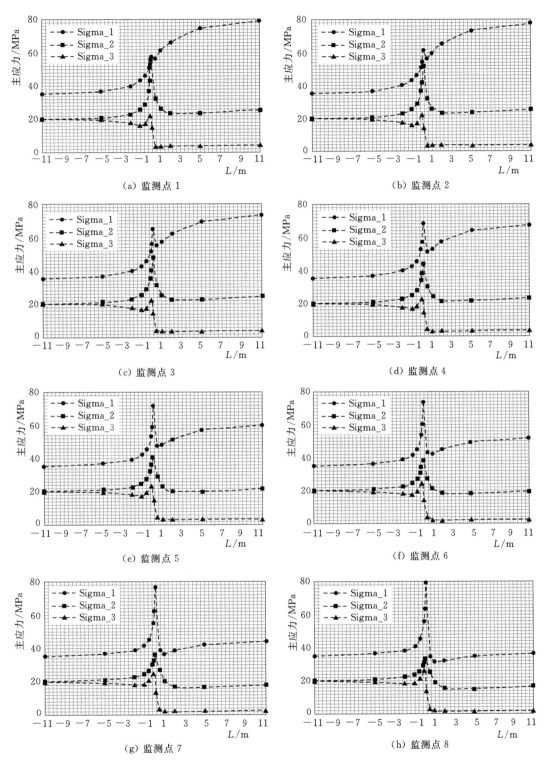

图 5-8（一） 掌子面推进过程中各监测点主应力变化

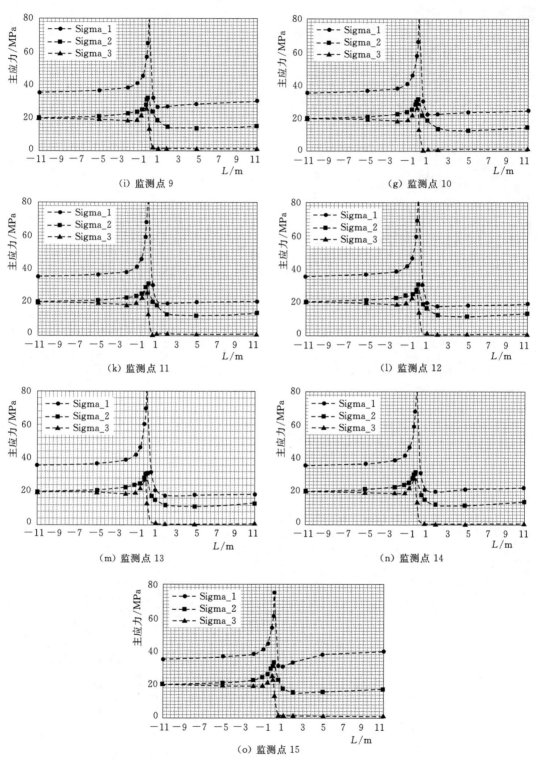

图 5-8（二） 掌子面推进过程中各监测点主应力变化

应力 σ_2 及最小主应力 σ_3 量值明显增加，其中最大主应力 σ_1 量值增加幅值较大，而中主应力 σ_2 及最小主应力 σ_3 量值增加幅度较小。

2）掌子面与监测面之间的距离 0m$<L<$1m 时，监测岩体中的最大主应力 σ_1、中主应力 σ_2 及最小主应力 σ_3 量值明显降低（监测点 3～15），而部分监测点（监测点 1、监测点 2）中主应力 σ_2 及最小主应力 σ_3 量值明显降低，最大主应力 σ_1 量值则有小幅震荡，即先减小后增加。最小主应力 σ_3 降低，表现出明显的卸荷特征。

（3）掌子面贯穿监测面之后（$L>$1m）。

1）掌子面与监测面之间的距离 1m$<L<$5m 时，洞壁岩体所处位置不同，主应力变化趋势不同。监测点 1～10、监测点 15 最大主应力 σ_1 量值基本在原先的基础上持续增加，但增加幅值不同。监测点 11～14 最大主应力则基本保持不变。监测点 1～15 的中主应力 σ_2 及最小主应力 σ_3 量值基本缓慢降低，并趋于某一量值。

2）掌子面与监测面之间的距离 $L>$5m 时，洞壁岩体中最大主应力 σ_1、中主应力 σ_2 及最小主应力 σ_3 量值基本保持某一量值不变。

（4）从洞壁围岩应力变化规律上可发现，掌子面前后 1 倍洞径范围为主应力频繁变化范围，此范围外围岩应力基本保持一定量值不变，即洞径效应为掌子面 1 倍洞径范围。

（5）对于最终趋于稳定的应力场，拱顶部位（监测点 1～7）相比较初始应力场最大主应力 σ_1 由于掌子面推进而增加，中主应力 σ_2 与初始应力场中主应力相比基本保持不变，最小主应力 σ_3 量值相应减小。监测点 8～11 最大主应力 σ_1、中主应力 σ_2 及最小主应力 σ_3 量值相应减小。监测点 15 最大主应力 σ_1、中主应力 σ_2 量值基本保持不变，而最小主应力 σ_3 量值相应减小。

各监测点主应力差值（$\sigma_1-\sigma_3$）随掌子面推进过程的变化规律如图 5-9 所示。

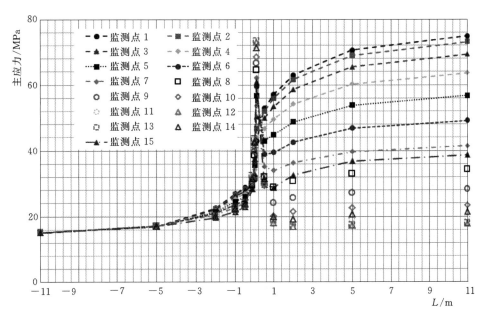

图 5-9　各监测点主应力差值随掌子面推进过程的变化规律图

由图5-9可知，初始应力场中最大主应力水平时，即最大主应力为x方向时，随着掌子面推进，洞壁围岩所处位置不同，主应力差值（$\sigma_1-\sigma_3$）变化规律不同。掌子面临近监测面过程中，主应力差量值均增加，在距离洞壁1m范围内发生剧烈增加。监测点位置不同，增加幅值不同。对于所给定的应力场（$\sigma_{1-insitu}=35.31$MPa、$\sigma_{2-insitu}=\sigma_{3-isitu}=20.18$MPa）而言，洞室侧壁围岩在掌子面与监测面贴合时，主应力差值（$\sigma_1-\sigma_3$）较大，而拱顶岩体中主应力差值（$\sigma_1-\sigma_3$）相对较小。掌子面贯穿监测面后，侧壁岩体主应力差值（$\sigma_1-\sigma_3$）迅速降低，而拱顶岩体主应力差值（$\sigma_1-\sigma_3$）则持续增加至1倍洞顶范围基本保持不变。主应力差（$\sigma_1-\sigma_3$）变化过程中，当其差值达到一定的量值时（$\sigma_1-\sigma_3>0.3\sim0.5\sigma_{ci}$），围岩发生破坏，即开始裂隙化，此后发生片帮剥落现象。已有研究结果表明，初始应力场主应力量值、洞室形状等不同，主应力差值变化不同。一般对于初始应力场中最大主应力水平方向而言，拱顶部位岩体所历经的主应力差值一般较侧壁岩体量值大，即该类型应力场下，拱顶发生片帮的可能性相对较高，图5-10为初始主应力场为$\sigma_{1-insitu}=64$MPa、$\sigma_{2-insitu}=35$MPa、$\sigma_{3-isitu}=32$MPa时，洞径7.2m的圆形洞室掌子面开挖过程中主应力差值（$\sigma_1-\sigma_3$）的变化情况亦反映了这一规律。

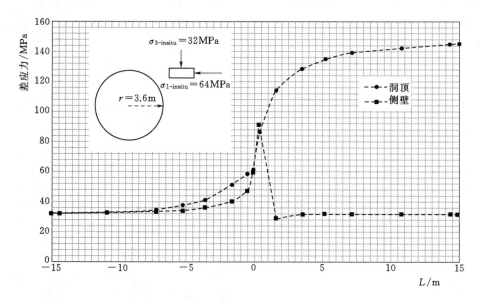

图5-10 掌子面推进洞顶及洞壁应力差变化

5.2.2 最大主应力竖直

最大主应力竖直即是指工程赋存环境中初始应力场中最大主应力竖直，即自重应力为最大主应力情况。在围岩应力路径分析模型中，则为最大主应力沿y方向分布，其他方向（x、z方向）分别为中主应力及最小主应力分布方向。随着掌子面的逐渐推进，15个监测点主应力变化如图5-11所示。

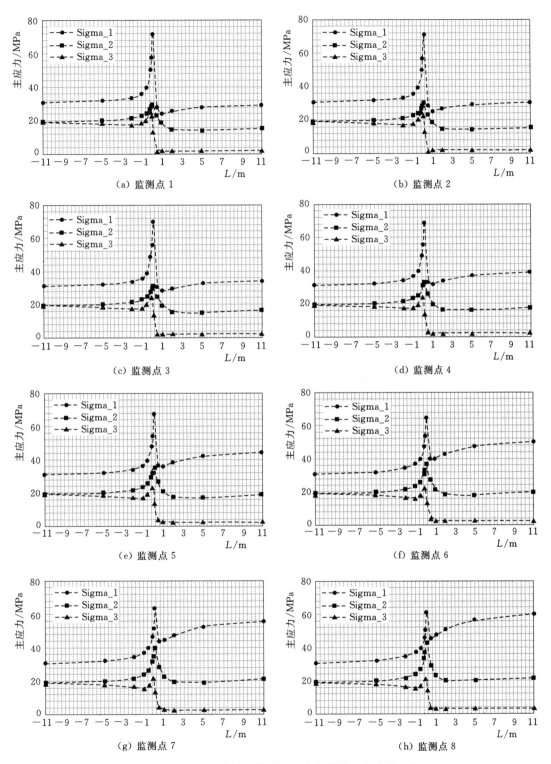

（a）监测点 1

（b）监测点 2

（c）监测点 3

（d）监测点 4

（e）监测点 5

（f）监测点 6

（g）监测点 7

（h）监测点 8

图 5-11（一） 掌子面推进过程中各监测点主应力变化

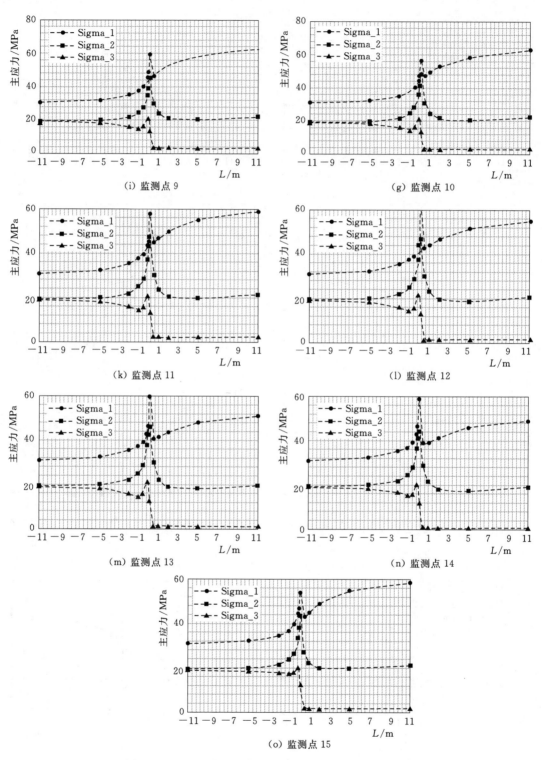

图 5-11（二） 掌子面推进过程中各监测点主应力变化

由图 5-11 可知，掌子面推进过程中，监测点所处位置不同，即洞壁围岩位置不同，主应力量值大小变化规律不同。具体可分述如下：

(1) 掌子面未贯穿监测面之前（$L<-1m$）。

1) 掌子面与监测面之间距离 $L>5m$（约 1 倍洞径）时，掌子面推进中，对监测岩体的最大主应力 σ_1、中主应力 σ_2 及最小主应力 σ_3 量值影响较小，基本保持不变。

2) 掌子面与监测面之间距离 $-5m<L<-1m$ 时，掌子面推进过程中，监测岩体的最大主应力 σ_1、中主应力 σ_2 缓慢增加，而最小主应力 σ_3 则相应减小。

(2) 掌子面与监测面距离较小时（$-1m<L<1m$）。

1) 掌子面与监测面之间的距离 $-1m<L<0m$ 时，监测岩体的最大主应力 σ_1、中主应力 σ_2 及最小主应力 σ_3 量值增加，其中最大主应力 σ_1 量值增加幅值较大，而中主应力 σ_2 及最小主应力 σ_3 量值增加幅度较小。

2) 掌子面与监测面之间的距离 $0m<L<1m$ 时，监测岩体中的最大主应力 σ_1、中主应力 σ_2 及最小主应力 σ_3 量值明显降低，但位置不同，降低幅值不同，表现出明显的卸荷特征。

(3) 掌子面未贯穿监测面之后（$L>1m$）。

1) 掌子面与监测面之间的距离 $1m<L<5m$ 时，洞壁岩体主应力量值变化趋势较为相近，其中最大主应力 σ_1 量值基本增大，但幅值不同。中主应力 σ_2 及最小主应力 σ_3 量值变化较小。

2) 掌子面与监测面之间的距离 $L>5m$ 时，洞壁岩体中最大主应力 σ_1、中主应力 σ_2 及最小主应力 σ_3 量值基本保持某一量值不变。

(4) 从洞壁围岩应力变化规律上可发现，掌子面前后 1 倍洞径范围为最大主应力剧烈变化范围，此范围外围岩应力基本保持一定量值不变，即齐热哈塔尔水电站引水隧洞洞径效应为掌子面 1 倍洞径范围。

(5) 对于最终趋于稳定的应力场，拱顶部位（监测点 1~3）相比较初始应力场最大主应力 σ_1、中主应力 σ_2 及最小主应力 σ_3 量值由于掌子面推进而相应减小。监测点 4 最大主应力 σ_1 量值与初始应力基本相同，中主应力 σ_2 及最小主应力 σ_3 量值相应减小。其他部位（监测点 5~15）最大主应力 σ_1 量值明显增加，中主应力 σ_2 基本相同，而最小主应力 σ_3 量值相应减小。

各监测点主应力差（$\sigma_1-\sigma_3$）随掌子面推进过程的变化规律如图 5-12 所示。

由图 5-12 可知，初始应力场中最大主应力竖直时，即最大主应力为 y 方向时，随着掌子面推进，虽然洞壁围岩所处位置不同、主应力量值变化不同，但主应力差值（$\sigma_1-\sigma_3$）变化规律基本相同。掌子面未贯穿监测面前，随着掌子面的推进，主应力差值（$\sigma_1-\sigma_3$）逐渐增加，掌子面贯穿监测面后，较小距离范围内（$0m<L<1m$），主应力差值产生一定的降低现象。随着掌子面逐渐远离监测面，主应力差值（$\sigma_1-\sigma_3$）逐渐增加并趋于某一稳定值。主应力差（$\sigma_1-\sigma_3$）变化过程中，当其差值达到一定的量值时（$\sigma_1-\sigma_3>0.3\sim0.5\sigma_{ci}$），围岩发生破坏，即产生裂隙化，此后发生片帮剥落现象。同时由图 5-12 可知，初始应力场最大主应力竖直情况下，侧壁岩体相较拱顶岩体而言，所经历主应力差值相交其他部位量值大，即存在屈服破坏的

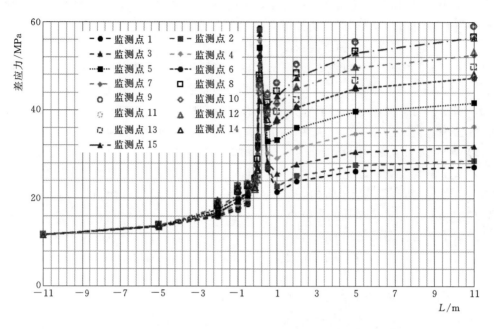

图 5-12　各监测点主应力差值随掌子面推进过程的变化规律图

可能性相应较大。已有研究结果表明，初始应力场主应力量值、洞室形状不同，主应力差值变化也不同。一般对于初始应力场中最大主应力竖直时而言，侧壁部位岩体所历经的主应力差值一般较拱顶岩体量值大，即该类型应力场下，发生片帮的可能性较高。

5.3　主应力方向变化

5.3.1　最大主应力平行

在地下洞室开挖过程中随着应力场的动态调整，对于围岩而言，不仅是主应力量值发生变化，同时岩体中的主应力方向也发生明显的变化，如平面应变分析中圆形洞室的环向应力和径向应力其实即为一定范围内岩体中最大主应力方向为平行洞壁、最小主应力方向指向洞内的情况。其中最大主应力水平时随着掌子面的逐渐推进，15 个监测点的主应力变化如图 5-13 所示，其中规定 z 轴方向为 N 向。

由图 5-13 可知，掌子面推进过程中，洞壁岩体中各监测点最大主应力 σ_1 方向均发生了一定的变化，但监测点所处位置不同，监测点最大主应力 σ_1 方向变化频度不同。一般拱顶、拱肩位置最大主应力 σ_1 方向变化较小，而侧壁和拱脚位置最大主应力 σ_1 方向变化较为频繁。这一规律反映出，如果围岩体发生裂隙化，则拱顶、拱肩位置裂隙较为平展，而侧壁及拱脚位置裂隙面发展趋势具有一定的变化。

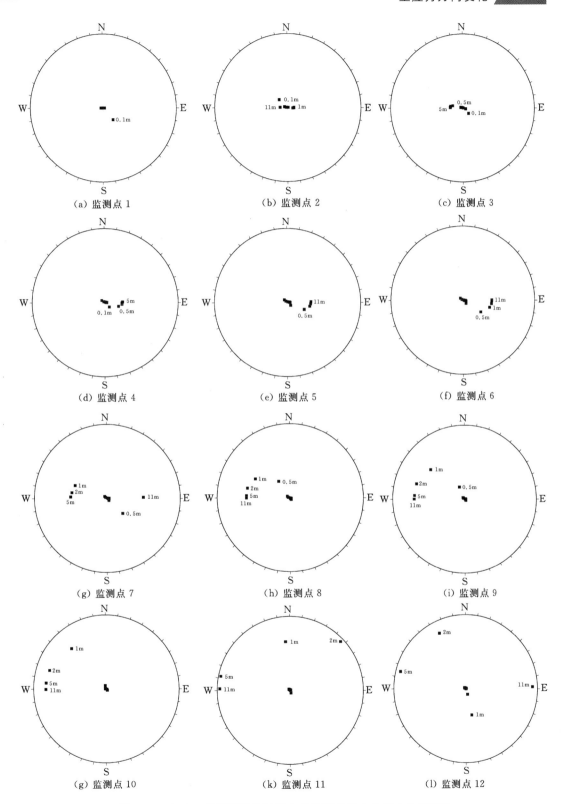

图 5-13（一） 掌子面推进过程中各监测点最大主应力角度变化

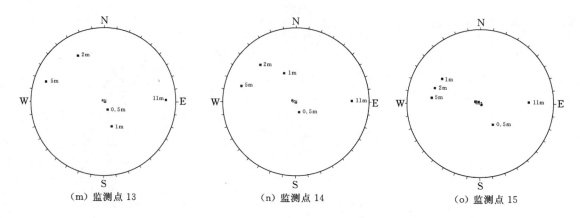

（m）监测点 13　　　　　　　（n）监测点 14　　　　　　　（o）监测点 15

图 5-13（二）　掌子面推进过程中各监测点最大主应力角度变化

5.3.2　最大主应力竖直

最大主应力竖直情况下随着掌子面的逐渐推进 15 个监测点主应力变化如图 5-14 所示，其中规定 z 轴方向为 N 向。

由图 5-14 可知，掌子面推进过程中，洞壁岩体中各监测点最大主应力 σ_1 方向均发生了一定的变化，但监测点所处位置不同，监测点最大主应力 σ_1 方向、角度变化频度不

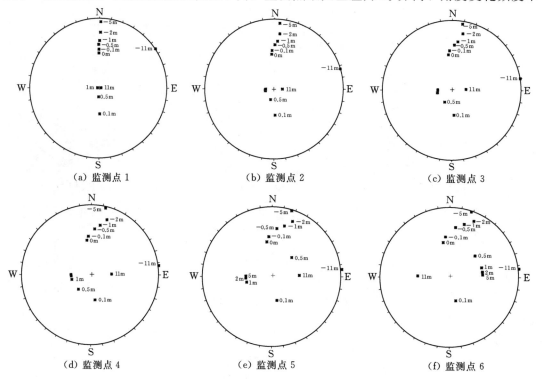

（a）监测点 1　　　　　　　（b）监测点 2　　　　　　　（c）监测点 3

（d）监测点 4　　　　　　　（e）监测点 5　　　　　　　（f）监测点 6

图 5-14（一）　掌子面推进过程中各监测点最大主应力角度变化

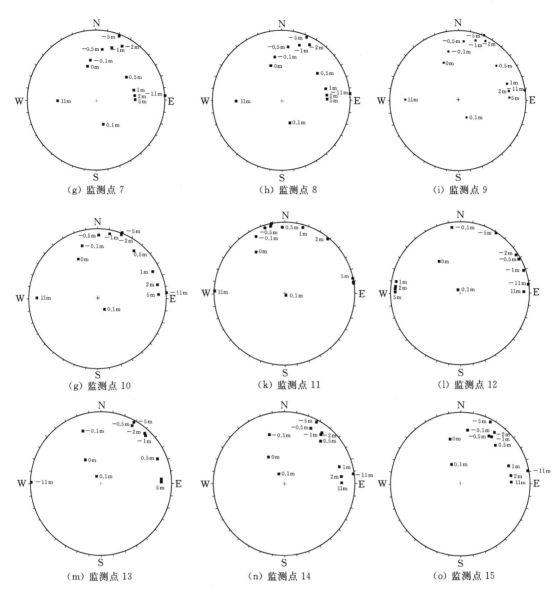

图 5-14（二） 掌子面推进过程中各监测点最大主应力角度变化

同。一般侧壁位置最大主应力 σ_1 角度及方向变化较小，而拱顶、拱肩和拱脚位置最大主应力 σ_1 角度及方向变化较为频繁。这一规律反映出，如果围岩体发生裂隙化，则侧壁位置裂隙较为平展，而拱顶、拱肩及拱脚位置裂隙面发展趋势具有一定的变化。

由上述分析可知，在两种不同初始应力场情况下，引水隧洞掌子面连续推进过程中，围岩各处的主应力大小及方向皆同时发生变化，这种复杂的改变直接导致了洞壁围岩的细观裂纹的多次扩展和扩展方向的改变，最终影响洞壁围岩裂隙面的形成方向。这一主应力量值及方向的动态发展过程，势必影响洞壁围岩表层一定范围内原有裂隙及次生裂隙的生成、发展、贯通及融合过程，进而最终为岩爆发育及发生创造有利条件。

5.4　基于岩体剥落特征的地应力评估

由式（5-6）、式（5-7）可知，对于洞室围岩中任意一点偏应力值为

$$\sigma_1-\sigma_3=[(\sigma_r-\sigma_\theta)^2+4\tau_{r\theta}^2]^{1/2} \tag{5-8}$$

Martin 等（1999）研究表明，地下岩体硬脆性破坏与初始地应力场相关，平面应力状态下破坏范围与偏差应力量值的大小相关，具体计算公式为

$$\sigma_1-\sigma_3=A\sigma_c \tag{5-9}$$

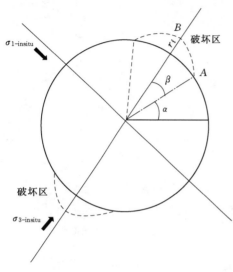

图 5-15　围岩硬脆性破坏特征

式中：σ_1 为弹性状态下二次应力场中最大主应力；σ_3 为弹性状态下二次应力场中最小主应力；σ_c 为岩石单轴抗压强度；A 为相关系数，一般取 1/3。

将式（5-8）代入式（5-9），可得

$$[(\sigma_r-\sigma_\theta)^2+4\tau_{r\theta}^2]^{1/2}=A\sigma_c \tag{5-10}$$

深埋地下硬岩工程围岩硬脆性破坏特征一般如图 5-15 所示，利用 V 形破坏最大深度点连线可确定最大主应力方向，并相应确定最小主应力方向。

同时可利用 A、B 两点破坏公式确定具体初始主应力量值，进而总体确定垂直洞轴平面最大主应力大小及方向。其中，对于图 5-15 中 A 点

$$
\begin{aligned}
\sigma_1 &= \frac{1}{2}P_v\left[(1+K)\left(1+\frac{r_0^2}{r^2}\right)+(1-K)\left(1+\frac{3r_0^4}{r^4}\right)\cos2\beta\right] \\
&= \frac{1}{2}P_v[2(1+K)+4(1-K)\cos2\beta] \\
&= P_v[(1+K)+2(1-K)\cos2\beta] \\
&= A\sigma_c
\end{aligned} \tag{5-11}
$$

对于 B 点，令 $b=(r_f+r_0)/r_0$，$B=1/b$，则

$$
\begin{aligned}
\sigma_1-\sigma_3 &= [(\sigma_r-\sigma_\theta)^2+4\tau_{r\theta}^2]^{1/2} \\
&= \left| \frac{1}{2}P_v[(1+K)(1-B^2)+(K-1)(1-4B^2+3B^4)] \right. \\
&\quad \left. -\frac{1}{2}P_v[(1+K)(1+B^2)+(1-K)(1+3B^4)] \right| \\
&= |P_v[-B^2(1+K)+(K-1)(1-2B^2+3B^4)]| \\
&= A\sigma_c
\end{aligned} \tag{5-12}
$$

联立式（5-11）、式（5-12）得到

$$K=\frac{2\cos2\beta+B^2-3B^4}{2\cos2\beta-2+3B^2-3B^4} \tag{5-13}$$

进而得到垂直洞轴平面内初始地应力场量值为

$$\sigma_{1\text{-insitu}} = \frac{A\sigma_c}{1+K+2(1-K)\cos2\beta} \tag{5-14}$$

$$\sigma_{3\text{-insitu}} = \frac{KA\sigma_c}{1+K+2(1-K)\cos2\beta} \tag{5-15}$$

式中：$\sigma_{1\text{-insitu}}$ 为初始应力场中最大主应力；$\sigma_{3\text{-insitu}}$ 为初始应力场中最小主应力。

对于其他复杂洞型地下洞室围岩应力重分布量值的求解，可采用复变函数或数值软件实现。

采用式（5-14）、式（5-15），结合 Kaiser 等（1990）文献中地下洞室硬脆性围岩破坏特征描述，对初始地应力场量值反演结果如表 5-2 所示。

表 5-2　　　　　　　　基于硬脆性围岩破坏特征的地应力推算结果

岩　性	r_f/r_0	$\sigma_{1\text{-insitu}}$ /MPa	$\sigma_{3\text{-insitu}}$ /MPa	σ_c /MPa	A	$\beta/(°)$	$\alpha/(°)$	计算值/MPa		差值/%	
								σ_1	σ_3	$\delta\sigma_1$	$\delta\sigma_3$
厚层花岗岩	0.4	59	11	220	1/3	44	—	59.71	10.16	1.20	7.64
块状安山岩	0.5	31.3	15.4	100	1/3	59	—	32.68	16.16	4.41	4.94
厚层石英岩	0.45	111.6	60	350	1/3	62	—	109.79	61.21	1.62	2.02
层状石英岩	0.35	52.5	15.5	250	1/3	44	—	64.46	15.46	22.78	0.26
层状石灰岩	0.1	15.7	12.1	80	1/3	49	—	15.15	12.31	3.50	1.74
层状石英岩	0.08	33.8	20	151	1/3	—	—	28.27	25.34	16.36	26.7

由表 5-2 可知，根据岩石单轴抗压强度、围岩破坏深度及范围，可初步判别地应力场量值大小，所分析的结果与现场实测值具有较高的吻合性，即采用这一方法，可高效地初步判断地下洞室局部洞段垂直洞轴面地应力场量值，进而可为现场工作人员安全、衬砌设计等提供一定的判断。

5.5　本章小结

由于地下洞室掌子面是一个动态推进的过程，掌子面推进不但对于围岩的支撑效应会有所降低，同时也会影响特定位置围岩的量值和方向的变化，是一个动态调整的过程。这种动态的变化不但会影响围岩破坏的范围，同时对围岩裂隙的扩展方向也有典型的影响。通过深埋地下洞室不同初始应力环境下开挖过程中围岩中主应力量值及方向的系统研究，得到以下主要结论：

（1）由 Griffith 强度理论可知，岩体内部已有裂隙时，在所受应力大小不同组合情况下，新裂隙启裂最优发育方向与所处应力状态相关，一般受力状态下优势发育方位角为 0°～45°之间，其中单轴受拉时为 0°，单轴受压时为 30°，静水压力下为 45°。

（2）地下洞室赋存环境中最大主应力方向不同，对应部位历经不同的应力，总体表现为对于最大主应力水平情况，洞顶围岩最大主应力和偏差应力逐渐增加，最大主应力竖直情况下则拱腰部位逐渐增加，进而在地下洞室开挖中浅表部围岩表现出相应的裂隙启裂、扩展及融合状态，进而发生片帮、剥落现象。此外，不同岩体位置主应力方向也相应发生较为明显的变化。总体上来说，针对不同的初始应力场情况，洞壁围岩分别表现出环向加载—径向卸载以及环向与径向均卸载的规律。

（3）地下洞室围岩片帮、剥落等，与地下工程所赋存的初始地应力场环境相关，结合平面应变状态下岩体破坏范围与偏差应力量值大小的相关认知，推导了初始地应力求解公式。算例结果表明，采用该公式可宏观判别初始地应力分布情况。

第6章

复杂应力路径岩石力学试验

6.1 概述

地下工程岩体开挖是一种典型的力学卸荷过程，即岩体的某一方向、多方向荷载或变形得到释放。岩体未开挖前处于三向应力状态，开挖后则为一向或两向受压状态，在高地应力地区地下工程施工期间所进行的岩体开挖工作往往能引起一系列与应力释放相联系的变形和破坏现象。洞室周围不同深度的岩体，其所经历的应力路径不同，表现出不同的加载/卸荷方式，进而力学变形特性不同。常规岩石力学试验主要是采用加载的方式了解岩石的变形、强度、破坏特征等变化，与地下工程中岩石所历经的真实应力路径并不相同，进而试验结果不能全面反映复杂应力路径下的真实情况。

随着国内外学者对于地下洞室围岩所经历的环向加载—径向卸载及双向卸载认识的加深，已开始从卸荷的角度开展一系列研究。韩放等（2007）设计了岩石试块的单轴加卸荷实验，利用声发射观测动态检测损伤的扩展，通过超声波检测来定量评价岩石试块的损伤程度。李宏哲等（2007）结合锦屏水电站深埋引水隧洞开挖工程，选取该区域典型大理岩，并以隧洞围岩实际应力环境为基础，开展卸围压破坏试验以及卸围压多级破坏试验。黄润秋等（2008，2010）基于岩石试件的卸荷试验，研究卸荷条件下岩石的变形、参数及破裂特征。通过室内三轴卸荷试验和破裂断口的 SEM 细观扫描分析，研究高应力环境中不同卸荷速率下锦屏一级水电站大理岩的变形破裂及强度特征。吕颖慧等（2009）对取自大渡河大岗山水电站的花岗岩开展高应力下两种卸荷方案的力学特性试验，并与同围压下的常规三轴压缩试验结果进行对比分析，研究岩石卸荷过程中的破坏机制、力学强度参数损伤劣化效应及其卸荷破坏的强度特性。邱士利等（2010）为了更准确认识卸荷速率对岩石力学性质的影响规律，进行不同卸荷速率的三轴卸围压试验，试验采用新的试验路径和加载方式，减少试验过程对试验结果的不利影响。针对锦屏二级水电站深埋大理岩，通过新提出的描述变量（应变围压柔量）重点分析卸围压速率在 0.01~1.0MPa/s 范围内围压卸荷对变形规律的影响，研究扩容过程的演化规律和强度特征的差异。黄达等（2010）通过裂隙岩体物理模型试验，研究两种卸荷应力路径下裂隙岩体的强度、变形及破坏特征，并探讨裂隙的扩展演化过程和力学机制。卸荷试验中影响岩石强度的因素很多，包括岩性、卸荷点的位置、卸荷应力路径和卸荷速率等，张凯等（2010）以锦屏大理岩为对象，重点研究卸荷速率对强度的影响。吕颖慧等（2010）进行了高应力条件下卸围压并增大轴压的花岗岩卸荷试验，描述了卸荷过程中岩石渐进破坏的应力—应变曲线和力学参数损伤劣化规律，分析了能较好反映岩石卸荷强度破坏特征的 Mogi – Coulomb 准则和强度参数变化规律，建立了岩石由压剪破裂逐渐过渡到张剪破坏的渐进演化体系。李建林等（2010）基于三轴卸荷破坏试验，分析研究砂岩在卸荷应力状态下的应力—应变及破坏特征。王在泉等（2011）对灰岩试样进行加轴压、卸围压破坏试验，研究了不同卸围压速度下灰岩的变形特征和力学参数变化。张黎明等（2011）对硬质灰岩进行加轴压、卸围压试验，研究卸荷应力路径对其力学性质的影响，结合试验数据分析 5 种强度准则描述岩石卸荷破坏的适用性。李夕兵等（2017）针对岩体在卸荷条件下的受力特征，利用颗粒流程序，对脆性大理岩进行围压卸载数值模拟，研究不同卸荷速率下卸荷结束瞬间和卸荷后持续点的岩石试样破裂特性和机理。刘新荣等（2017）基于对砂岩进行常规三轴压缩试验和不同初始卸荷水平的三轴卸荷试验，研究了高应力加、卸荷条件下砂岩的强度、变形及扩容特征。

综上可知，国内外学者已认识到卸荷环境对于岩石力学特性的影响，并从卸荷起始位置、卸荷速率、组合方式等各个角度开展了相关性研究并得到一些有益的成果。本书作者从深埋地下洞室围岩应力路径演变规律的角度，开展了锦屏二级水电站大理岩和齐热哈塔尔花岗片麻岩的系统性试验。

6.2　复杂应力路径试验方案

基于上述应力路径变化特征的研究结果，设定拟复杂应力路径下的岩石力学试验（锦屏大理岩和齐热哈塔尔花岗片麻岩应力路径一致），研究与围岩应力路径较为吻合情况下岩石力学特性的变化情况，应力路径示意如图 6 – 1 所示。

具体试验方案如下所述，其中 $\sigma_{(10)}$、$\sigma_{(20)}$ 分别为围压为 10MPa 及 20MPa 时对应的刚性三轴压缩试验强度。

1. 10MPa 围压

（1）将围压 σ_3 加载至 10MPa，加载轴压 σ_1 至 $0.8\sigma_{(10)}$，保持 σ_1 不变，以 0.1MPa/s 的速率卸载 σ_3，至岩样破坏。

（2）将围压 σ_3 加载至 10MPa，加载轴压 σ_1 至 $0.8\sigma_{(10)}$，保持 σ_1 不变，以 0.5MPa/s 的速率卸载 σ_3，至岩样破坏。

（3）将围压 σ_3 加载至 10MPa，加载轴压 σ_1 至 $0.5\sigma_{(10)}$，保持 σ_1 不变，以 0.1MPa/s 的速率卸载 σ_3，以 0.1MPa/s 的速率加载 σ_1，至岩样破坏。

（4）将围压 σ_3 加载至 10MPa，加载轴压 σ_1 至 $0.5\sigma_{(10)}$，保持 σ_1 不变，以 0.1MPa/s 的速率卸载 σ_3，以 0.5MPa/s 的速率加载 σ_1，至岩样破坏。

（5）将围压 σ_3 加载至 10MPa，加载轴压 σ_1 至 $0.5\sigma_{(10)}$，保持 σ_1 不变，以 0.5MPa/s 的速率卸载 σ_3，以 0.5MPa/s 的速率加载 σ_1，至岩样破坏。

2. 20MPa 围压

（1）将围压 σ_3 加载至 20MPa，加载轴压 σ_1 至 $0.8\sigma_{(20)}$，保持 σ_1 不变，以 0.1MPa/s 的速率卸载 σ_3，至岩样破坏。

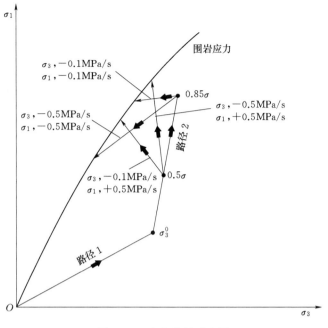

图 6-1　应力路径示意图

（2）将围压 σ_3 加载至 20MPa，加载轴压 σ_1 至 $0.8\sigma_{(20)}$，保持 σ_1 不变，以 0.5MPa/s 的速率卸载 σ_3，至岩样破坏。

（3）将围压 σ_3 加载至 20MPa，加载轴压 σ_1 至 $0.8\sigma_{(20)}$，保持 σ_1 不变，以 1.0MPa/s 的速率卸载 σ_3，至岩样破坏。

（4）将围压 σ_3 加载至 20MPa，加载轴压 σ_1 至 $0.5\sigma_{(20)}$，保持 σ_1 不变，以 0.1MPa/s 的速率卸载 σ_3，以 0.1MPa/s 的速率加载 σ_1，至岩样破坏。

（5）将围压 σ_3 加载至 20MPa，加载轴压 σ_1 至 $0.5\sigma_{(20)}$，保持 σ_1 不变，以 0.1MPa/s 的速率卸载 σ_3，以 0.5MPa/s 的速率加载 σ_1，至岩样破坏。

（6）将围压 σ_3 加载至 20MPa，加载轴压 σ_1 至 $0.5\sigma_{(20)}$，保持 σ_1 不变，以 0.5MPa/s 的速率卸载 σ_3，以 0.5MPa/s 的速率加载 σ_1，至岩样破坏。

试验的目的在于模拟掌子面推进时洞壁围岩经历复杂应力状态时所表现出的力学及变形特性。同时，在试验开始阶段均进行常规单轴及三轴刚性压缩试验，对试验结果进行相应的对比分析，以进一步加深对复杂卸荷应力路径下岩石强度、变形及破坏的认知。

6.3　锦屏大理岩

6.3.1　试验仪器

锦屏大理岩试验岩样取自施工排水洞桩号 SK09+300.00 段附近的灰白色白山组大理岩，试件加工精度（包括平行度、平直度和垂直度）符合《水利水电工程岩石试验规程》（SL 264—2001）要求，为 50mm×50mm×100mm（长×宽×高）的标准试件。对试件分别进行编号,其中1号、2号、3号、4号试件为单轴压缩试验试件,5号、7号、8号试件为常规三轴试验试件,对应围压分别为40MPa、20MPa、10MPa。10~13号试件为10MPa围压时卸围压、卸围压—加载轴压试验试件,14~17号试件为20MPa围压时卸围压、卸围压—加载轴压试验试件,20号、22号、23号、25号试件为40MPa围压时卸围压、卸围压—加载轴压试验试件。

6.3.2 常规试验

6.3.2.1 单轴压缩试验

单轴压缩试验是确定岩石强度性质的最方便和最有效的方法,按所测参数的不同,一般分为单轴压缩变形试验和单轴抗压强度试验。单轴压缩变形试验测得的参数比较全面,包括试件的抗压强度、弹性模量、泊松比等,而单轴抗压强度试验只测试件的抗压强度。抗压强度是岩石试块在单轴受压下出现压缩破坏时,试块单位截面积上所受的极限荷载。弹性模量为应力与纵向应变关系曲线上直线段的斜率值,根据不同取值位置分为不同类型的弹性模量,泊松比指岩石弹性阶段的横向应变与纵向应变的比值。单轴压缩试验设备为GAW-2000岩石刚性压力试验机,如图6-2所示。

图6-2 GAW-2000岩石刚性压力试验机

根据试验结果,绘制轴向应力与轴向应变关系曲线,其中2~4号试件轴向应力—应变关系如图6-3~图6-5所示。岩石的单轴抗压强度与变形参数取4个试件平均值,计算结果如表6-1所示。

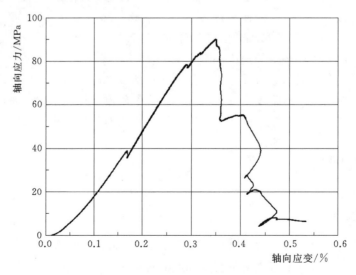

图6-3 2号试件轴向应力—应变曲线

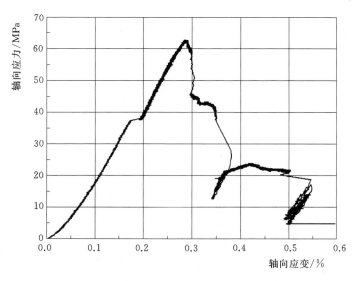

图 6-4 3 号试件轴向应力—应变曲线

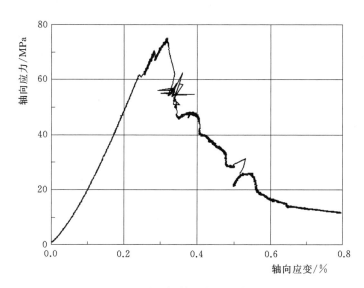

图 6-5 4 号试件轴向应力—应变曲线

表 6-1　　　　　　　　　　　单 轴 压 缩 试 验 结 果

岩石名称	单轴抗压强度 σ_c/MPa	弹性模量 E/GPa	泊松比
大理岩	54.78	20.06	0.245
	90.39	37.61	0.155
	62.99	27.86	0.130
	75.49	30.12	0.116
均值	70.91	28.91	0.162

由单轴压缩试验轴向应力—应变关系曲线可以看出，锦屏二级水电站白山组大理岩为典型的弹—脆材料，即应力达到极限强度后，试件立即发生破坏，并伴随明显的应力跌落现象，破坏时对应轴向应变值一般较小，为 0.4% 左右。

由单轴压缩试验试件破坏形态可知（图 6-6），单轴压缩试验中，试件主要受轴向单轴压力作用。由于压致拉裂作用破坏形式主要为张拉破坏（劈裂）形态，而这一破坏形式与现场所观察现象基本吻合，即施工排水洞开挖对应片、板状破坏主要为张拉破坏（劈裂破坏）。

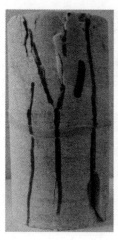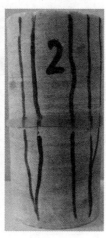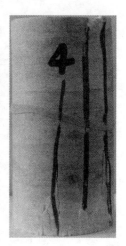

图 6-6　单轴压缩试验试件破坏形态

6.3.2.2　常规三轴试验

图 6-7　TAW-2000 岩石三轴刚性试验机

岩石三轴试验是在三向应力状态下，测量和研究岩石变形与强度特性的一种试验，是测定岩石抗剪强度的一种全面的测量方法。岩石三轴试验通常分为不等围压（$\sigma_2 > \sigma_3$）的真三轴试验和等围压（$\sigma_2 = \sigma_3$）的常规三轴试验。本部分进行等围压的常规三轴试验。常规三轴压缩试验采用圆柱形试件，通常在某一侧限压应力作用下，逐渐对试件施加轴向应力，直到试件破坏为止。采用 TAW-2000 岩石三轴刚性试验机进行（图 6-7），根据试验结果，给出试件在不同围压下三轴压缩峰值强度和弹性模量，分析试件强度特征、变形特征及破坏特征等。为研究不同围压下的峰值强度，设定围压分别为 10MPa、20MPa、40MPa 三个量级。

根据试验结果，绘制应力与轴向应变关系曲线，其中 5 号、7 号、8 号试件轴向应力—应变关系如图 6-8~图 6-10 所示。岩石的三轴强度与变形参数结果如表 6-2 所示。

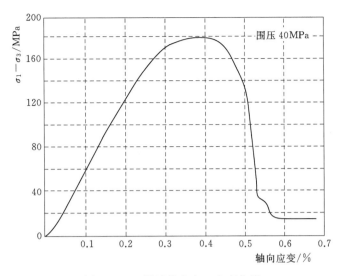

图 6-8 5号试件应力—应变曲线

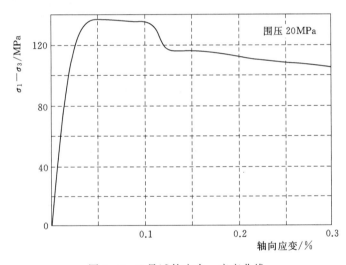

图 6-9 7号试件应力—应变曲线

表 6-2 常规三轴试验结果

试件号	围压/MPa	强度/MPa	弹性模量/GPa	泊松比
8 号	10	128.06	36.86	0.180
7 号	20	157.35	53.05	0.397
5 号	40	219.17	63.80	0.411

由图 6-8~图 6-10 可知，锦屏二级水电站施工排水洞大理岩在常规三轴围压试验中，表现出明显的弹—脆—塑性特征。达到峰值强度前，呈近似线性关系，达到峰值强度后，应力具有明显降低段，试件发生脆性破坏，并具有一定的残余强度值。Heard（1960）认为岩石发生破坏时对应的应变值超过 3%~5%，可视为发生脆—延转化。由图

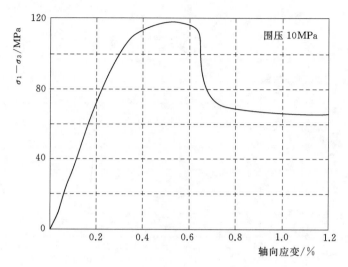

图 6-10 8 号试件应力—应变曲线

6-8～图 6-10 可知，对于 10MPa、20MPa、40MPa 三种不同围压情况，岩石破坏时对应值均小于 3%～5% 的脆—延转化临界值，即对于施工排水洞大理岩而言，岩石发生脆—延性转变对应围压值应大于 40MPa。同时，由表 6-2 可知，围压对于锦屏大理岩强度及变形属性具有较大影响，一般随着围压的增加，试件强度、弹性模量及泊松比均呈现明显的增加趋势。

三轴压缩试验应力—体积应变关系如图 6-11 所示，由图可知，体积应变曲线大致可分为三个阶段：体积变形阶段、体积不变阶段以及扩容阶段。初始静水压力阶段，由于各向所受压力相同，试件处于弹性状体积变形阶段。此后，试件经历体积不变阶段。随着屈服的产生，试件发生体积扩大现象，即体积应变逐渐向左偏离，由于宏观破裂面产生，而发生明显扩容现象。

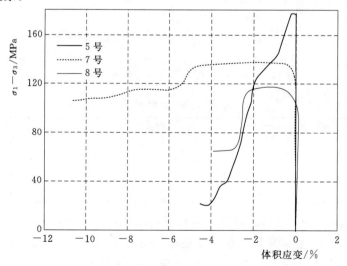

图 6-11 5 号、7 号、8 号试件应力—体积应变关系图

Diederichs（2000，2004）研究结果表明，岩样承受三轴压缩应力作用时发生破坏主要是由于组成岩体的细观矿物成分的物理力学及变形性质不同所导致，不同受力状态下矿物之间一般发生张拉破坏，但宏观表现上以剪切破坏为主，局部张拉破坏。常规三轴试验中试件破坏形态如图 6-12 所示，试件宏观破坏面以剪切为主，主要发生剪切破坏，但局部发生张拉破坏，所得结果与 Diederichs 研究结果相互印证较好。

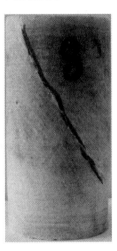

图 6-12　常规三轴压缩试验试件破坏形态

6.3.3　复杂应力路径加卸载试验

研究中为了论述方便，对试件进行编号，如表 6-3 所示，其中 L、U 及 N 分别为加载、卸载及保持不变符号。LU 为轴向加载侧向卸载试验，NU 为 $\sigma_1-\sigma_3$ 保持不变侧向卸围压试验。

表 6-3　　　　　　　　　　　岩样编号及实测加卸载速率

试验方案编号	试件编号		初始围压/MPa	初始轴压 σ_3/MPa	卸载速率 v_U/(MPa·s^{-1})	轴压速率 v_L/(MPa·s^{-1})	轴压围压速率比
1	NU1	10 号	10	$0.85\sigma_{(10)}$	0.1	−0.1	1
	NU2	11 号	10	$0.85\sigma_{(10)}$	0.5	−0.5	1
	NU3	14 号	20	$0.85\sigma_{(20)}$	0.1	−0.1	1
	NU4	15 号	20	$0.85\sigma_{(20)}$	0.5	−0.5	1
	NU5	20 号	40	$0.85\sigma_{(40)}$	0.1	−0.1	1
	NU6	22 号	40	$0.85\sigma_{(40)}$	0.5	−0.5	1
2	LU1	12 号	10	$0.50\sigma_{(10)}$	0.1	0.12	1.2
	LU2	13 号	10	$0.50\sigma_{(10)}$	0.5	0.25	0.5
	LU3	16 号	20	$0.50\sigma_{(20)}$	0.1	0.15	1.5
	LU4	17 号	20	$0.50\sigma_{(20)}$	0.5	0.25	0.5
	LU5	24 号	40	$0.50\sigma_{(40)}$	0.1	0.15	1.5
	LU6	25 号	40	$0.50\sigma_{(40)}$	0.5	0.25	0.5

加卸载试验中典型应力—应变曲线如图 6-13 所示。

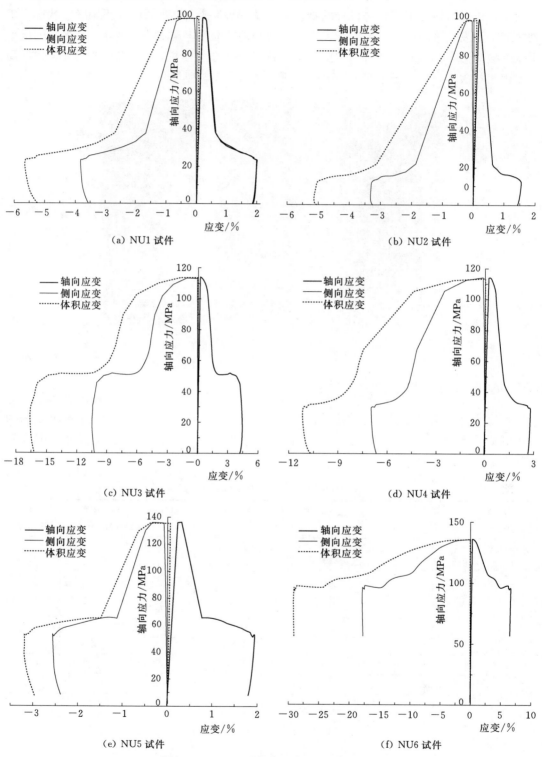

（a）NU1 试件

（b）NU2 试件

（c）NU3 试件

（d）NU4 试件

（e）NU5 试件

（f）NU6 试件

图 6-13（一）　试件典型应力—应变曲线

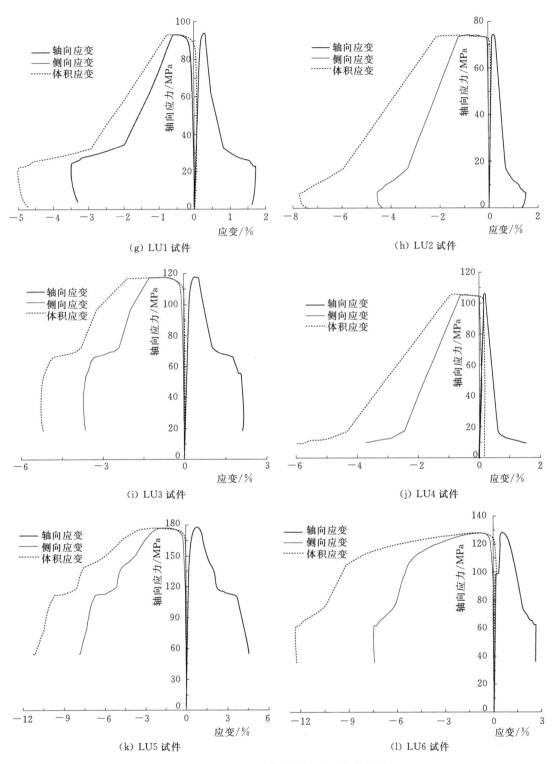

（g）LU1 试件

（h）LU2 试件

（i）LU3 试件

（j）LU4 试件

（k）LU5 试件

（l）LU6 试件

图 6-13（二） 试件典型应力—应变曲线

由图 6-13 可知，卸载初期，试件很快自压缩状态转变为扩容状态。当围压卸载至某一值时，侧向、轴向及体积变形迅速变大，轴向应力急剧降低，这说明试件突然失去承载力，破坏是瞬时发生的。同时，试验现场可听到明显的清脆破裂声。由应力—应变曲线特征及室内试验声响表现可知，卸围压破坏过程呈现出比较强烈的脆性特征。同时对比分析图 6-8～图 6-10 可知，卸围压、卸围压—加载轴压试验中，试件表现出更为明显的脆性特征。以下将从加卸荷速率及初始围压等几个方面对岩石变形、强度以及破坏特征影响进行对比分析研究。

6.3.3.1 变形规律

1. 卸荷速率 v_U 对岩石变形的影响

卸荷速率 v_U 值大，试件首次脆性断裂的规模相对较大。当卸荷速率相对较大时，试件基本从峰值强度直接沿铅直线瞬间跌落至残余强度。试件首次瞬间脆性断裂时，断裂面已基本贯通，而进入残余强度测试阶段则主要为沿已有贯通裂隙面的滑移和扩容。卸载速率 v_U 较小时，开始卸压阶段一般都存在较小的应变增大、轴向应力不变阶段，表明在刚刚卸载围压时，由于速度较慢，轴向与侧向的弹性变形较为明显，而随着围压的持续降低后续发生脆性破坏。同时，对于 v_U 较低的情况，个别试件峰值后应力—应变曲线出现明显的多段弯折现象，试件出现多级规模较小的脆性破坏，并形成次级破裂面。这个变形过程中不但存在沿已有裂隙面间的滑移与扩容，同时也伴随有裂隙面间的贯通及次生微裂隙的生成等现象。

卸荷起始点至峰值强度间轴向应变一般很小。开始卸载围压后，侧向变形立即转为体积膨胀变形，同一时刻的膨胀量明显大于轴向应变的变化量，体积应变迅速转变为负值，即试件立刻自体积压缩阶段转变为扩容阶段。

图 6-14 为试件峰值强度时对应轴向应变与卸载围压速率间的关系，由图可知，无论直接卸载围压或卸载围压与加载轴压同时进行，卸围压速率 v_U 越小，轴向应变相对越高。这种变化特征表明：卸荷条件下岩石的脆性破坏特征随卸荷速率的增大而增强。

试件达到残余强度时轴向应变与卸荷速率间的关系如图 6-15 所示，由图可知，一般情况下，卸载速率越大试件达到残余强度时对应的轴向应变越小。试件自峰值强度跌落至残余强度时间越短，卸荷条件下岩石的脆性破坏特征随卸荷速率的增大而更为明显。

为综合考虑各种加卸载条件对试件变形的影响，假定卸荷过程中试件应力—应变曲线上的每一个应力、应变点仍然符合广义胡克定律，高春玉等（2005）、黄润秋等（2008，2010）通过这一假定方法求解卸荷变形破坏过程中的变形参数。广义胡克定律求解变形参数的计算公式为

$$\begin{cases} E = (\sigma_1 - 2\mu\sigma_3)/\varepsilon_1 \\ \mu = (B\sigma_1 - \sigma_3)/[\sigma_3(2B-1) - \sigma_1] \\ B = \varepsilon_3 \div \varepsilon_1 \end{cases} \quad (6-1)$$

式中：E 为弹性模量；σ_1 为最大主应力；σ_3 为侧限压力；μ 为泊松比。

试件变形模量随卸荷速率的变化规律如图 6-16 所示，由图可知相同初始围压及加卸载条件下，随着卸载速率的增加，对应变形模量比卸荷速率较小时大，即卸荷速率较大时，微裂隙产生、发展并相互融合过程得到不充分的时间完成，故而变形模量较高，宏观

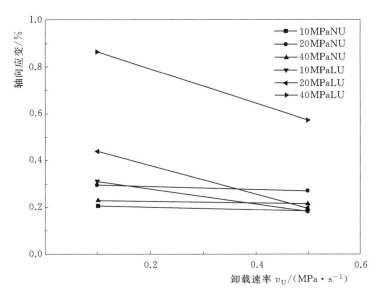

图 6-14　峰值强度时对应轴向应变与卸载围压速率间的关系

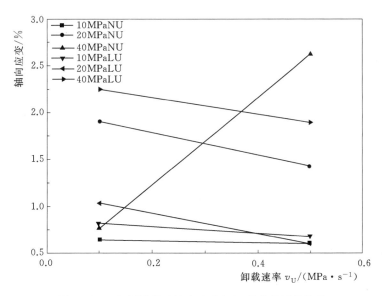

图 6-15　残余强度时轴向应变与卸荷速率间的关系

表现为具有更高的硬脆性，脆性破坏特征更为明显。

2. 加载速率对岩石变形的影响

试验方案 1 中由于保持 $\sigma_1-\sigma_3$ 不变，实际为双向卸载的过程，而方案 2 为卸载围压同时加载轴压的过程。对相同卸载围压速率下，方案 1 中卸载轴压与方案 2 中加载轴压的不同对岩石变形的影响进行分析。

由图 6-14 试件峰值强度时对应轴向应变与卸载围压速率间的关系可知，对于相同初始围压时的 LU1 与 NU1、LU2 与 NU2、LU3 与 NU3、LU4 与 NU4、LU5 与 NU5、

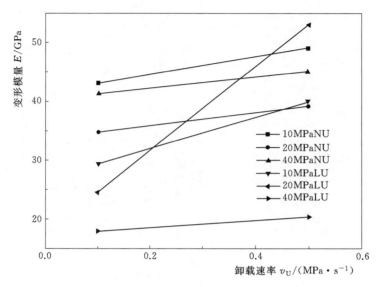

图 6-16　卸载速率与变形模量的关系

LU6 与 NU6 而言，卸载围压同时卸载轴压到达峰值强度时对应的轴向应变一般较卸载围压同时加载轴压高，这说明较为迅速的应力分异作用情况下，岩石试件更容易发生破坏，进而峰值强度时所对应的轴向应变值较小，表现出更为明显的脆性破坏特征。同时，变形模量亦表现出这一规律，而残余强度时对应的轴向应变值则并无较为明显的特征，分析其原因主要是残余围压的不同而导致个性差异。

3. 初始围压对岩石变形的影响

相同加卸载条件下，初始围压的不同对岩石的变形亦具有一定的影响。由图 6-14 可知，一般情况下，相同卸载围压与卸载轴压情况时，较高初始围压条件下峰值强度对应轴向应变值比较低时所对应值高。相同围压的卸围压加载轴压情况亦表现出这一变化规律。这说明，在相同的加卸载速率情况下，初始围压值越高，卸载相同围压所需时间相对较长，进而轴向压缩时间更为充裕，进而表现为轴向应变值较高这一规律。同时，由残余强度与轴向应变之间的关系曲线图可知，对于初始围压值相对较高的情况，残余强度对应轴向应变值也相对较大。由图 6-16 可知，相同加卸载速率情况下，对于不同的初始围压情况，较低围压所对应的岩石试件的变形模量比较高初始围压时的变形模量值高。

6.3.3.2　强度规律

1. 卸荷速率对岩石强度的影响

图 6-17 为卸载速率与岩石强度间的关系，由图可知，对于不同的卸载速率，岩石试件峰值强度不同。无论是卸载围压同时卸载轴压还是卸载围压的同时加载轴压情况，相同初始围压下，卸载速率 v_U 越大，对应的岩石峰值强度越低。也即是，对于较高卸载速率下，岩石变形破坏过程越快，能够达到的极限承载力越低，岩石试件急速形成贯通裂隙面，对应强度值越低。

2. 加载速率对岩石强度的影响

同时由图 6-17 可知，相同的初始围压与卸载围压速率下，卸载轴压与加载轴压两种

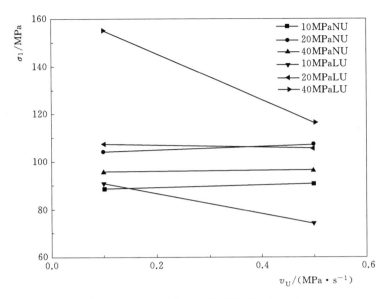

图 6-17　卸载速率与岩石强度间的关系

不同情况下，岩石试件所对应的强度值亦具有一定的变化特征。加载轴压时峰值强度对应值一般较卸载轴压时高，这一方面是由初始轴压值的不同造成的；另一方面也说明，相同卸载速率围压下，应力差值的瞬间不同造成岩石的瞬间极限强度也不同。

3. 初始围压对岩石强度的影响

相同的加卸载速率下，不同初始围压条件，岩石试件的极限强度具有以下特征：初始围压值越高，对应的岩石试件强度越高。这一特征与常规三轴试验结果以及 Mohr - Coulomb 准则中所提出的对应围压越高、极限强度越大的特征一致。

6.3.3.3　破坏特征

由 0.5MPa/s 卸围压试验中围压与侧向应变全程曲线（图 6-18）可以看出：在卸围压的初始阶段，试件的侧向变形增加缓慢，侧向变形与围压基本呈线性关系。此时，岩样变形主要为弹性变形，未出现不可逆塑性变形。随着围压持续降低，侧向变形突然发生非线性增长，试件出现不可恢复塑性变形，试件内部微裂纹开始进一步产生、扩展、连通，并最终形成贯通性裂隙面而发生破坏，但这一非线性过程较短，即试件自峰值强度跌落至残余强度时间较短，发生明显的脆性破坏。后续变形为侧限围压保持某一量值而侧向变形持续增加的过程。此时，试件中已形成单一或少数几个裂隙贯通面，试件变形主要为沿裂隙面的滑移变形，此时消耗能量主要为沿已有裂

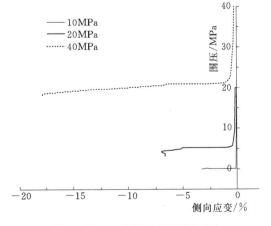

图 6-18　0.5MPa/s 卸围压试验
围压—侧向应变全程曲线

隙面的滑移。

由不同围压及不同应力路径下试件破坏形态（图 6-19）可知：11 号、13 号、17 号

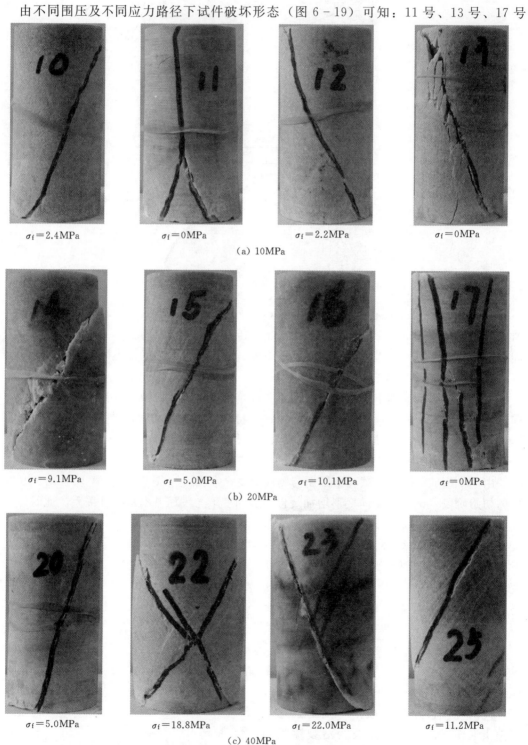

$\sigma_f=2.4\text{MPa}$ $\sigma_f=0\text{MPa}$ $\sigma_f=2.2\text{MPa}$ $\sigma_f=0\text{MPa}$

(a) 10MPa

$\sigma_f=9.1\text{MPa}$ $\sigma_f=5.0\text{MPa}$ $\sigma_f=10.1\text{MPa}$ $\sigma_f=0\text{MPa}$

(b) 20MPa

$\sigma_f=5.0\text{MPa}$ $\sigma_f=18.8\text{MPa}$ $\sigma_f=22.0\text{MPa}$ $\sigma_f=11.2\text{MPa}$

(c) 40MPa

图 6-19 试件破坏形态（σ_f 为破坏时围压）

试件破坏时，破坏围压皆为 0MPa，即此时已无侧限围压应力作用，试件主要破坏模式为张拉破坏，或局部具有大量张拉破坏面。10 号、12 号、14 号、15 号、16 号、20 号、25 号试件发生破坏时对应破坏围压一般小于 15MPa，试件主要破坏方式为剪切破坏，局部存在张拉破坏痕迹，并形成单一宏观破裂面。22 号、23 号试件破坏时对应破坏围压皆大于 15MPa，分别为 18.8MPa、22MPa，此时主导破坏模式仍然是以剪切破坏为主，但剪切破坏面并不单一，形似 X 型或 Y 型。由这一不同破坏围压情况下破裂面发育规律可知，试件主要破坏类型与围压大小相关，具有一定的侧限围压作用，一般以剪切破坏为主。侧限围压全部卸除后，则为张拉破坏形式。即对于锦屏二级水电站施工排水洞围岩而言，洞室开挖浅表部围岩由于围压瞬间卸载至零，围岩一般发生张拉（劈裂）破坏，而较深部位围岩，由于具有一定侧限压力的作用（即 $\sigma_r > 0$），一般发生剪切破坏，并存在局部存在张拉破坏形式。不论对应何种卸载、加载—卸载方式和侧向围压条件，试件体积变形方面仍可划分为三个明显阶段，即体积变形阶段、体积不变阶段以及扩容阶段。试件发生屈服后，轴向应力急剧降低的同时，体积应变逐渐加大，试件扩容现象明显。

6.3.4 能量变化

能量转化是物质物理过程的本质特征，物质破坏是能量驱动下的一种状态失稳现象，高地应力下围岩所发生的卸荷破坏不外如此。为此，从能量的角度出发，阐述岩石在变形破坏过程中的耗散及释放特征。岩石屈服破坏是微裂隙萌生、扩展、贯通的过程。新裂隙面的产生需要吸收能量，裂隙面之间的滑移摩擦也将耗散能量（尤明庆，华安增，2002）。实际上，岩石的破坏归根结底是能量驱使下的一种状态失稳现象。自从认识利用能量表征岩石变形破坏过程的适宜性和本质性后，许多学者从这一角度对其进行了大量研究（华安增，1995，2003；尤明庆，2002；谢和平，2004，2005，2008；彭瑞东，2005，2007；陈卫忠，2009）。

谢和平等（2005）基于能量耗散与释放原理，推导出岩体单元受压与受拉时的整体破坏准则：

（1）受压情况（$\sigma_1 > \sigma_2 > \sigma_3 \geqslant 0$，压应力为正）

$$(\sigma_1 - \sigma_3)[\sigma_1^2 + \sigma_2^2 + \sigma_3^2 - 2\nu(\sigma_1\sigma_2 + \sigma_2\sigma_3 + \sigma_3\sigma_1)] = \sigma_c^3 \tag{6-2}$$

（2）受拉情况（$\sigma_3 < 0$）

$$\sigma_3[\sigma_1^2 + \sigma_2^2 + \sigma_3^2 - 2\nu(\sigma_1\sigma_2 + \sigma_2\sigma_3 + \sigma_3\sigma_1)] = \sigma_t^3 \tag{6-3}$$

式中：σ_c 为岩体单轴抗压强度；σ_t 为岩体单轴抗拉强度；ν 为泊松比。

室内试验过程中，加载过程中试验机对试件轴向压缩所做的功为

$$W = \int F \mathrm{d}u = AL \int \sigma_1 \mathrm{d}\varepsilon_1 = ALU_1 \tag{6-4}$$

式中：A、L 分别为试件的截面积和长度；σ_1、ε_1 分别为轴向应力、应变；U_1 为试验机对单位体积材料所做的功，J/m^3。

单轴压缩试验中试验机对试件做的功即为试件所吸收的能量，但对于三轴试验，由于轴向加载过程中，试件发生环向应变，产生环向膨胀，对三轴缸中的液压油做功，岩石实际吸收能量应低于试验机轴向压缩试件所做的功（华安增，孔圆波，李世平，等，1995）。

单位体积岩样实际吸收的能量为

$$U_2 = \int \sigma_1 \mathrm{d}\varepsilon_1 + 2\int \sigma_3 \mathrm{d}\varepsilon_3 \qquad (6-5)$$

式中：σ_3、ε_3 分别为围压应力和环向应变。

硬脆性岩体在未达到峰值强度前是积聚应变能的过程，而峰值强度后则为耗散能过程（谭以安，1992）。谢和平等（2008）自能量平衡角度出发得出岩体单元内耗散能与释放能之间的关系，即：考虑一个岩体单元在外力作用下产生变形，假设该物理过程与外界没有热交换，即一个封闭系统，外力功所产生的输入能量为 U，由热力学第一定律得

$$U = U_\mathrm{d} + U_\mathrm{e} \qquad (6-6)$$

其中

$$U_\mathrm{e} = \frac{1}{2\overline{E}}\left[\sigma_1^2 + \sigma_2^2 + \sigma_3^2 - 2\overline{\nu}(\sigma_1\sigma_2 + \sigma_2\sigma_3 + \sigma_1\sigma_3)\right] \qquad (6-7)$$

式中：U_d 为耗散能；U_e 为可释放弹性应变能；$\overline{E}$ 为卸荷弹性模量；$\overline{\nu}$ 为泊松比平均值。

无论何种应力路径状态，对应此状态下的试件极限储存能量（吸收能量）为峰值强度前所能吸收的能量（图 6-20），即

$$U_{\lim} = \int_0^{\varepsilon_{1e}} \sigma_1 \mathrm{d}\varepsilon_1 + 2\int_0^{\varepsilon_{3e}} \sigma_3 \mathrm{d}\varepsilon_3 \qquad (6-8)$$

则岩石试件损伤破坏过程中所需要消耗的能量为

$$\begin{aligned}
U_\mathrm{dis} &= U_2 - U_\mathrm{e} \\
&= \int \sigma_1 \mathrm{d}\varepsilon_1 + 2\int \sigma_3 \mathrm{d}\varepsilon_3 - \frac{1}{2\overline{E}}\left[\sigma_1^2 + \sigma_2^2 + \sigma_3^2 - 2\overline{\nu}(\sigma_1\sigma_2 + \sigma_2\sigma_3 + \sigma_1\sigma_3)\right]
\end{aligned} \qquad (6-9)$$

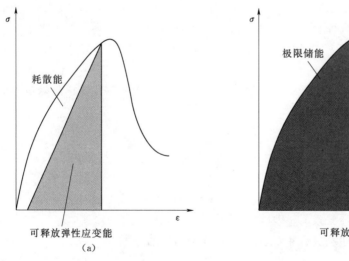
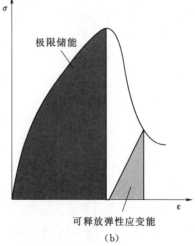

图 6-20　硬脆性岩石变形过程中的耗散能与可释放应变能的关系

通过对应力应变关系曲线进行积分求解，得到对应各种不同情况下大理岩试件的极限储能 $U_{\lim}$，具体数值如表 6-4 所示。

由试验结果可知对于不同的控制条件下：

（1）无论试件处于何种受力情况及受力路径，岩石试件都具有一定的极限储能值，而这一极限值不仅与试件所处环境有关（σ_1，σ_2，σ_3），同时与岩石自身变形能力（E，υ）、

承载强度（σ_c）及外部荷载作用方式等诸多因素相关。当外部条件向试件施加能量达到极限储能时，试件必然发生破坏。

表 6-4 各种不同条件下试件能量变化特征值

围压/MPa	试 验 控 制 条 件	U_{lim}/(MJ·m^{-3})	破坏围压/MPa
0	单轴压缩	0.12695	0
0	单轴压缩	0.14678	0
0	单轴压缩	0.08303	0
0	单轴压缩	0.11916	0
10	常规三轴	0.45689	10
10	轴压 0.85$\sigma_{(10)}$，0.1MPa/s 卸围压	0.24291	2.4
10	轴压 0.85$\sigma_{(10)}$，0.5MPa/s 卸围压	0.13116	0
10	轴压 0.5$\sigma_{(10)}$，0.1MPa/s 卸围压，0.5MPa/s 加轴压	0.23128	2.2
10	轴压 0.5$\sigma_{(10)}$，0.5MPa/s 卸围压，0.5MPa/s 加轴压	0.12972	0
20	常规三轴	0.61222	20
20	轴压 0.85$\sigma_{(20)}$，0.1MPa/s 卸围压	0.26242	9.1
20	轴压 0.85$\sigma_{(20)}$，0.5MPa/s 卸围压	0.17719	5.0
20	轴压 0.5$\sigma_{(20)}$，0.1MPa/s 卸围压，0.5MPa/s 加轴压	0.28125	10.1
20	轴压 0.5$\sigma_{(20)}$，0.5MPa/s 卸围压，0.5MPa/s 加轴压	0.17104	0
40	常规三轴	0.77165	40
40	轴压 0.85$\sigma_{(40)}$，0.1MPa/s 卸围压	0.25883	5.0
40	轴压 0.85$\sigma_{(40)}$，0.5MPa/s 卸围压	0.30321	18.8
40	轴压 0.5$\sigma_{(40)}$，0.1MPa/s 卸围压，0.5MPa/s 加轴压	0.61715	22.0
40	轴压 0.5$\sigma_{(40)}$，0.5MPa/s 卸围压，0.5MPa/s 加轴压	0.56997	11.2

（2）相同条件下，试件破坏点对应围压越高，试件的极限储能值越高，即岩体埋深越大，其极限储能性能相对越好。

（3）加载速率对试件储能性能具有一定的影响，当试件处于相同的围压条件下，卸载速率越快对应极限储能值越小。处于三向应力状态的地下岩体，当某一个或两个方向的应力突然释放，其释放的速率越大，必然造成岩体破坏更为强烈，那么原岩释放的能量将转换为破碎岩块的动能，进而发生岩爆灾害。

对于锦屏二级水电站施工排水洞而言，地下洞室开挖前，由于工程区处于较高初始应力场作用而具有较高的初始能量，施工排水洞开挖势必造成某个方向的应力释放，进而对岩体单元而言，围压作用突然变小，而对于这一围压下的岩体单元必然具有相应的极限储存能量的能力，当初始能量大于这一极限储能时，势必发生破坏，并在释放能量的作用下，发生岩爆地质灾害。同时，卸围压速度越快，即工程中开挖进尺越快，岩体极限储能越小，保持初始能量的岩体可释放的能量将越大，进而发生高等级的岩爆灾害的概率越大。

6.4 齐热哈塔尔水电站花岗片麻岩

6.4.1 试验仪器

本次测试所使用到的主要仪器设备包括美国 MTS 815 型岩石三轴物性试验系统及 PCI-2 型多通道声发射测试系统两大部分。MTS 815 型岩石三轴试验机是由美国 MTS 公司生产的专门用于岩石及混凝土实验的多功能电液伺服控制的刚性试验机，具备轴压、围压和孔隙水压三套独立的闭环伺服控制功能。可进行岩石、混凝土等材料的单轴压缩、三轴压缩、孔隙水压试验，具有多种控制模式，并可在试验过程中进行多种控制模式间的任意转换，属当前最先进的室内岩石力学试验设备（图 6-21）。

图 6-21 MTS 815 型岩石、混凝土三轴物性试验系统

MTS 815 型试验系统由加载系统、控制器、测量系统等部分组成。加载系统由液压源、载荷框架、作动器、伺服阀、三轴试验系统及孔隙水压试验系统等组成；测量系统由机架力与位移传感器、测力传感器、引伸计、三轴室压力及位移传感器、孔隙水压力和位移等多种传感器组成；控制部分由反馈控制系统、数据采集器、计算机等控制软硬件组成，其中程序控制包括函数发生器、反馈信号发生器、数据采集、油泵控制和伺服阀控制等。MTS 试验系统具有优异的手动及程序控制功能，可以根据通过站管理器软件设计不同的试验手段及加载方式，其每个内置的传感器均可以用作控制方式。试验机常用的控制方式包括：轴向冲程力控制、轴向冲程位移控制、内置力传感器力控制、轴向引伸计位移控制、环向引伸计位移控制等。

PCI-2 型多通道声发射测试系统是美国物理声学公司（PAC 公司）最新研制的适用于大学等高端声发射研究用的高性能声发射系统。该系统具有 18 位 A/D，1kHz～3MHz 频率范围，是新型的声发射研究工具。该系统是对声发射特征参数、波形进行实时处理的 6 通道声发射系统，如图 6-22 所示。

试验岩样取自桩号 Y05+236.00 段附近，为片麻状花岗岩，按照《水利水电工程岩石试验规程》（SL 264—2001）的规定，利用混凝土磨平机打磨成 50mm×100mm（直径×高）的标准试件（图 6-23）。

图 6-22　美国 PCI-2 型多通道声发射测试系统　　　图 6-23　加工后花岗岩试样

6.4.2　应力应变曲线

6.4.2.1　刚性单轴压缩试验

刚性单轴压缩试验中应变引伸计及声发射探头安装情况如图 6-24 所示，试件安装于试验平台情况如图 6-25 所示。

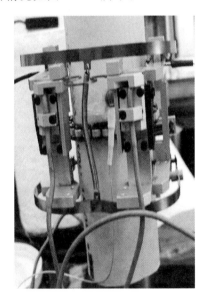

图 6-24　应变引伸计和声发射探头安装情况　　　图 6-25　安装于测试工作台的试件

试验过程严格按照《水利水电工程岩石试验规程》（SL 264—2001）中的相关规定进行，其中单轴试验过程中试件轴向应力—应变曲线如图 6-26 所示。

由图 6-26 可知，在单轴压缩应力状态下齐热哈塔尔水电站片麻状花岗岩表现出明显的脆性特征，即在达到峰值强度后，轴向应力瞬间降低。

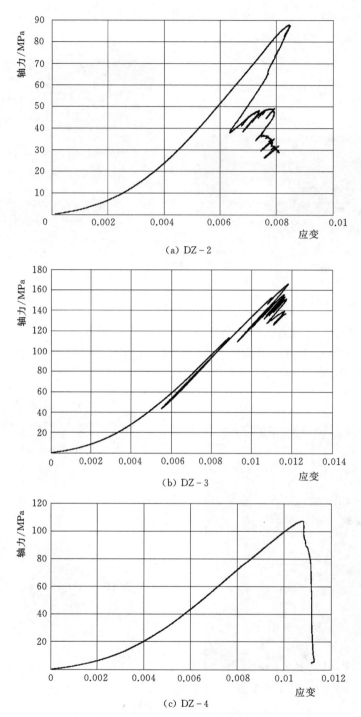

(a) DZ-2

(b) DZ-3

(c) DZ-4

图 6-26　轴向应力—应变曲线

单轴压缩试验结果如表 6-5 所示。

由表 6-5 可知，齐热哈塔尔水电站片麻花岗岩单轴抗压强度可达 110MPa 左右，弹性模量接近 28GPa，属于典型的硬脆性岩石。

表 6-5　　　　　　　　　　　　　抗压强度及弹性参数测试结果

编号	直径/mm	高度/mm	峰值荷载/kN	抗压强度/MPa	弹性模量 E_{50}/GPa	泊松比 μ
DZ-1	50.09	97.61	182.90	92.86	34.39	0.28
DZ-2	50.30	97.60	174.61	87.87	22.63	0.10
DZ-3	50.15	97.60	328.47	166.29	35.41	0.10
DZ-4	50.43	98.65	214.478	107.38	18.73	0.17
平均值				113.60	27.79	0.1625

6.4.2.2　刚性三轴压缩试验

刚性三轴压缩试验中声发射探头安装情况如图 6-27、图 6-28 所示。

图 6-27　声发射探头的布置

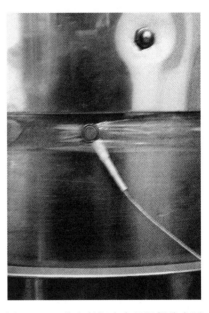

图 6-28　声发射探头布置局部放大图

根据试验结果，绘制应力与轴向应变关系曲线，其中 SZ-10-1、SZ-10-2、SZ-10-3、SZ-10-4 试件在 10MPa 初始围压下轴向应力—应变曲线如图 6-29 所示。

SZ-20-1、SZ-20-2、SZ-20-3、SZ-20-4 试件在 10MPa 初始围压下轴向应力—应变曲线如图 6-30 所示。

由图 6-30 可知，齐热哈塔尔水电站片麻花岗岩在常规三轴围压试验中，表现出明显的弹—脆—塑性特征。达到峰值强度前，呈近似线性关系，达到峰值强度后，应力具有明显降低段，试件发生脆性破坏，并具有一定的残余强度值。Heard（1960）认为岩石发生破坏时对应的应变值超过 3%～5%，可视为发生脆—延转化。对于 10MPa、20MPa 不同围压情况，岩石破坏时对应值均小于 3%～5% 的脆—延转化临界值，即对于齐热哈塔尔水电站片麻花岗岩而言，岩石发生脆—延性转变对应围压值应大于 20MPa。

齐热哈塔尔水电站片麻花岗岩试样的刚性三轴压缩试验结果如表 6-6 所示。

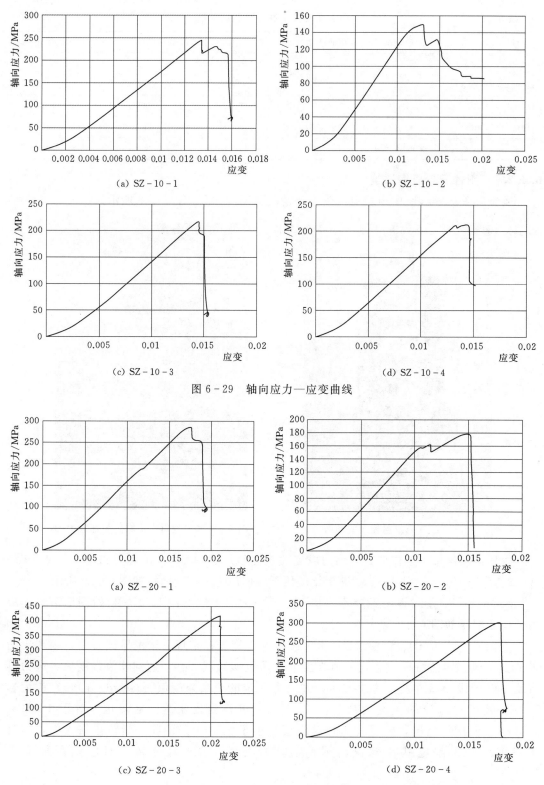

(a) SZ-10-1

(b) SZ-10-2

(c) SZ-10-3

(d) SZ-10-4

图 6-29 轴向应力—应变曲线

(a) SZ-20-1

(b) SZ-20-2

(c) SZ-20-3

(d) SZ-20-4

图 6-30 轴向应力—应变曲线

表6-6   刚性三轴压缩试验结果表

试样编号	直径 /mm	高度 /mm	围压 σ_3 /MPa	峰值压力 P_{max}/kN	$\sigma_1 - \sigma_3$ /MPa	弹性模量 E_{50} /MPa	μ
SZ-10-1	50.27	94.58	10	486.83	245.28	47.63	0.20
SZ-10-2	50.47	98.12	10	300.73	150.32	24.16	0.27
SZ-10-3	50.49	97.13	10	432.43	215.98	31.82	0.23
SZ-10-4	50.51	88.42	10	422.67	210.94	36.65	0.22
平均值					205.63	35.065	0.23
SZ-20-1	50.42	92.24	20	568.56	284.76	42.46	0.24
SZ-20-2	50.61	94.75	20	356.93	177.43	29.51	0.37
SZ-20-3	50.54	96.98	20	837.96	417.70	64.35	0.28
SZ-20-4	50.46	94.96	20	602.78	301.42	37.68	0.26
平均值					295.33	43.50	0.29

　　同时，由表6-6可知，围压对于齐热哈塔尔水电站片麻花岗岩强度及变形属性具有较大影响，一般随着围压的增加，试件强度、弹性模量及泊松比均呈现明显的增加趋势。

　　齐热哈塔尔水电站片麻花岗岩刚性三轴压缩试验中轴向应力—体积应变曲线如图6-31～图6-32所示，由图可知体积应变曲线大致可分为两个阶段：体积压缩变形阶段

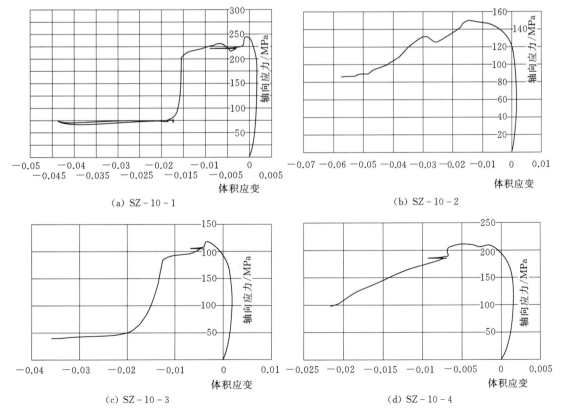

(a) SZ-10-1　　　　　　　　　　　　(b) SZ-10-2

(c) SZ-10-3　　　　　　　　　　　　(d) SZ-10-4

图6-31　轴向应力—体积应变曲线

以及扩容阶段。初始静水压力阶段，由于各向所受压力相同，试件处于弹性状体积变形阶段（体积压缩减小）。随着微裂隙的产生，试件发生体积扩大现象，即体积应变逐渐向左偏离，由于宏观破裂面产生，而发生明显扩容现象。

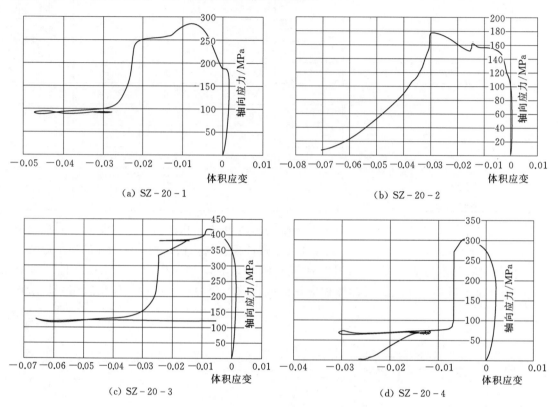

图 6-32 轴向应力—体积应变曲线

以 σ_1 为纵坐标，σ_3 为横坐标绘制 σ_1—σ_3 最佳关系曲线（图 6-33），用最小二乘法拟合曲线，确定最佳关系曲线的斜率和截距，c、φ 的计算公式分别为

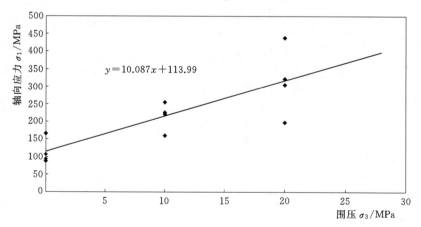

图 6-33 花岗岩试样最佳 σ_1—σ_3 关系曲线

$$c = \frac{\sigma_c(1 - \sin\varphi)}{2\cos\varphi} \qquad (6-10)$$

$$\varphi = \arcsin\left(\frac{k-1}{k+1}\right) \qquad (6-11)$$

式中：c 为岩石的黏聚力，MPa；φ 为岩石的内摩擦角，（°）；σ_c 为 $\sigma_1 - \sigma_3$ 最佳关系曲线纵坐标的应力截距，MPa；k 为 $\sigma_1 - \sigma_3$ 最佳关系曲线的斜率。

在 $\sigma_1 - \sigma_3$ 最佳关系曲线（直线）上选定若干组对应的值，列于表 6-7 中，在剪应力 τ 与正应力 σ 坐标图上以 $(\sigma_1 + \sigma_3)/2$ 为圆心，以 $(\sigma_1 - \sigma_3)/2$ 为半径绘制莫尔应力圆（图 6-34），根据莫尔—库仑强度理论也可确定三轴应力状态下岩石的抗剪强度参数。

表 6-7　　　　　　　　　　花岗岩试样绘制莫尔应力圆参数表

围压 σ_3/MPa	轴向应力 σ_1/MPa	$(\sigma_1 + \sigma_3)/2$/MPa	$(\sigma_1 - \sigma_3)/2$/MPa
5	164.425	84.7125	79.7125
10	214.86	112.43	102.43
15	265.295	140.1475	125.1475
20	315.73	167.865	147.865
25	366.165	195.5825	170.5825

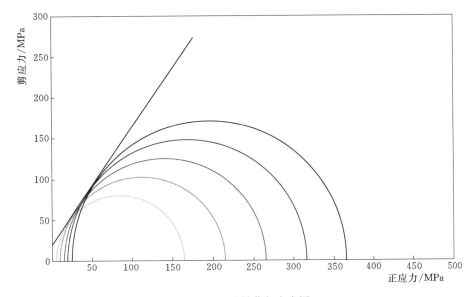

图 6-34　试样莫尔应力圆

通过对齐热哈塔尔水电站片麻花岗岩刚性三轴压缩试验结果进行处理后可得到该类岩石的黏聚力 $c = 17.95\text{MPa}$，内摩擦角 $\varphi = 55.04°$。

6.4.2.3　复杂应力路径岩石力学试验

齐热哈塔尔水电站片麻花岗岩在 10MPa、20MPa 初始围压下不同应力路径情况下的轴向应力—应变曲线如图 6-35 所示。

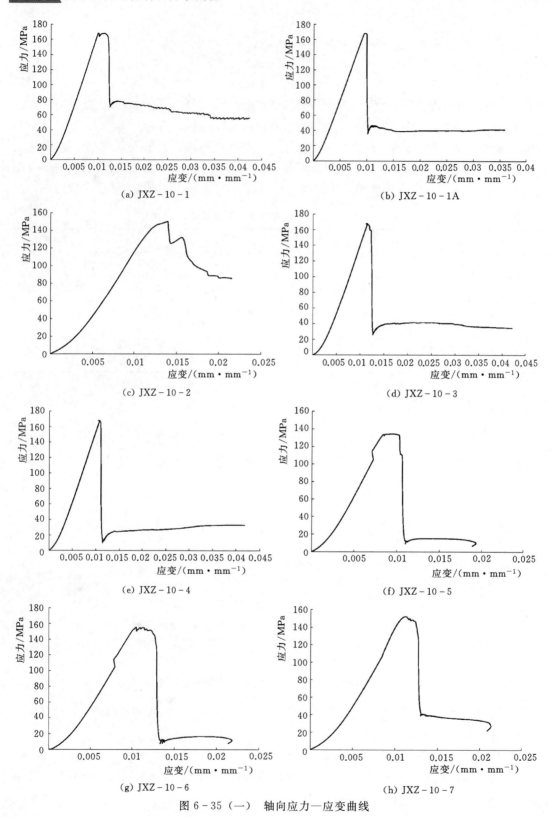

图 6-35（一） 轴向应力—应变曲线

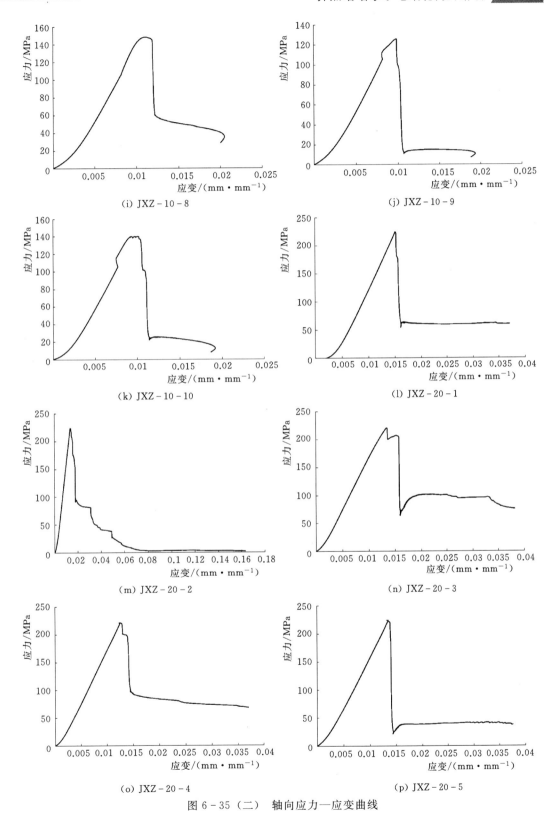

图 6-35（二）　轴向应力—应变曲线

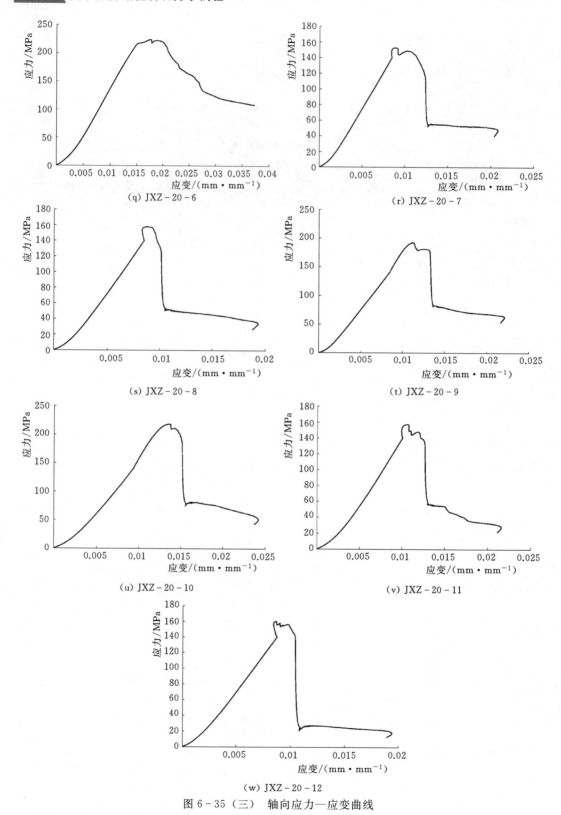

(q) JXZ-20-6

(r) JXZ-20-7

(s) JXZ-20-8

(t) JXZ-20-9

(u) JXZ-20-10

(v) JXZ-20-11

(w) JXZ-20-12

图 6-35（三） 轴向应力—应变曲线

由图 6-35 可知，加载预定围压及预定轴压后，无论用何种卸载速度或加载速度下，齐热哈塔尔水电站片麻花岗岩均表现出明显的硬脆性特性，当围压卸载至某一值时，轴向应力急剧降低，说明试件突然失去承载力，破坏是瞬时发生的。同时，试验现场可听到明显的清脆破裂声。由应力—应变曲线特征及室内试验声响表现可知，卸围压破坏过程呈现出比较强烈的脆性特征。同时对比分析刚性三轴压缩试验结果可知，复杂应力路径岩石力学试验中（卸围压、卸围压—加载轴压），试件表现出更为明显的脆性特征，岩石所能达到的峰值强度均低于刚性三轴压缩试验中岩石所能达到的峰值强度，即在掌子面推进过程中，洞壁围压在动态变化的应力场中即发生微裂隙的扩展、融合过程，并在围压卸载过程中逐渐发育出宏观裂隙，进而表现出齐热哈塔尔水电站引水隧洞所表现出的连续剥落的低等级岩爆破坏特性（片帮）。

6.4.3 声发射特性

（1）刚性单轴压缩试验。刚性单轴压缩试验试件 DZ-1～DZ-4 在加载过程中的声发射特征如图 6-36 所示，由图可知，在刚性单轴压缩状态下，初始加压下主要为弹性压密过程，裂隙发育并不明显，故而声发射特征图中撞击数基本保持低量值不变。随着轴向应力逐渐增加，围压裂隙逐渐发育，发生启裂、融合、贯通等过程，在声发射特性中逐渐表现出撞击数的增加，并在达到峰值强度时达到最高量值。

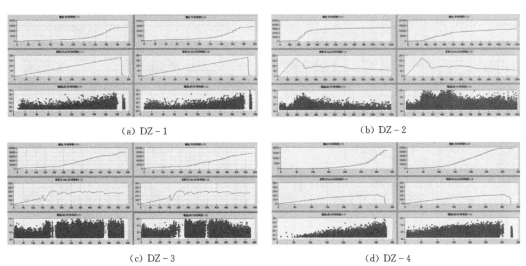

(a) DZ-1　　　　　　　　　　　　　(b) DZ-2

(c) DZ-3　　　　　　　　　　　　　(d) DZ-4

图 6-36　刚性单轴压缩试验声发射特性图

（2）刚性三轴压缩试验。齐热哈塔尔水电站引水隧洞片麻花岗岩刚性三轴压缩试验（10MPa、20MPa 初始围压）中岩石试件声发射特性如图 6-37 所示，由图可知，在刚性三轴压缩状态下岩石试件声发射特性变化趋势与单轴状态下基本相同，初始加压下主要为弹性压密过程，裂隙发育并不明显，故而声发射特征图中撞击数基本保持低量值不变。随着轴向应力逐渐增加，围压裂隙逐渐发育，发生启裂、融合、贯通等过程，在声发射特性中逐渐表现出撞击数的增加，并在达到峰值强度时达到最高量值，但与刚性单轴压缩状态下相比，刚性三轴压缩试验中，由于初始围压的存在，声发射撞击数增加时对应试件明显高于刚性单轴压缩时，即由于初始围压的存在，一定程度上限制了微裂隙的发育过程，进而变形处存在较高的岩石峰值强度特性。

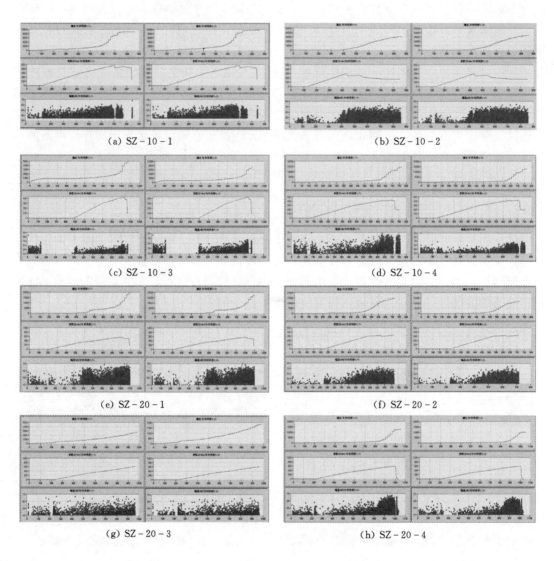

(a) SZ-10-1   (b) SZ-10-2

(c) SZ-10-3   (d) SZ-10-4

(e) SZ-20-1   (f) SZ-20-2

(g) SZ-20-3   (h) SZ-20-4

图 6-37　刚性三轴压缩试验声发射特性图

（3）复杂应力路径岩石力学试验。齐热哈塔尔水电站引水隧洞片麻花岗岩复杂应力路径岩石力学试验中（10MPa、20MPa 初始围压）岩石试件声发射特性如图 6-38 所示，由图可知，在试验的初始阶段，即试件在轴向上保持微小的接触荷载不变，环向上以一定速率将围压 σ_3 加载至目标围压，这个过程中，围压对岩石内部颗粒起到压密作用，声发射探头测到少量的声发射事件，声发射图形上表现为幅值相对较低，分布密度较稀松的特征。随后围压稳定保持在目标围压不变 30s 时间段内，声发射信号出现空白区，岩石试件在经过围压的压密作用后，保持外界荷载不变，无新的声发射事件。随后的过程中，保持围压不变，以一定速率施加轴向压力至目标值时，这一过程中的声发射特征与其单轴和三轴试验中弹性阶段的声发射特征基本一致，声发射事件相对较少、较稀疏，幅值相对不高。保持轴压不变的情况下，以一定速率卸载 σ_3，直至岩样破坏这一过程中，声发射随着围压的降低逐渐增多增强，随着岩石试件卸载损伤的加剧，单位时间内声发射事件的分布变得非常稠密，能量幅值也变得很高，伴随着试件最终的完全宏观破坏，声发射特征表现为事件数最多、分布最密集、幅值最大。

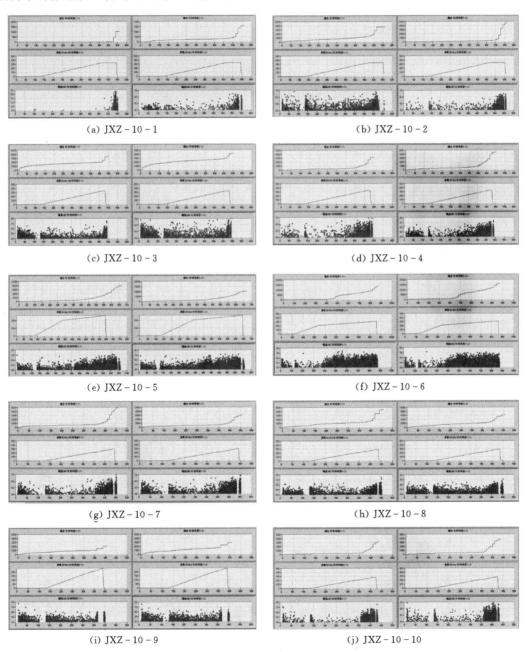

(a) JXZ-10-1　　　　　　　　　　　(b) JXZ-10-2

(c) JXZ-10-3　　　　　　　　　　　(d) JXZ-10-4

(e) JXZ-10-5　　　　　　　　　　　(f) JXZ-10-6

(g) JXZ-10-7　　　　　　　　　　　(h) JXZ-10-8

(i) JXZ-10-9　　　　　　　　　　　(j) JXZ-10-10

图 6-38（一）　复杂应力路径岩石力学试验声发射特性图

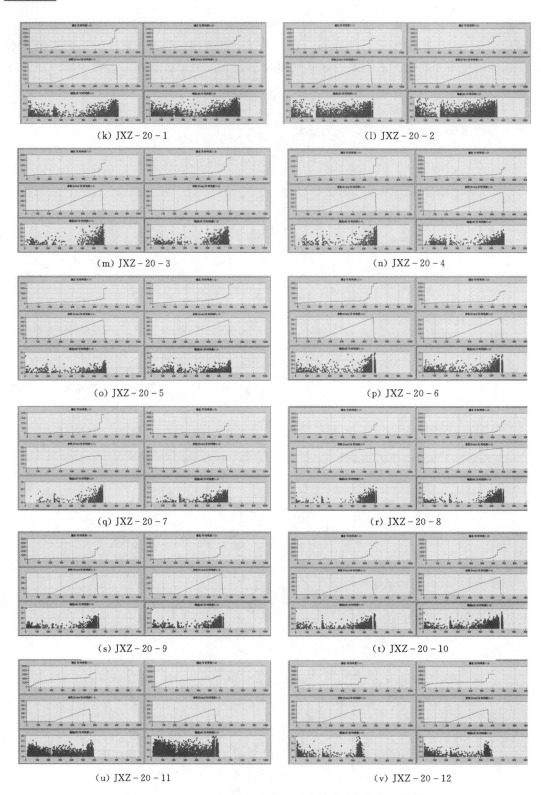

(k) JXZ-20-1

(l) JXZ-20-2

(m) JXZ-20-3

(n) JXZ-20-4

(o) JXZ-20-5

(p) JXZ-20-6

(q) JXZ-20-7

(r) JXZ-20-8

(s) JXZ-20-9

(t) JXZ-20-10

(u) JXZ-20-11

(v) JXZ-20-12

图 6-38（二） 复杂应力路径岩石力学试验声发射特性图

同时可知，与刚性单轴压缩、刚性三轴压缩试验相比，复杂应力路径岩石力学试验中，声发射撞击数增加具有突然、快速增加特性，且较大幅值一般位于卸围压、加载轴压阶段，即复杂应力状态相比其他应力状态更易于产生裂隙，围岩达到屈服。

6.4.4 影响规律

6.4.4.1 岩石的变形

（1）卸荷速率对岩石变形的影响。卸荷速率值大，试件首次脆性断裂的规模相对较大。当卸荷速率相对较大时，试件基本从峰值强度直接沿铅直线瞬间跌落至残余强度。试件首次瞬间脆性断裂时，断裂面已基本贯通，而进入残余强度测试阶段则主要为沿已有贯通裂隙面的滑移和扩容。卸载速率较小时，开始卸压阶段一般都存在较小的应变增大、轴向应力不变阶段，表明在刚刚卸载围压时，由于速度较慢，轴向与侧向的弹性变形较为明显，而随着围压的持续降低后续发生脆性破坏。同时，对于较低情况，个别试件峰值后应力—应变曲线出现明显的多段弯折现象，试件出现多级规模较小的脆性破坏，并形成次级破裂面。这个变形过程中不但存在沿已有裂隙面间的滑移与扩容，同时也伴随有裂隙面间的贯通及次生微裂隙的生成等现象。

（2）加载速率对岩石变形的影响。对于相同初始围压时的岩石试件而言，卸载围压到达峰值强度时对应的轴向应变与较卸载围压同时加载轴压时峰值强度对应应变变异性较小，并未表现出明显的应力分异作用下更容易破坏的特性，分析其原因主要是由于在10MPa、20MPa初始围压状态下，齐热哈塔尔水电站引水隧洞片麻花岗岩并未发生明显的脆延转化特性所导致。

（3）初始围压对岩石变形的影响。相同加卸载条件下，初始围压的不同对岩石的变形亦具有一定的影响。一般情况下，相同卸载围压与卸载轴压情况时，较高初始围压条件下峰值强度对应轴向应变值比较低时所对应值高。相同围压的卸围压加载轴压情况亦表现出这一变化规律。这说明，在相同的加卸载速率情况下，初始围压值越高，卸载相同围压所需时间相对较长，进而轴向压缩时间更为充裕，表现出轴向应变值较高这一规律。

6.4.4.2 岩石的强度

复杂应力路径试验中，不同试件破坏时对应的峰值强度如表6-8、表6-9所示。

表6-8　　　　　　　　不同岩石试件峰值强度（10MPa初试围压）　　　　　单位：MPa

试件编号	JXZ-10-1	JXZ-10-2	JXZ-10-3	JXZ-10-4	JXZ-10-5	JXZ-10-6
峰值强度	168.16	149.88	165.64	165.65	134.54	154.70
峰值强度均值	159.02		165.64		144.62	
试件编号	JXZ-10-7	JXZ-10-8	JXZ-10-9	JXZ-10-10		
峰值强度	152.08	148.11	125.15	140.11		
峰值强度均值	150.10		132.63			

表6-9 不同岩石试件峰值强度（20MPa初试围压） 单位：MPa

试件编号	JXZ-20-1	JXZ-20-2	JXZ-20-3	JXZ-20-4	JXZ-20-5	JXZ-20-6
峰值强度	221.25	222.40	218.92	219.51	222.41	224.12
峰值强度均值	221.83		219.22		223.27	
试件编号	JXZ-20-7	JXZ-20-8	JXZ-20-9	JXZ-20-10	JXZ-20-11	JXZ-20-12
峰值强度	152.51	157.72	192.52	218.35	157.43	160.28
峰值强度均值	155.12		205.44		158.86	

由表6-8可知，对于相同初始围压时，初始围压较低的情况下（10MPa），随着卸载速率越高，由于岩石试样相对调整时间越少，此时对应的峰值强度越高，反映出的硬脆性特性越高。而在卸载围压的同时，岩石试验所能达到的峰值强度一般低于单纯的卸载围压条件，同时，加载轴压值越高，所对应的峰值强度相应越高。由表6-9可知，在较高的围压情况下（20MPa），由于单纯卸载轴压所导致的峰值强度变化特性并不明显，而卸载围压的同时加载轴压时所对应的峰值强度变化较为明显，表现出与较低初始围压时较为统一的峰值强度变化规律。即对于齐热哈塔尔水电站引水隧洞而言，较大的开挖进尺情况下，片麻花岗岩会表现出更为明显的硬脆性特性，进而可能表现出更为剧烈的岩爆特性。

6.4.4.3 破坏特征

（1）刚性单轴压缩试验。刚性单轴压缩试验中试件破坏形态如图6-39所示，由图可知，在单轴压力状态下，齐热哈塔尔水电站引水隧洞片麻花岗岩基本表现出劈裂张拉破坏特性，即表现出明显的硬脆性岩石单轴压缩状态下的破坏形态。

(a) DZ-1　　　　(b) DZ-2　　　　(c) DZ-3　　　　(d) DZ-4

图6-39 刚性单轴压缩试验试件破坏形态

（2）刚性三轴压缩试验。Diederichs（2000，2004）研究结果表明，岩样承受三轴压缩应力作用时发生破坏主要是由于组成岩体的细观矿物成分的物理力学及变形性质不同所导致，不同受力状态下矿物之间一般发生张拉破坏，但宏观表现上以剪切破坏为主，局部张拉破坏。常规三轴试验中试件破坏形态如图 6-40、图 6-41 所示，试件宏观破坏面以剪切为主，主要发生剪切破坏，但局部发生张拉破坏，所得结果与 Diederichs 研究结果相互印证较好。

(a) SZ-10-1　　　(b) SZ-10-2　　　(c) SZ-10-3　　　(d) SZ-10-4

图 6-40　10MPa 围压刚性三轴压缩试验试件破坏形态

(a) SZ-20-1　　　(b) SZ-20-2　　　(c) SZ-20-3　　　(d) SZ-20-4

图 6-41　20MPa 围压刚性三轴压缩试验试件破坏形态

（3）复杂应力路径岩石力学试验。不同初始围压（10MPa、20MPa）时，负载应力路径下岩石力学试验试件破坏形态如图 6-42、图 6-43 所示，由图可知，在卸围压或卸围压同时加载轴压情况下，片麻花岗岩基本表现出宏观剪切破坏模式，局部存在张拉破坏裂隙，这一规律与现场所发现的岩爆破坏形式较为吻合，即存在片、板状剥落的同时，还存在弯曲鼓折剪切破坏，断面规律较为一致。

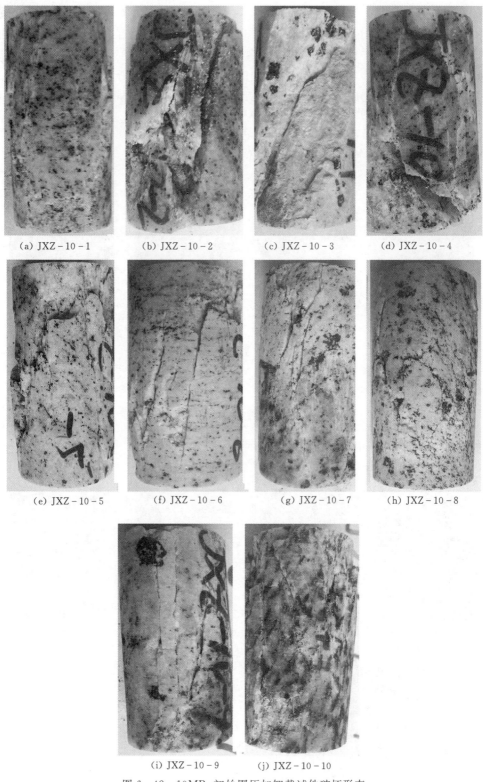

(a) JXZ-10-1　　(b) JXZ-10-2　　(c) JXZ-10-3　　(d) JXZ-10-4

(e) JXZ-10-5　　(f) JXZ-10-6　　(g) JXZ-10-7　　(h) JXZ-10-8

(i) JXZ-10-9　　(j) JXZ-10-10

图6-42　10MPa初始围压加卸载试件破坏形态

(a) JXZ-20-1　　　(b) JXZ-20-2　　　(c) JXZ-20-3　　　(d) JXZ-20-4

(e) JXZ-20-5　　　(f) JXZ-20-6　　　(g) JXZ-20-7　　　(h) JXZ-20-8

(i) JXZ-20-9　　　(j) JXZ-20-10　　　(k) JXZ-20-11　　　(l) JXZ-20-12

图 6-43　20MPa 初始围压加卸载试件破坏形态

6.5 本章小结

结合深埋长隧洞开挖过程围岩应力路径演化规律，对锦屏二级水电站大理岩和齐热哈塔尔水电站花岗片麻岩进行了常规单轴压缩、三轴压缩及复杂应力路径的加卸载室内力学试验，得到的主要认识如下：

（1）锦屏二级水电站大理岩和齐热哈塔尔花岗岩均具有明显脆性特征，试件的破坏形态与围压值具有一定的关系。当围压降低为零时，试件破坏形式主要为张拉破坏，而具有一定的围压作用时，则主要以剪切破坏为主，局部存在张拉破坏迹象。无论岩石试件经历何种应力路径，试件体积变形方面包含体积变形阶段、体积不变阶段以及扩容阶段三个明显阶段。

（2）试验结果表明卸围压速率对试件变形和破坏特征具有一定的影响：卸载围压速率越小，试件侧向变形及体积应变越大，相应最后试件膨胀度越大，破坏时的极限应变越大。初始围压条件对卸围压试验中试件的变形及破坏特征亦具有一定的影响：初始围压越大，相同卸围压速率下，试件最终破坏时对应的轴向、侧向及体积极限应变最大。由于试件破坏时较高初始围压对应一定的残余围压作用，试件的残余承载力越高。围压越高所需围压卸荷量一般越高，即不同围压对应试件的极限储能值不同，围压越高，对应值越大。

（3）处于某一状态下的岩石试件或岩体具有一定的极限存储能力，对应一极限储能值，而这一值又受诸多因素影响。当外部条件向试件施加能量达到这一条件下的极限储能值时，试件必然发生破坏。

第 7 章

花岗岩细观模拟技术

7.1　概述

近些年数值模拟技术越来越多被用于研究硬脆性岩体的破坏机理研究中。数值模拟克服了传统室内实验和现场试验的诸多缺点，如仪器设备要求高、成本高、需要多人进行试验等。数值模型相对于物理模型更容易实现，数值模拟方法也很多，但是离散元法相对于其他数值方法具有很明显的优势。本研究采用颗粒流软件 PFC2D 对花岗岩进行单轴压缩试验、三轴压缩试验以及卸荷试验，不仅可以解决岩石模型的非均质性问题，用细观非均匀性模拟宏观非线性，也可以很好地从细观角度分析花岗岩逐渐破坏时的裂纹演化过程，使用该模拟方法与室内试验所得结果匹配较好。

Cai M（2001，2007）采用颗粒流软件 PFC2D 模拟节理岩体的峰值强度和残余强度，定量分析节理地下围岩在开挖过程中微震导致的破坏特征和机理。Cho N 等（2007）采用颗粒流程序 PFC2D，建立由"clump"块单元组成的岩石数值模型，研究结果表明簇单元对岩石力学特性有较大影响。Baoquan An 等（2007）用离散单元法建立岩石冲击的动态仿真接触模型。Park J W（2009）采用颗粒离散元 PFC3D 对节理岩体的直剪试验进行了研究。吴顺川等（2010）使用颗粒流程序 PFC3D 模拟岩爆试验，较好地还原了室内岩爆试验。Zhang Q 等（2011）采用 PFC3D 程序对三维岩体在单轴压缩条件下的尺寸效应开展了研究。Yoon J S 等（2012）基于颗粒离散元理论，使用不可破碎的"clump"块模型，建立了体现不同组分的花岗岩数值模型，并进行压缩试验，试验结果与室内试验类似。刘宁等（2012）使用颗粒流程序进行仿真模拟，从细观角度较好地还原了室内试验过程中岩石破坏的微裂纹扩展过程和破坏特征。杨庆等（2012）基于颗粒离散元理论，进行了不同裂纹倾角对单轴压缩试验结果影响规律的研究，观察双裂纹岩石裂纹生成、扩展、贯通的过程。姚涛等（2012）基于颗粒流离散元理论，模拟了大理岩在不同围压下的三轴试验。余华中等（2013）使用离散元模拟节理岩石直剪试验。刘勇等（2014）运用三维颗粒离散元程序，以室内试验结果为依据对粗粒土进行了三轴压缩试验，并对数值仿真模型的细观参数进行敏感性分析，研究接触粘结强度、颗粒间的摩擦系数、孔隙率等对粗粒土宏观力学性质的影响。张学朋等（2016）基于颗粒流离散元理论，建立花岗岩数值模型并使用接触粘结，对花岗岩实现不同加载速率下的单轴压缩试验和巴西劈裂试验，定量分析加载速率对破裂形态、应力—应变、声发射及应变能的影响。丛宇等（2015，2016）基于颗粒离散元理论和室内试验结果标定大理岩的细观参数，对模型细观参数的敏感性进行了分析，研究卸载速率对硬脆性岩石卸荷破坏机理的影响。袁康等（2016）基于颗粒离散元，研究了岩石在单轴压缩条件下内部不同材料的力学响应，试验发现细观结构对微裂纹的演化过程及岩石破坏机制有很大影响。李夕兵等（2017）利用颗粒流程序，对脆性大理岩进行了卸载围压的数值仿真，研究卸荷速率对卸荷结束瞬间和卸荷后持续点的岩石试样破坏特征和破坏机理的影响。研究表明：卸载围压过程中，卸荷变形率随卸荷速率的增大而减小，且侧向变形比轴向变形更敏感。

总而言之，基于颗粒离散元法的岩石破坏机理研究已取得不少进展，但大多是对于加载过程中岩石的破坏分析，对于复杂卸荷条件下岩石的破坏机理的颗粒离散元数值模拟研究尚不多见。

工程界中的岩石材料大多是由多种不同的矿物颗粒组成的非均质、非连续性材料，具有不同的物理力学特性，且在外荷载作用下的物理力学特性及破坏特征也有较大的差异。岩石材料的内部细观结构及组成成分对岩石的最终破坏模式有很大影响（Blair S C，1998；TANG C A，2000；Feng Y F，2013）。近年来，数字图像处理技术不断发展，许多学者开始结合数字图像与数值模拟手段来从细观角度分析由不同矿物组成的岩土体材料。

Kwan 等（1999）采用数字图像技术对混凝土材料中粗骨料的形态分布进行了研究。Lebourg 等（2004）运用数字图像技术研究了冰水堆积体中材料块体的物理性质。岳中琦等（2004）、陈沙等（2005）运用数字图像技术获得了岩土体真实的细观结构。徐文杰等（2007）运用数字图像技术生成了体现非连续性土石混合体材料真实细观结构的颗粒离散元数值仿真模型。丁秀丽等（2010）依据数字图像技术原理编写程序，利用土石混合体实拍数码图像转换生成颗粒流仿真模型并进行双轴压缩试验，为土石混合体的建模及力学特性的研究提供了新的思路。朱泽奇等（2011）在数字图像处理的基础上，结合花岗岩的细观组成成分建立了体现真实细观结构的仿真模型，运用 FLAC 进行了单轴压缩的模拟。

目前数字图像处理技术与离散元结合的方法在岩土工程材料领域的应用也越来越多，可以更好地分析基于真实细观结构的岩石材料的力学特性。

7.2　颗粒流程序基本理论与方法

本章主要介绍了颗粒离散元的基本原理以及采用数字图像处理技术生成离散元模型的过程，基于此方法建立了体现花岗岩真实细观结构的数值模型。介绍了单轴压缩试验、三轴压缩试验、多种条件下的卸荷试验的数值仿真试验方法，对数值模型细观参数敏感性进行分析，以室内试验宏观参数为标准，标定花岗岩模型的细观参数。

7.2.1　颗粒流简介

颗粒离散元法是离散元方法中的一种，是 Cundall（1979）等人提出并逐渐发展完善的数值计算理论。PFC 颗粒离散元基于分子动力学，从细观角度分析材料在外荷载作用下的力学特性及响应。二维颗粒流模型主要是由圆形颗粒组成，赋予颗粒之间符合材料性质的接触，并通过墙边界来约束颗粒的运动，颗粒之间可以完全分离。通过颗粒之间的相互接触作用来表示非连续性介质的宏观特性，与传统连续性介质模型的宏观连续设定不同，不仅适用于模拟研究岩土体材料的破坏、裂纹的演化发展，还可以研究材料大变形、破裂等非连续性问题。

颗粒流程序有如下假设：

（1）颗粒为圆形（2D）的刚性体，模拟过程中不会发生破坏。

（2）颗粒与颗粒之间存在点接触，并且接触的范围很小。

（3）颗粒与颗粒之间允许在接触的部位存在一定的"重叠"量，并且接触是柔性的。

（4）颗粒间的"重叠"量与颗粒单元的尺寸相比非常小。

（5）颗粒之间通过赋予粘结模型来表现接触。

（6）可以将颗粒通过"clump"或"clust"的方式粘结成为指定的任意形态。

（7）颗粒之间通过赋予粘结接触组合在一起，在外荷载的作用下，模型作出相应的物理力学响应。如果颗粒之间粘结的应力大于给定粘结的强度，粘结会发生破坏，并以裂纹的形式表现出来，以此来模拟岩土材料的破裂。

7.2.2 颗粒流程序基本理论

颗粒离散元法通过循环交叉使用力—位移定律、运动定律来进行运算，在计算过程中，对颗粒不停地使用运动定律，调整更新颗粒—颗粒、颗粒—墙的相对位置，生成新的接触并达到新平衡；对颗粒—颗粒、颗粒—墙之间的接触使用力—位移定律，更新接触间力的大小，如图 7 - 1 所示。

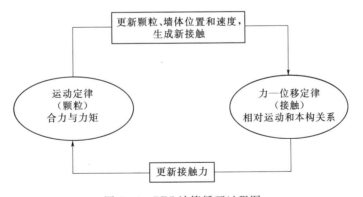

图 7 - 1 PFC 计算循环过程图

7.2.2.1 力—位移定律

颗粒流模型中存在"颗粒—颗粒"接触、"颗粒—墙"接触两种接触类型，如图 7 - 2 所示，力—位移定律反映了接触处的相对位移和接触力之间的关系。

两个相邻颗粒接触，会产生一个接触点和接触面，接触点处法向应力的方向用单位法向量 n 来描述，接触点的位置用 X_i 来表示。图 7 - 2 中，$X_i^{[A]}$、$X_i^{[B]}$、$X_i^{[b]}$ 代表 A、B、b 三个颗粒的中心位置，U^n 代表单元之间重叠值的大小。

当两个单元发生接触时，产生的力 F_c 可以分为法向力 F_c^n 和切向力 F_c^s 两种，即

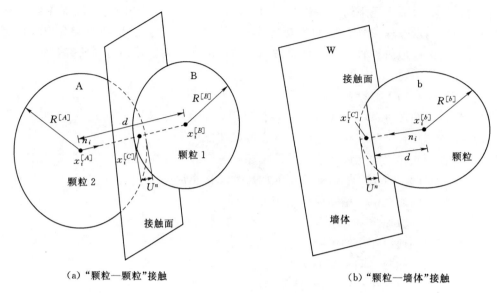

（a）"颗粒—颗粒"接触　　　　　　　　　　　（b）"颗粒—墙体"接触

图 7 - 2　颗粒接触类型

$$F_0 = F_0^n + F_0^s \tag{7-1}$$

其中的法向分量 F_0^n 的计算公式为

$$F_0^n = k_n u_0^n \tag{7-2}$$

式中：k_n 为法向接触刚度；u_0^n 为重叠量。

对于计算中颗粒单元间的切向力，由于生产新的接触时，需要将切向接触力初始清零，然后根据单位切向位移增量新的切向接触力增量，最后将切向力与切向接触增加相加得到新的切向力。切向接触力的计算公式为

$$F_{i+1}^s \leftarrow F_i^s + k_s \Delta u_0^s \tag{7-3}$$

式中：k_s 为接触切向刚度；Δu_0^s 为切向相对位移增量；ΔF_0^s 为切向接触力增量。

计算每一个时步，接触单元的合力与合力矩为

$$\begin{cases} F_i^{[\phi 1]} \leftarrow F_i^{[\phi 1]} - F_i \\ F_i^{[\phi 2]} \leftarrow F_i^{[\phi 2]} - F_i \\ M^{[\phi 1]} \leftarrow M^{[\phi 1]} - e_{jk}(x_j^{[C]} - x_j^{[\phi 1]})F_k \\ M^{[\phi 2]} \leftarrow M^{[\phi 2]} + e_{jk}(x_j^{[C]} - x_j^{[\phi 2]})F_k \end{cases} \tag{7-4}$$

式中：$F_i^{[\phi j]}$ 为接触的合力；$M^{[\phi j]}$ 为合力矩。

7.2.2.2　运动定律

运动定律可以确定模型中颗粒的运动状态。首先根据力—位移定律计算颗粒间的力和合力矩，然后基于运动定律计算出颗粒的加速度和角加速度。颗粒的运动方程由两组向量来表示，一个是平动向量，另一个是转动向量。设 t_i 时颗粒在 x 方向的合力为 F_0^x，y 方向的合力为 F_0^y，颗粒单元的平移加速度、转动加速度分别为

$$\ddot{u}_y(t_i) = \frac{F_0^y}{m} + g \tag{7-5}$$

$$\ddot{u}_x(t_i) = \frac{F_0^x}{m} \qquad\qquad (7-6)$$

$$\dot{w}_0(t_i) = \frac{M_0}{I_0} \qquad\qquad (7-7)$$

式中：m 为颗粒质量；I_0 为转动惯量；M_0 为不平衡力矩。

采用向前中心有限差分法对上式进行数值积分，可以得出沿 x 方向颗粒的速度和位移，即

$$\dot{u}_x(t_{i+1}) = \dot{u}_x(t_{i-1}) + \frac{F_0^x}{m}\Delta t \qquad\qquad (7-8)$$

$$u_x(t_{i+2}) = u_x(t_i) + \dot{u}_x(t_{i+1})\Delta t \qquad\qquad (7-9)$$

式中：t_i 为起始时间；Δt 为时间步长，$t_{i-1} = t_i - \Delta t/2$，$t_{i+1} = t_i + \Delta t/2$，$t_{i+2} = t_i + \Delta t$。

7.2.3 接触模型

在 PFC 软件中二维模型采用圆盘表示颗粒，通过在颗粒间设置粘结来提供岩土体的宏观强度。传统用于模拟分析颗粒之间的粘结接触的模型主要包括两种：接触粘结模型和平行粘结模型。接触粘结模型将圆盘或球体之间的作用简化到一点上，即点接触，因此该模型只能传递力，不能传递力矩。平行粘结模型用两排相互垂直的弹簧描述圆盘或球体之间的作用，不仅能传递力和力矩，而且平行粘结破裂后显现出刚度减小，类似于真实脆性岩石峰前塑性特征。因此，一般采用平行粘结模型对岩体或类岩石材料进行模拟分析。

PFC2D 中平行粘结模型将颗粒视为刚性圆盘，颗粒之间通过一定厚度的平行粘结进行胶结，粘结可视为两组相互垂直的弹簧：一组平行于颗粒接触面，限制颗粒之间的相对剪切作用；另一组垂直于颗粒接触面，限制颗粒间的压缩或拉伸作用。每组

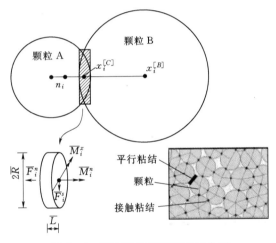

图 7-3 平行粘结颗粒模型示意图

弹簧均有一定的刚度和强度。因此，平行粘结模型可传递和承受合力和合力矩，如图7-3所示。需要注意的是，平行粘结模型中出现接触粘结说明颗粒之间的刚度是平行粘结的刚度与接触粘结的刚度之和，而接触粘结无强度参数或者均为 0。

7.3 基于数字图像的数值模型建立

7.3.1 数字图像技术简介

数值模拟中建立与实际岩石相接近的数值模型，是获得较为真实、有说服力结果的重

要前提。多数学者建立的模型都是材料属性单一的均质模型，不能体现出不同性质材料组合的影响，为了能够有效地解决此问题，一些学者将数字图像处理技术（DIP）应用于土与岩石细观结构的定量分析中，通过对岩石断面的数码图像进行特征提取，获得岩土工程材料颗粒的数量、大小、形态及分布等特征，接下来对不同材料的信息特征进行判别，将信息特征不同的材料进行分类，表述岩石在细观结构上的非连续性。

数字图像处理是一门系统地研究数字图像理论、技术和应用的学科，是指将图像信息转换成数字信息后通过计算机进行处理的过程（阮秋琦，2009）。图像是由一系列像素点通过矩形排列组成的，每个像素点都有横向和竖向的扫描线，它们交叉组成像素点，所有扫描线的宽度是相同的。任意一个像素点均可以表述色彩、亮度等信息，通过图片的颜色和灰度的不同，图像可以分为 RGB 彩色图、二值图、灰度图像、索引图像四种类型（Brun L，2002）。灰度图像是通过材料中不同成分的亮度来区分的，每个像素点的亮度用一个整数代表，称为灰度值。灰度图像中灰度值一般分为 256 色，范围是 0～256 色。而二值图像中的灰度值只用 0 和 1 表示（冈萨雷斯，2007）。总地来说，数字图像是由灰度值不同的像素点矩阵的形式组成的，这种组成方式有利于直接生成颗粒流仿真模型。

具体的数字图像处理步骤如下（董维国，2007；徐文杰，2008）：

（1）将彩色的花岗岩数码图像转换为灰度图像。

（2）提取灰度图像中的每个像素点的灰度变化梯度，由于像素点边缘的灰度变化梯度较内部略大，利用此特性辨识两种不同材料的边界。

（3）对得到的两种不同材料之间的边界进行重构处理，使所辨识的边界更为清晰准确。

（4）对重构后的边界进行检查，如果边界存在没有闭合的情况，需要重新进行边界重构，直到边界完全闭合为止。

（5）将之前所得的边界进行图像二值化处理，即将识别出的两种不同材料边界的最外侧边界所包括的像素点的值设置为 1，其余像素点都设置为 0。

（6）将生成好的边界进行加工处理，使边界更加平滑。

（7）生成两种材料的边界后，重复图像二值化的步骤，继续生成另外两种材料的边界，以至于三种材料能区分开来为止。

由于数码图像在拍摄过程中可能会存在角度、光线等方面的原因造成图像的不清晰，导致图像结果不理想，图像在辨别不同材料边界的过程中需要人工进行干预。本次试验采用 matlab 软件对花岗岩数码图像进行处理。

7.3.2 数值模型的建立

花岗岩实拍图像如图 7-4 所示，图像在生成模型前进行了去噪处理，使图像更为清晰，图像大小近似为 50mm×100mm。新疆喀什地区花岗岩中主要成分为石英、云母和长石等矿物，不同矿物成分的颜色区别较为明显。

运用数字图像处理技术，将花岗岩不同材料间的边界提取

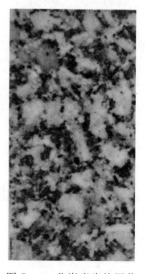

图 7-4　花岗岩岩块图像

出来，建立均匀分布的圆形颗粒，半径范围为 0.2～0.35mm，密度为 2600kg/m³，并将边界导入离散元中，将不同组分的颗粒分组，最终生成如图 7-5 所示的花岗岩数值模型。共生成颗粒 17424 个，其中：石英颗粒 11160 个，长石 1621 个，黑云母 4643 个。灰色圆形颗粒代表花岗岩，颜色由深到浅依次是云母、长石、石英。颗粒与颗粒之间采用适合岩石的平行粘结模型（Potyondy，2004）。采用 PFC2D 中的墙（wall）作为模型边界，模拟过程中对墙施加一定的速度加载试样。本次模拟使用的版本是 PFC5.0，并且模型是二维模型，所以计算效率较之前版本大为提高。

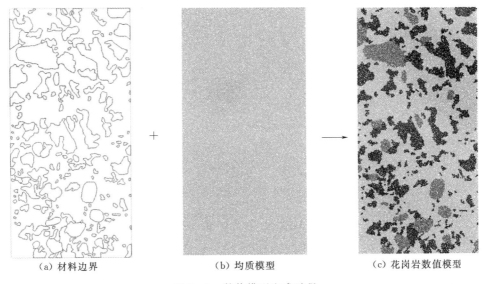

（a）材料边界　　　　　　　　（b）均质模型　　　　　　　　（c）花岗岩数值模型

图 7-5　数值模型生成过程

7.4　细观参数与宏观参数的关系研究

7.4.1　宏观参数与细观参数的关系

对于颗粒离散元模拟来说，选取正确的细观参数是进行后续不同应力条件下试验的前提和重点，参数对数值模拟的结果有着至关重要的影响。选取正确的细观参数，才能保证接下来的试验研究的正确性。不同于连续方法直接输入从室内试验获取的岩石力学参数，PFC 仿真模拟中要求输入的是细观参数。因此，需要不断地调整细观参数，直到细观模型通过试验输出的宏观力学结果与室内试验结果接近或基本相当。岩石宏观力学性质包括变形参数、强度参数、应力—应变曲线峰后行为和破坏模式等。目前，当粘结模型匹配了弹性模量、泊松比和单轴抗压强度，就认为该套细观参数可作为岩石的后续研究基础（赵国彦，2012）。

细观参数的标定是一个不断"试错"的过程，为了减少参数校验次数，应首先获得不同细观参数变化下数值模型宏观力学响应的规律。基于定量分析法的原理，通过取一组初始参数，改变单一细观参数，分析宏观参数的变化规律。采用表 7-1 中的初始参数，分别改变平行粘结模型中的接触模量、颗粒刚度比、颗粒间摩擦系数、抗拉强度、黏聚力、内摩擦角这六个主要参数的赋值，并进行单轴压缩试验，对不同参数的影响进行分析，为下文最终颗粒细观参数的选取提供参考。

表 7-1　　　　　　　　　　　　　　颗粒流模型细观参数

参　　数	初始取值	取　值　范　围			
接触模量/GPa	45	10	30	60	80
法向、切向刚度比 k_n/k_s	2.75	1	2	3.25	3.75
摩擦系数	0.5	0.1	0.3	1	1.5
抗拉强度/MPa	9	1	5	19	29
黏聚力/MPa	43	23	33	53	63
内摩擦角/(°)	30	10	20	40	50

其中，直接赋予颗粒的参数为颗粒接触模量、颗粒间法向切向刚度比、颗粒间摩擦系数，直接赋予平行粘结接触的参数有平行粘结接触模量、平行粘结法向切向刚度比、抗拉强度、黏聚力、内摩擦角。本文所有计算设置颗粒间接触模量与平行粘结接触模量为相同值，刚度比也为相同值，这样是为了减少自由参数的数目（CUNDALL PA，1988）。

研究发现，岩石试样的弹性模量与颗粒间接触模量如果是有关联的，图 7-6 给出不同接触模量下岩石试样的应力—应变曲线。

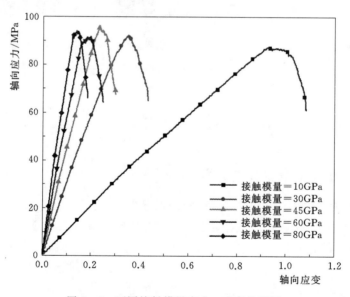

图 7-6　不同接触模量应力—应变曲线图

从图 7-6 中可以看出，随着接触模量参数增加，应力—应变弹性段变陡，宏观弹性模量明显增加，同时随着颗粒间接触模量的增大，曲线中峰值强度所对应的应变减小。还可以看出，随着接触模量的变化，峰值强度均在 90MPa 左右波动，接触模量对峰值强度影响不大。

细观参数接触模量是由法向刚度和切向刚度通过公式计算出来的，当法向刚度和切向刚度大小不同时，将会给应力—应变曲线结果带来一定的影响，图 7-7 给出不同法向切向刚度比下岩石试样的应力—应变曲线。

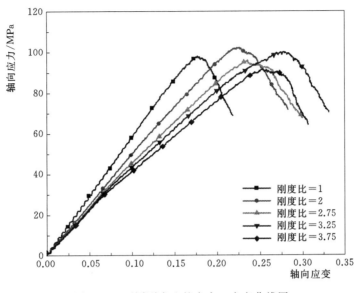

图 7-7 不同刚度比的应力—应变曲线图

从图 7-7 中可以看出，随着法向切向刚度比的增加，应力—应变弹性段变缓，宏观弹性模量明显减小。随着刚度比增加，峰值强度在 90～100MPa 波动，对峰值强度无明显影响。

摩擦系数是直接赋予颗粒的物理参数，图 7-8 给出不同摩擦系数下岩石试样的应力—应变曲线。

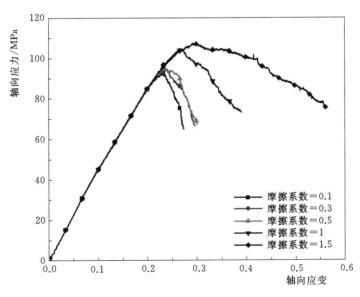

图 7-8 不同摩擦系数下的应力—应变曲线图

从图 7 - 8 中可以看出，随着摩擦系数的增大，峰值强度从 93.2MPa 增加到 106.1MPa。这是由于随着摩擦系数的增加，颗粒的接触表面变得更加粗糙，摩阻力增加，抗外荷载就越强，并且随着摩擦系数增大，峰后曲线变缓，呈现出由脆性破坏转延性破坏的趋势。观察曲线的弹性阶段，宏观弹性模量无变化。

抗拉强度参数是平行粘结接触中的法向力的参数，图 7 - 9 给出不同抗拉强度参数下岩石试样的应力—应变曲线。

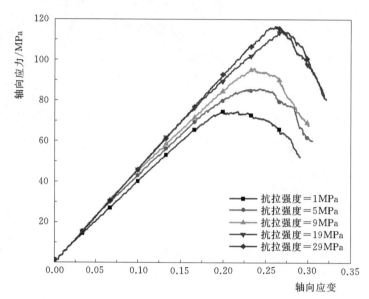

图 7 - 9　不同抗拉强度下的应力—应变曲线图

从图 7 - 9 中可以看出，当抗拉强度从 1MPa 增加到 29MPa，峰值强度从 73.2MPa 增加到 112.9MPa，随着抗拉强度增加，峰值强度呈线性增加。宏观弹性模量虽然有少量增加，但是变化并不明显。

黏聚力参数是平行粘结接触中的切向力的参数，图 7 - 10 给出不同黏聚力参数下岩石试样的应力—应变曲线。

从图 7 - 10 中可以看出，当黏聚力从 23MPa 增加到 63MPa，峰值强度从 63.3MPa 增加到 123.6MPa，随着黏聚力增加，峰值强度呈线性增加，宏观弹性模量无变化。

内摩擦角是平行粘结接触中的切向力的参数，图 7 - 11 给出不同内摩擦角参数下岩石试样的应力—应变曲线。

当内摩擦角从 10°增加到 50°，峰值强度从 78.1MPa 增加到 113.7MPa，随着内摩擦角增加，峰值强度呈线性增加，宏观弹性模量无变化。从图 7 - 11 中还可以看出，随着内摩擦角的增加，峰后曲线斜率逐渐变缓，岩石破坏有从脆性破坏转延性破坏的趋势。

综上可知，参数接触模量、颗粒刚度比对于岩石的宏观弹性模量有较大的影响，呈线性规律，通过改变这两个参数，可以调整岩石的宏观弹性模量；颗粒间摩擦系数、抗拉强度、黏聚力、内摩擦角对于岩石的峰值强度有较大影响，呈线性递增的规律，通过改变这 4 个参数，可以调整岩石的宏观抗压强度。

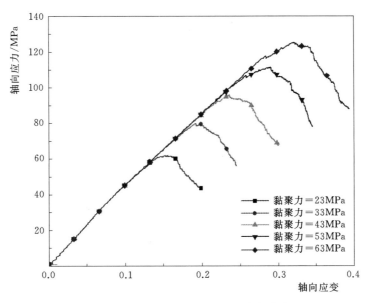

图 7-10 不同黏聚力下的应力—应变曲线图

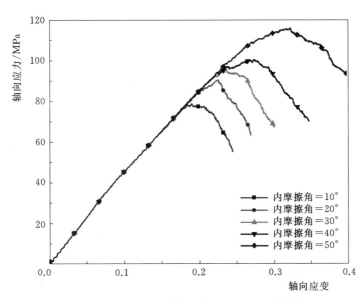

图 7-11 不同内摩擦角下的应力—应变曲线图

7.4.2 标定结果

标定的目的是对室内试验获取的花岗岩应力—应变曲线进行拟合，参考 7.4.1 节获取的颗粒宏观、细观参数之间的关系，标定过程中不断修改对所需宏观特性影响较大的细观参数，得出来的数值结果与室内试验结果进行比较，如果参数匹配即进行下一个参数的调试，如果不满足则改变细观参数重新进行模拟。通过不断地对花岗岩模型进行调试直到细观模型输出的宏观力学特性接近室内试验结果。

此次模拟的花岗岩数值模型是由三种不同的材料组成的，所以分别赋予三种材料不同的细观参数。在这里为了简化计算过程，主要针对三种材料的粘结强度参数（抗拉强度参数和抗剪强度参数）进行区分，其中石英＞长石＞云母。对于接触模量、颗粒刚度比、摩擦系数等其他参数，三种材料选取相同的值。最终颗粒赋予细观接触模量19GPa、法向切向刚度比1.9、颗粒摩擦系数1、平行粘结接触模量19GPa、平行粘结法向切向刚度比1.9，具体细观平行粘结强度参数见表7-2。

表 7 - 2   模 型 细 观 强 度 参 数

材　　料	抗拉强度/MPa	黏聚力/MPa	内摩擦角/(°)
石英	80	95	70
长石	65	75	60
云母	45	55	50

7.5　本章小结

本章采用数字图像处理技术，建立了能体现花岗岩真实细观结构的数值模型，介绍了单轴压缩试验、三轴压缩试验、多种条件下的卸荷试验的数值仿真试验方法，分析了细观参数与宏观参数之间的相关关系，并以室内试验宏观参数为标准，对花岗岩模型的细观参数进行了标定，最终得出以下结论：

（1）将数字图像与颗粒离散元结合，结合花岗岩的矿物鉴定结果，较好地还原出了花岗岩的真实细观模型。

（2）通过多组改变单一细观参数的单轴压缩试验，对细观参数与宏观参数的相关关系进行分析，最终得出：参数接触模量、颗粒刚度比可以调整岩石的弹性模量；颗粒间摩擦系数、抗拉强度、黏聚力、内摩擦角可以调整岩石的抗压强度；摩擦系数和内摩擦角对于峰后曲线的斜率有一定影响，可以一定程度上影响花岗岩破坏是脆性破坏还是延性破坏。

第 8 章

岩石力学数值仿真试验研究

8.1 单轴压缩试验

单轴压缩试验是岩石工程中使用最广泛、最简单的室内试验，也被认为是研究岩石在加载条件下变形破坏机制的最便捷有效的方法。本研究采用 ITASCA 公司的 PFC2D 离散元软件模拟花岗岩的室内单轴压缩试验（其他岩石力学仿真试验均采用该软件），加载方式为位移加载，赋予上部墙体向下的速度，下部墙体向上的速度，速度设置为 0.005m/s（Cho N，2007），直至试样失稳破坏，设定轴向应力峰值后减小到峰值强度的 85% 后停止加载，试验示意如图 8-1 所示。此外，本书中关于岩石力学数值仿真试验中的监测均是通过建立三个测量圆来监测岩样在破坏过程中的各项数据（图 8-2）。

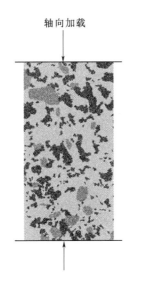

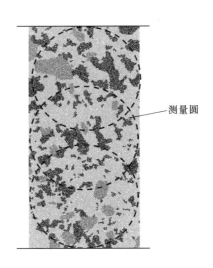

图 8-1　单轴压缩试验示意图　　　图 8-2　试样内测量圆布置

如图 8-3 所示为室内试验与数值模拟岩样破坏对比图。从数值仿真试验的破坏形态上来看，细小张拉裂纹从试样的顶部一直联通至试样底部，即可形成宏观张拉裂纹，在岩石室内试验中表现为劈裂破坏形态，该形态与花岗岩在室内单轴试验中宏观破坏属性较为一致，即从数值仿真试验的宏观破坏上，该数值模型仿真结果与室内试验结果相同，从而可认为采用离散元数值仿真软件可以开展花岗岩破坏仿真研究。

图 8-4 为单轴压缩室内试验与数值仿真试验所得到的试件加载过程中应力—应变曲线发展情况。天然状态下的花岗岩在成岩过程及后期构造运动、风化作用等内外因影响下，内部存在天然微裂隙，这样在加载压缩前段，由于微裂隙的逐渐闭合，岩样被压密，应力—应变曲线将表现出较为明显的非线性内凹趋势，而数值仿真模型比较均匀，试块中不存在微裂隙，所以应力—应变曲线呈线性增长，这一点与室内试验稍有差别。从总体上来看，数值仿真试验所获得的应力—应变曲线与室内试验结果相似，弹性段的曲线斜率十分接近，峰值强度大致相同，并且峰后曲线均呈下

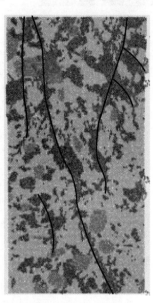

图 8-3　室内试验与数值模拟岩样破坏对比图
（图中线条表示裂纹）

跌趋势，表现出脆性破坏的特征，与室内试验中花岗岩所表现的应力跌落一致。

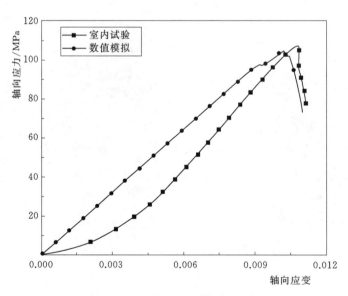

图 8-4　室内试验与数值模拟应力—应变曲线对比

此外，花岗岩数值仿真试验中得到的弹性模量、泊松比以及抗压强度与室内试验数据对比如表 8-1 所示，结果较为一致。

表 8-1	花岗岩宏观参数室内试验与数值模拟对比		
试验类型	抗压强度/MPa	弹性模量/GPa	泊松比
室内试验	107.4	18.7	0.17
数值模拟	104.9	16.5	0.18

　　采用数值仿真软件进行室内岩石力学试验模拟分析时，可对加载过程中裂缝启裂、扩展及融合情况进行监测分析。这里的微裂纹产生于两个颗粒之间，属于微观范畴，不同于室内试验产生的宏观裂隙，宏观裂隙是由大量的微裂纹组合形成的，根据颗粒之间粘结接触破坏型式区分为张拉裂纹和剪切裂纹。

　　图 8-5 为单轴压缩过程中微裂纹总数、张拉裂纹数、剪切裂纹数随轴向应变变化的关系曲线，由图可知，张拉裂纹数、剪切裂纹数和微裂纹总数的变化趋势基本一致。加载初期，微裂纹数比较少，增长缓慢，随着轴向变形的增加，微裂纹扩展速度加快，微裂纹加速扩展在峰值强度前已开始。当轴向应力达到峰值应力附近，试样内部微裂纹发展迅速，裂纹数量急剧增加。达到峰值强度后，裂纹增加速度最快，并且峰后裂纹数目也在不断增加。根据张拉裂纹和剪切裂纹的数量比来看，总裂纹数为 4653，其中张拉裂纹数为 3518，剪切裂纹数为 1135，张拉裂纹数远大于剪切裂纹数，表明岩样以张拉破坏为主。

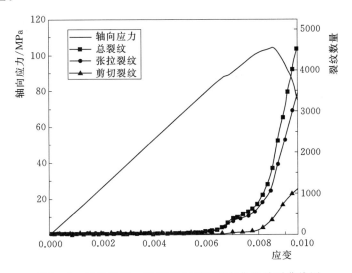

图 8-5　裂纹数量、轴向应力随应变变化的关系曲线图

　　为了解花岗岩的破坏模式，对花岗岩单轴压缩破坏过程进行分析。图 8-6 为花岗岩试样破坏的裂纹演化过程，分别对应应力加载为 60%、80% 峰值应力以及峰值时和峰后时四种不同情况下的裂纹分布图。

　　从整体来看，在加载初期，首先在花岗岩试样的局部区域内产生颗粒间的粘结破坏，产生微裂纹且裂纹形态以张拉裂纹为主。随着荷载的继续加大，花岗岩试样在更大的区域内产生新的张拉裂纹，并且逐步产生少许剪切裂纹。当岩样达到单轴峰值强度后，岩样内的微裂纹数量开始急速增加，逐渐相连形成宏观裂纹。之后随着加载的继续，很快试样产

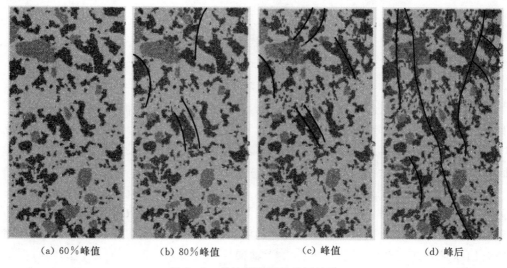

（a）60%峰值   （b）80%峰值   （c）峰值   （d）峰后

图8-6 单轴压缩试验破坏过程

（图中线条表示裂纹）

生上下贯通的宏观破裂面，进而形成沿轴向的劈裂破坏，这与花岗岩室内单轴压缩试验的破坏特征十分接近。

岩石受压破坏所形成的破裂面，实际上主要是由破裂带中颗粒之间的粘结发生拉伸破坏所形成的。花岗岩数值模型主要由石英、长石和云母三种矿物组成，石英颗粒设置的粘结参数强度大、脆性程度高，易发生脆性破坏。而赋予云母颗粒的粘结参数强度最低，容易成为岩样微裂纹的起裂位置，并且裂纹的扩展路径优先选择云母。从颗粒成分的角度分析，当轴向应力加载到60%时，首先在岩样中强度最低的材料（云母）粘结处开始出现损伤同时产生微裂纹，随后岩样内部的应力场不断发生调整，内部应力集中转移到裂纹尖端，促进裂纹的扩展。随着加载的进行，轴向应力加载到80%时，开始出现剪切裂纹，主要发生在强度高的石英颗粒处，并且剪切裂纹沿张拉裂纹集中带扩展。裂纹的扩展路径优先选择强度最低的云母，局部微裂纹多在云母中或云母与长石或石英的边界处萌生，沿轴压方向或与轴压平行的方向扩展，局部微裂纹之间开始相互贯通，最终形成宏观裂纹从而导致岩样宏观的劈裂破坏。

8.2 三轴压缩试验

花岗岩室内三轴压缩试验仅有10MPa和20MPa围压的加载试验，在进行岩石力学数值仿真试验时，补充了5MPa和15MPa的两种围压的三轴压缩试验，即三轴压缩试验对应5MPa、10MPa、15MPa和20MPa四种不同的围压情况。利用伺服控制程序保持围压恒定，以0.005m/s位移速度移动上下部墙体，以施加轴向应力至岩样破坏，试样破坏后轴向应力达到试验过程中最大轴向应力的85%时停止试验。

室内三轴压缩试验对应的数值仿真试验主要包括三个阶段：①轴向墙和侧墙同时使用伺服函数加载，使轴向和侧向应力同时达到目标指定值（5MPa、10MPa、15MPa、

20MPa）时停止；②关闭对上、下墙的伺服，保持侧墙的伺服函数开启，使围压稳定不变；③给上下墙一定速率加载轴压，加载直至破坏，监测各项数据，图8-7为三轴压缩试验示意图。

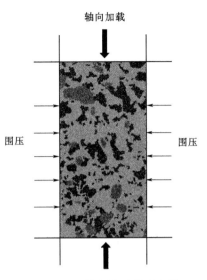

图8-7 三轴压缩试验示意图

三轴压缩数值仿真试验中得到的应力—应变曲线如图8-8、图8-9所示。由图8-8可知，围压分别为10MPa和20MPa时，数值仿真试验中所得到的应力—应变曲线形态及变化趋势与室内试验结果基本吻合，误差较小。不同围压三轴压缩数值仿真试验中，随着围压的增加岩石抗压强度逐渐增大，破坏前的对应轴向应变也逐渐增大。由于数值仿真试验中采用的是同一个仿真岩样，所以在不同围压下的三轴加载过程中，应力—应变曲线曲率并无明显变化，这与室内试验中由于岩样样本的差异性导致的应力—应变曲线斜率变化、岩样试验后得到的弹性模量存在较大差异，进而也说明了数值仿真试验中采用完全相同的岩样，可有效克服室内试验中由于岩样差异性干扰分析结果的缺点。

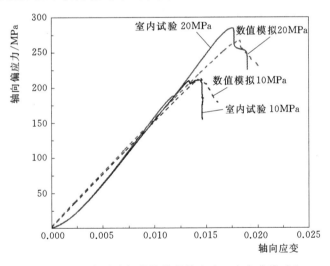

图8-8 室内试验与数值模拟偏应力—应变曲线对比

同时还可以看出，随围压增加，峰值前均没有出现明显的压密阶段和平台屈服期，峰值前的应力—应变曲线基本上都表现为线弹性特征。在所设围压范围内，花岗岩应力—应变曲线峰后均呈跌落状，岩石峰后变形保持脆性的特征，并未出现脆—延转换，当前量值下的围压改变对花岗岩数值模型的硬脆特性并无明显影响，这一点与周辉等（2014）所做的花岗岩三轴压缩试验结果类似。

三轴压缩室内试验和数值模拟的结果对比如表8-2所示，可以看出围压分别为10MPa和20MPa时，室内试验与数值模拟的峰值强度与弹性模量基本接近，误差在可控范围内。

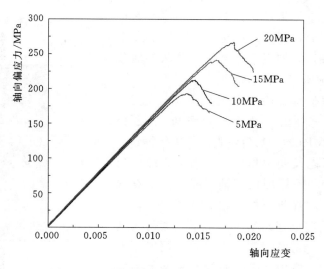

图 8-9 不同围压下偏应力—应变曲线对比

表 8-2   室内试验与数值仿真试验结果

围压/MPa	峰值强度/MPa		弹性模量/GPa	
	室内试验	数值模拟	室内试验	数值模拟
10	225	222	31.8	28.2
20	304	289	36.5	28.2

围压分别为 5MPa、10MPa、15MPa 和 20MPa 时，轴向偏应力分别为 193MPa、212MPa、242MPa 和 269MPa。通过绘制 σ_1 与 σ_3 关系曲线，利用 σ_1 与 σ_3 关系计算内摩擦角 φ 及黏聚力 c，图 8-10 所示为花岗岩三轴压缩条件下最大最小主应力最佳关系曲线。

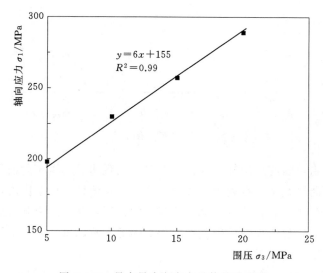

图 8-10 最大最小主应力最佳关系曲线

通过数值仿真试验得到对应的花岗岩试件的黏聚力 $c = 26.5$MPa，内摩擦角 $\varphi = 45.8°$，而室内试验得到的岩石黏聚力 $c = 20.9$MPa，内摩擦角 $\varphi = 53.1°$，可以看出两者之间的量值相差较小，数值仿真试验结果可信。三轴压缩条件下室内试验与数值仿真试验中岩样破坏对比如图 8-11 所示，从宏观破坏形态看，由于局部的张拉破坏的积累，导致在宏观上表现出"X"形或单一倾斜剪切面，局部存在张拉破坏，数值仿真试验结果与室内三轴压缩试验结果较为类似。

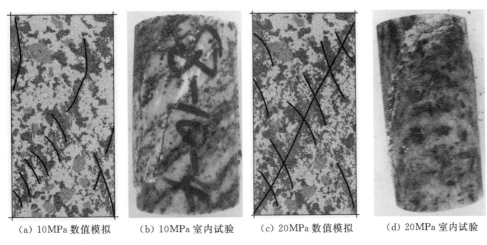

|（a）10MPa 数值模拟|（b）10MPa 室内试验|（c）20MPa 数值模拟|（d）20MPa 室内试验|

图 8-11　室内试验与数值模拟岩样破坏对比图

（图中线条表示裂纹）

图 8-12 为不同围压下岩石的破坏形态。与单轴压缩时岩样的破坏模式不同，加载围压后并没有沿加载方向形成张性劈裂破坏面，而是形成宏观剪切破裂面。低围压时，模型的破坏形态以宏观单剪切破裂面为主，随着围压的增加，张拉裂纹跟剪切裂纹逐渐呈"X"形分布，岩石的破坏逐渐转变为共轭型剪切破坏。同时随着围压的增大，破坏时的裂纹数量也随之增加。

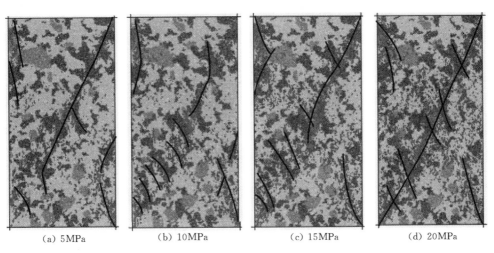

|（a）5MPa|（b）10MPa|（c）15MPa|（d）20MPa|

图 8-12　不同围压下岩石的破坏形态

（图中线条表示裂纹）

图 8-13 为岩样颗粒间微裂纹数量的统计，从图中可以看出，与单轴压缩试验相比，三轴压缩试验的剪切裂纹所占比例明显高于单轴压缩试验，且 4 种不同围压加载方案中张拉裂纹数量均高于剪切裂纹数量，说明岩样在低围压与高围压加载过程中都表现出以张拉性质为主导的破坏，即在三轴压缩状态下，岩石内部脆弱部位前期发生局部的张拉屈服破坏，进而在宏观上表现为剪切屈服面。

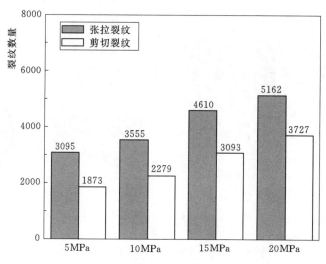

图 8-13　不同围压下岩石微裂纹数量统计

以围压 20MPa 为例，分析花岗岩在三轴压缩条件下应力加载到不同阶段的裂纹演化过程，如图 8-14 所示。从图 8-14 中可以看出，加载初始时期，轴向应力加载到 60% 左右，开始有张拉裂纹产生，并且在强度低的云母颗粒处产生。加载到 80% 左右，裂纹数量增多，张拉裂纹主要集中在云母和长石这两种强度较低的材料，剪切裂纹主要产生在强度高的石英处，在岩样 4 个角处易产生裂纹集中带。单轴压缩试验与三轴压缩试验不同：

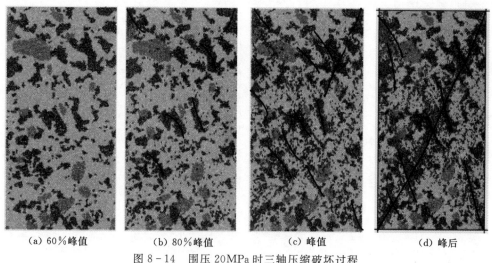

(a) 60% 峰值　　　(b) 80% 峰值　　　(c) 峰值　　　(d) 峰后

图 8-14　围压 20MPa 时三轴压缩破坏过程
(图中线条表示裂纹)

单轴压缩时首先在局部产生单个裂纹，之后裂纹扩展形成裂纹集中带，产生的裂纹较集中，并且大部分区域并无裂纹的产生，而三轴压缩试验是遍布整个模型均有裂纹产生，裂纹分布较分散。这与围压的加载有关，围压限制了岩样的侧向变形，导致裂纹的产生。应力加载到峰值时，可以观察到顶部、底部和两侧裂纹数量较少，裂纹主要集中沿对角线分布，并形成"X"形。同时，张拉裂纹和剪切裂纹的分布形态较为一致，均为"X"形分布。峰后裂纹沿对角线不断扩展，形成宏观共轭剪切带。

8.3   复杂应力路径试验

8.3.1   试验方法

复杂应力路径试验中一般采用位移加、卸载方式，主要分为 3 个阶段：①轴向墙和侧墙同时使用伺服函数加载，使轴向和侧向应力同时达到指定值 σ_3 时停止；②关闭对上下墙的伺服，保持侧墙的伺服函数开启，使围压稳定不变，加载轴压至指定值 σ_1；③保持轴压不变（或轴压增大、轴压减小），通过赋予侧墙远离岩样方向的速度，卸载围压从 σ_3 减小至岩石破坏。试样承载状态示意如图 8 - 15 所示。

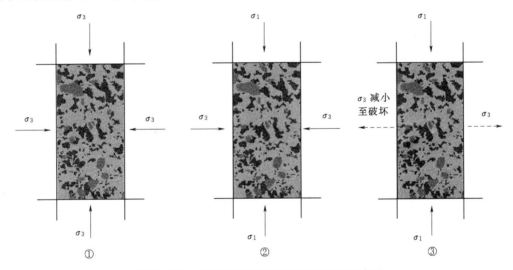

图 8 - 15   传统卸荷试验中试样承载状态示意图

本研究中复杂应力路径卸荷仿真试验，主要利用颗粒离散元软件 PFC2D 研究不同卸荷点、不同初始围压、不同卸荷速率、不同卸荷路径下花岗岩的卸荷强度特征、变形规律和扩容特征，揭示不同影响因素对花岗岩破坏特征的控制作用。由于存在卸荷点、卸荷速率、卸荷路径、不同围压 4 个变化因素，如要研究其中的一个因素对花岗岩卸荷力学特性及破坏机理的影响规律时，需要限定其他 3 个影响因素。针对需要考虑的 4 个影响因素，仿真试验设置如下：①初始围压，设定围压水平以室内三轴压缩试验为基准，分别设置为 5MPa、10MPa、15MPa 和 20MPa；②轴向卸载—加载点设置，各设定围压水平下对应室内三轴压缩试验峰值强度的 60%、70%、80% 和 90% 作为初始卸荷点进行卸荷和加载起始点；③卸荷速率参数设置，采用按一定速率移动侧墙的方法，经多次敏感性试验，并参考前人研究成果（贤彬等，2011；丛宇等，2014），最终卸荷速率选为 0.7m/s、0.2m/s、0.05m/s；④卸荷路径设置，采用恒轴压卸围压、增轴压卸围压、卸轴压卸围压三种不同的应力路径。

1. 不同初始围压下卸荷试验方案

不论是加载路径还是卸载路径，围压对于岩石试验具有很大的影响。为了研究围压对于卸荷的影响，选取卸荷速率为 0.2m/s，卸荷路径为恒轴压卸围压，卸荷点为 80%，进行不同初始围压条件下的卸荷试验。试验具体步骤为：①轴向和侧向墙同时开启伺服函数，加载轴压和围压，使轴压和围压都达到指定值（5MPa、10MPa、15MPa、20MPa）；②通过伺服侧墙保持围压不变，关闭对上下墙的伺服，加载轴压至三轴压缩试验确定的峰值强度的 80%；③通过伺服上下墙保持轴压不变，以 0.2m/s 的速率移动侧墙卸载围压，直至岩石破坏。

2. 不同卸荷点下卸荷试验方案

相对于卸载试验，加载试验较少受到初始加载程度影响。在这里卸荷点指的是在加载试验中，加载的轴向应力与峰值强度的比值。为了研究卸荷点对岩石卸荷的影响，选取卸荷速率为 0.2m/s，卸荷路径为恒轴压卸围压，围压为 20MPa。试验取轴向应力达到三轴压缩试验确定的峰值强度的 60%、70%、80% 和 90% 作为 4 个不同的卸荷点（对应的轴向偏应力分别为 153MPa、182MPa、211MPa、239MPa，均大于单轴抗压强度），监测峰后应力达到 70% 时停止试验。具体试验步骤为：①轴向和侧向墙同时开启伺服函数，加载轴压和围压，使轴压和围压都达到指定值 20MPa；②通过伺服侧墙保持围压不变，关闭对上、下墙的伺服，加载轴压至三轴压缩试验确定的峰值强度的 60%、70%、80% 和 90%；③通过伺服上、下墙保持轴压不变，以 0.2m/s 的速率移动侧墙卸载围压，直至岩石破坏。

3. 不同卸荷速率下卸荷试验方案

卸荷速率对岩体卸荷力学特性和破坏机制有显著的影响，高地应力条件下硬质岩石的破坏与卸荷速率有密切的关系。施工过程中通常采取减慢开挖速度，减小开挖进尺等措施来降低岩爆等灾害发生的风险，本质上是通过控制卸荷速率的大小来减小岩爆产生的可能性和剧烈程度。

对于室内试验，加荷或卸荷的时间用的是真实时间，卸荷速率单位采用 MPa/s。而对于离散元，由于模型计算时的时间步长是 1×10^{-8} 步，换算下来计算 1 亿步为真实的 1s，计算一个模型需要几十亿乃至数百亿时间步，目前的计算量达不到这样的要求，不可能按照真实的时间来卸载。根据 PFC 的计算逻辑来看，0.05m/s 可以换算为 5×10^{-7} mm/步，意味着墙体移动 1mm 需要计算超过 200000 步，这个速率对于 PFC 来说过慢（Cho N，2007）。从离散元模拟方面的已有文献来看，针对卸荷试验墙体速率范围取值的研究并没有定论。如贤彬等（2011）在分析卸荷速率对大理岩破坏机制时，采用 2～14m/s 的卸荷速率。丛宇等（2014）采用 0.2～0.6mm/s 的卸荷速率。卸荷开始时，首先关闭对于侧墙的伺服，通过给侧墙一个远离试样方向的速度，增加侧墙与试样的距离，减少侧墙对试样的作用力实现卸载。由于是通过设置侧墙的速度实现卸载，当岩样破坏时，由于侧墙的强烈扩容，围压会呈现增加趋势。在此设置 fish 函数，使得开始卸荷后，当围压减小到一定程度时，保持围压不再增加。通过多组试验分析，最终侧墙移动速率分别设置为 0.7m/s、0.2m/s、0.05m/s。

对于卸荷速率影响的分析，以岩样在卸荷点为 80%、卸荷路径为恒轴压卸围压时试样为例，以分析不同卸荷速率下岩样破坏及抗剪强度等参数的变化，围压分别为 5MPa、10MPa、15MPa、20MPa，监测峰后应力达到 70% 时停止试验。具体试验步骤为：①轴向和侧向墙同时开启伺服函数，加载轴压围压，使轴压和围压都达到指定值（5MPa、10MPa、15MPa、20MPa）；②通过伺服侧墙保持围压不变，关闭上下墙的伺服，加载轴压至三轴试验确定的峰值强度的 80%；③通过伺服上下墙保持轴压不变，以一定的速率（0.7m/s、0.2m/s、0.05m/s）移动侧墙卸载围压，直至岩石破坏。

4. 不同卸荷路径下卸荷试验方案

根据实际工程经验以及现有的研究成果可以发现，卸荷路径对岩石力学特性及破坏机制具有一定的影响（邱士利，2012）。目前卸荷试验研究获得规律不统一，这是由于不同的卸荷试验应力路径将得出不同的试验结果。岩体开挖卸荷的方式有多种，结合实际工程情况，本次试验选取三种不同的卸荷路径进行研究，数值试验的试验方法主要如下：

（1）恒定轴压同时卸载围压。其具体步骤为：①轴向和侧向墙同时开启伺服函数，加载轴压围压，使轴压和围压都达到指定值（5MPa、10MPa、15MPa、20MPa）；②通过伺服侧墙保持围压不变，关闭上下墙的伺服，加载轴压至三轴试验确定的峰值强度的 80%；③使用伺服函数控制轴向应力恒定，以 0.05m/s 速率逐渐移动侧墙卸载围压直至岩样破坏。

（2）增加轴压同时卸载围压。其具体步骤为：①轴向和侧向墙同时开启伺服函数，加载轴压围压，使轴压和围压都达到指定值（5MPa、10MPa、15MPa、20MPa）；②通过伺服侧墙保持围压不变，关闭上下墙的伺服，加载轴压至三轴试验确定的峰值强度的 80%；③在以 0.05m/s 的速率控制侧墙卸载围压的同时，以 0.05m/s 速率控制上下墙增加轴压，直至岩样破坏。

（3）轴压与围压同时卸载。其具体步骤为：①轴向和侧向墙同时开启伺服函数，加载轴压围压，使轴压和围压都达到指定值（5MPa、10MPa、15MPa、20MPa）；②通过伺服侧墙保持围压不变，关闭上下墙的伺服，加载轴压至三轴试验确定的峰值强度的 80%；③在以 0.05m/s 的速率控制侧墙卸载围压的同时，以 0.05m/s 速率控制上下墙减小轴压，直至岩样破坏。

8.3.2 仿真试验结果

8.3.2.1 不同初始围压试验

卸荷点 80%、卸荷路径为恒轴压卸围压、卸荷速率 0.2m/s 时，花岗岩岩样所对应不同围压下的轴向偏应力—应变关系曲线如图 8-16 所示。

从图 8-16 中可以看出，在加载阶段，应力—应变曲线呈直线关系，试样轴向应变增加的速度大于侧向应变增加速度，体积应变与轴向应变变化规律相似，并且数值上也接

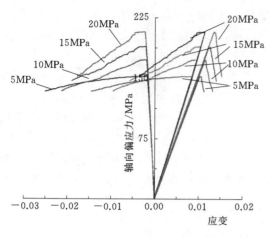

图 8-16　卸荷速率为 0.2m/s 时不同
围压下的偏应力—应变关系曲线

近，这说明加载过程中轴向应变起主要作用，并且相比于加载试验，卸载试验的轴向应力—应变曲线更陡直。卸荷开始后，侧向应变以及体积应变出现左拐，岩样表现出明显的体积膨胀，体积应变与侧向应变变化规律类似，说明在卸荷过程中起主要作用的是侧向应变，侧向应变的变化导致岩样沿卸荷方向发生强烈扩容从而引起岩样破坏。随着围压的降低，侧向应变迅速增加，体积膨胀，随后岩样发生破坏。花岗岩在卸荷前的侧向应变变化非常小，侧向应变在达到卸荷点时明显突然增大。体积应变在峰前段处于压缩状态，开始卸荷后体积扩容明显增大。并且初始围压越大，应力—应变曲线的斜率越大，曲线越陡直，说明岩样发生破坏时的脆性程度更剧烈，体积扩容更剧烈。

8.3.2.2　卸荷速率试验

1. 轴向应力—应变曲线

初始围压 20MPa、卸荷点 80%、恒轴压卸围压路径时，岩样所对应的不同卸荷速率下的应力—应变曲线如图 8-17 所示。

从图 8-17 中可以看出，轴向应力—应变曲线峰后呈跌落状，不同卸荷速率下卸荷时岩样均为脆性破坏，并且随着卸荷速率的增大，应力—应变曲线的斜率逐渐增大，更为陡直，说明卸荷速率越大，岩样卸荷破坏时脆性破坏更为剧烈，扩容程度更为剧烈。

2. 围压—侧应变曲线

图 8-18～图 8-21 为不同卸荷速率下围压与侧向应变的关系曲线。

从图 8-18～图 8-21 中可以看出，初始阶段随着围压的卸载，不同卸荷速率下的岩样侧向应变首先均是缓慢增加，且

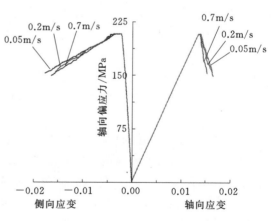

图 8-17　不同卸荷速率下的
应力—应变关系曲线

应变随着围压的卸载基本呈线性变化，此时处于弹性阶段。随着围压的继续卸载，当卸载到一定程度时，曲线出现明显拐点，侧向应变迅速增长，与围压呈非线性的关系，此时岩样出现了不可恢复的侧向塑性变形，表现出强烈的侧向扩容。随着卸荷的继续，开始产生大量微裂纹并扩展、连通，最终形成一个大的贯通裂隙而破坏。后续变形为侧向围压保持某一量值而侧向变形持续增加的过程。

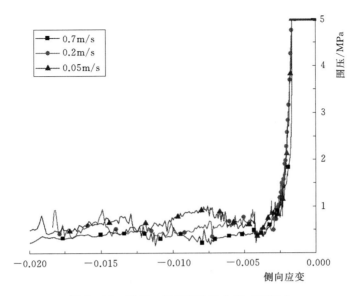

图 8-18　围压—侧应变关系曲线（5MPa）

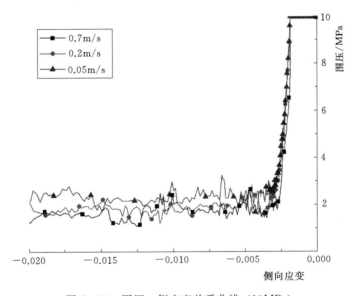

图 8-19　围压—侧应变关系曲线（10MPa）

　　分析比较不同初始围压下破坏时的围压降，可以发现围压较低时（5MPa），不同卸荷速率下的围压降并不是很明显，围压较高时（20MPa），围压降相对较明显，这里用一个参数 k 来表示破坏时围压降与初始围压的比值，即

$$k = \sigma_{\text{fail}} / \sigma_0 \qquad (8-1)$$

式中：σ_{fail} 为破坏时的围压降；σ_0 为初始围压。

　　破坏时围压降以及破坏围压占初始围压比如表 8-3 所示。

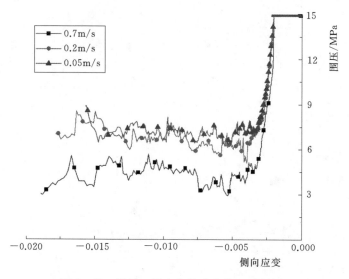

图 8-20　围压—侧应变关系曲线（15MPa）

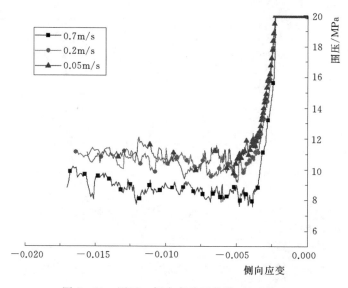

图 8-21　围压—侧应变关系曲线（20MPa）

表 8-3　　　　　　　　　　　　不同围压下破坏围压占比

卸荷速率 /(m·s⁻¹)	5MPa		10MPa		15MPa		20MPa	
	破坏时围压降 /MPa	k	破坏时围压降 /MPa	k	破坏时围压降 /MPa	k	破坏时围压降 /MPa	k
0.05	4.2	84%	7	70%	7.3	47%	7.8	39%
0.2	4.5	90%	7.8	78%	9	60%	10.2	51%
0.7	4.7	94%	8.5	85%	11	73%	12.3	61%

　　以初始围压为 20MPa 时为例，卸荷速率分别为 0.05m/s、0.2m/s、0.7m/s 时，围

压降分别为 8MPa、10.2MPa、12.2MPa，表明初始围压相同条件下，岩样在卸荷过程中破坏产生的围压降随着卸荷速率的增大而增大，这是因为在设定围压范围内，卸荷速率过快会导致岩样的变形破坏产生滞后效应，存在一定的承载能力，以至于需要更大围压降才能导致破坏，且卸荷速率越大，破坏时计算的步数越少，说明更容易产生破坏。

以卸荷速率为 0.7m/s 时为例，围压为 5MPa、10MPa、15MPa、20MPa 时，围压降分别为 4.7MPa、8.5MPa、11MPa、12.2MPa。在相同的卸荷速率下，随着初始围压的增加，破坏时的围压降不断增加，表明随着围压的增高，卸荷破坏时需要更多的卸荷量。这是因为加载时围压的增高使得岩石的峰值强度得到了提高，所以破坏时所需要的围压降增加。

分析相同围压下不同卸荷速率时的 k 值，围压为 5MPa、卸荷速率分别为 0.05m/s、0.2m/s、0.7m/s 时，k 值分别为 84%、90%、94%，k 值之间的差值并不是很大。围压为 20MPa、卸荷速率分别为 0.05m/s、0.2m/s、0.7m/s 时，k 值分别为 39%、51%、61%，k 值之间的差值有所增大。从围压—侧应变曲线图中也可以看出，围压较小时，曲线形态差别不明显，卸荷速率对破坏时围压降的影响不大，随着围压的增大，不同卸荷速率对围压降的影响逐渐体现出来。这表明岩石在高应力条件相比于在低应力条件时，卸荷速率对卸荷破坏的影响更大。

3. 变形参数的分析

卸荷速率分别为 0.7m/s、0.2m/s、0.05m/s 时卸荷仿真试验中得到的侧向应变—轴向应变曲线与三轴压缩试验的侧向应变—轴向应变曲线如图 8-22 所示，以围压为 20MPa、卸荷点为 80%、卸荷路径为恒轴压卸荷为例。

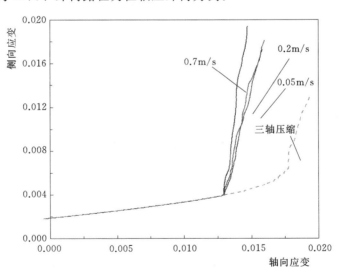

图 8-22 不同卸荷速率下侧向应变—轴向应变曲线

从图 8-22 中可知，相对于常规的加载试验，卸荷试验中轴向应变的增量非常小。随着卸荷速率的增大，曲线的斜率逐渐增加，此时卸荷试验的泊松比明显大于加载试验的泊松比，且泊松比随着卸荷速率的增加而逐渐增大。当轴压达到卸荷点，开始卸载侧围压时，卸荷试验的曲线在拐点处相对于加载试验更加陡直，出现明显的折线转折点，此时的泊松比急剧增加。而三轴压缩试验在达到峰值时，曲线拐点的变化相对平滑。这是因为卸载相对于加载会发生更加强烈的侧向扩容，并且卸荷速率越大，侧向扩容越剧烈。这种变化特征表明：卸荷条件下岩石的脆性破坏特性相对于加载试验更加剧烈，并且随着卸荷速率的增加而增强。

4. 抗剪强度参数的分析

通过分析岩样卸荷破坏时的试验数据，得到卸荷破坏时岩样的轴向应力及破坏时的围压，图 8-23 为不同卸荷速率下岩样破坏时最大最小主应力最佳关系曲线。

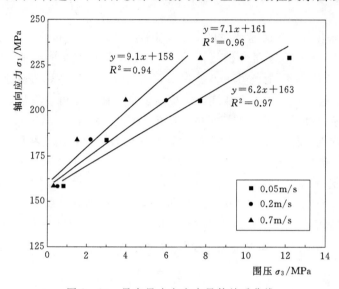

图 8-23　最大最小主应力最佳关系曲线

从图 8-23 中可以看出，卸荷速率的改变对最大最小主应力关系曲线有很大的影响，在卸荷状态下，随着卸荷速率的增加，曲线斜率不断增加，截距不断减小，表 8-4 为不同卸荷速率下的抗剪强度参数。

表 8-4　　　　　　　　　不同卸荷速率下的抗剪强度参数

卸荷速率/(m·s^{-1})	c/MPa	φ/(°)
0.05	32.5	45.3
0.2	30.2	48.5
0.7	28.1	54.5

由表 8-4 可知，卸荷速率对抗剪强度参数有很大的影响，随着卸荷速率的增加，岩石试样的黏聚力不断减小，内摩擦角不断增加。这是由于岩石在卸荷过程中，侧向围压的卸载极大地影响了岩石的变形，导致以侧向卸荷方向张裂扩容变形为主。而一般来说岩石张裂剪切性破坏的 c 值比压裂剪切性破坏的 c 值低，并且张裂剪切性破裂面的粗糙程度（φ 值）较压裂剪切性破裂面高，随着卸荷速率的增加，岩石侧向卸荷方向张裂扩容变形更加剧烈，并且破裂面的粗糙程度更高。

8.3.2.3 卸荷点试验

1. 应力—应变曲线

恒轴压卸围压、卸荷速率 0.2m/s、初始围压 20MPa 时，不同卸荷点的轴向偏应力—应变曲线如图 8-24 所示。

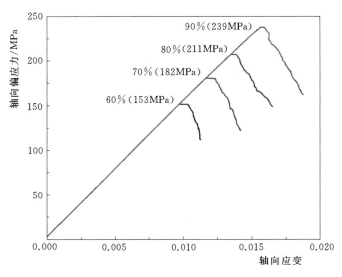

图 8-24　不同卸荷点的应力—应变曲线

可以看出，由于是同一模型，加载到不同应力水平时曲线的弹性段是完全重合的。不管是低卸荷点还是高卸荷点，应力—应变曲线均是峰值跌落状，岩样的破坏均是脆性破坏。

2. 不同卸荷点下围压侧应变关系曲线

根据监测数据，绘制了不同卸荷点下围压—侧向应变的关系曲线，如图 8-25 所示。

从图 8-25 中可以看出，卸荷点分别为 60%、70%、80%、90% 时，破坏时围压分别为 3.1MPa、7.4MPa、11.3MPa、15.1MPa，随着卸荷位置轴压的增加，岩样卸荷破坏所需要卸载的围压呈线性减少的趋势，意味着不同的卸荷点会明显影响卸荷试验岩样力学特性的最终结果。在卸荷点为 90% 时，破坏时围压降仅有 4MPa 左右，几乎卸荷很少的量便会发生破坏，这表明随着卸荷时轴压与峰值轴压越接近，卸荷时越容易发生破坏。

8.3.2.4 卸荷路径试验

1. 应力—应变曲线

对花岗岩进行三种不同应力路径下的卸荷试验，如图 8-26 所示为围压为 20MPa、卸荷速率为 0.05m/s、卸荷点为 80% 时，不同应力路径卸荷试验下岩样的轴向偏应力—应变曲线。

从图 8-26 中可以看出，在增轴压卸围压路径下，当达到卸荷点时，围压开始卸载，轴向墙继续以原本的速率加载，此时轴向应力仍然处于增加的状态，但是相比于卸荷点前

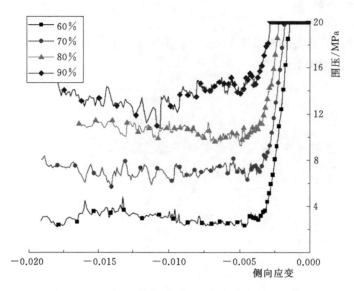

图 8-25　不同卸荷点下围压—侧向应变关系曲线

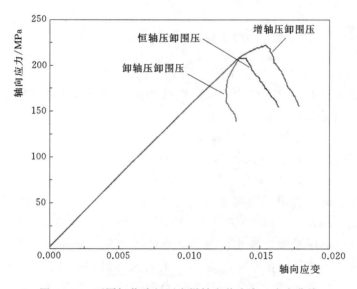

图 8-26　不同卸荷路径下岩样轴向偏应力—应变曲线

的曲线，斜率明显降低，此时应力增加相对于之前缓慢。当围压卸载到一定程度后，岩样发生破坏，此时应力达到峰值，并开始下降。恒轴压卸围压路径下，达到卸荷点后，由于上下墙的伺服开启，轴向应力保持恒定，应力—应变曲线呈水平直线，当围压卸载到一定程度后，岩样发生破坏，应力—应变曲线发生跌落。卸轴压卸围压路径下，达到卸荷点后，赋予上下墙相反的速度，上下墙向相反的方向移动，此时应力瞬间跌落。并且由于上下墙的移动，上下墙对岩样的压力突然释放，轴向应变开始减小，岩样向轴向方向发生扩容。

2. 围压—侧应变曲线

图 8-27～图 8-30 为不同卸荷路径下岩样围压—侧向应变曲线。

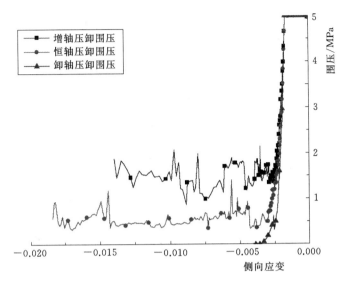

图 8-27　不同卸荷路径下岩样围压—侧向应变曲线（5MPa）

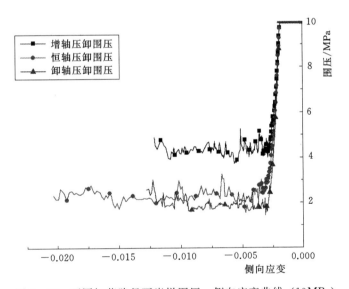

图 8-28　不同卸荷路径下岩样围压—侧向应变曲线（10MPa）

从图 8-27～图 8-30 中可以看出，相同初始围压条件时，不同卸荷路径下，围压—侧向应变曲线呈不同的趋势。路径为增轴压卸围压时，破坏时围压最高；路径为恒轴压卸围压时，破坏时围压次之；路径为卸轴压卸围压时，破坏时围压最低。增轴压卸围压路径下岩石破坏时围压的卸荷量最小，最容易发生破坏。卸轴压卸围压路径下岩石破坏时围压的卸荷量最大，最难发生破坏。

不同卸荷路径下岩样破坏时的围压及围压降如表 8-5 所示。

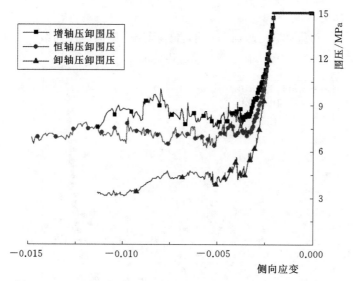

图 8-29 不同卸荷路径下岩样围压—侧向应变曲线 （15MPa）

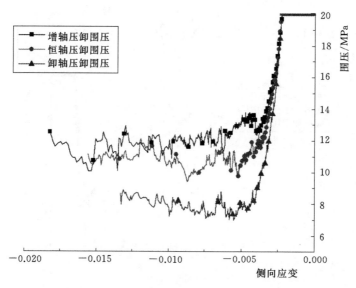

图 8-30 不同卸荷路径下岩样围压—侧向应变曲线 （20MPa）

表 8-5　　　　　　不同卸荷路径下岩样破坏时的围压及围压降　　　　单位：MPa

初始围压	卸荷路径	破坏时围压	破坏时围压降
5	增轴压卸围压	1.6	3.4
	恒轴压卸围压	0.8	4.2
	卸轴压卸围压	0.1	4.9
10	增轴压卸围压	4.7	5.3
	恒轴压卸围压	3	7
	卸轴压卸围压	1.9	8.1

续表

初始围压	卸荷路径	破坏时围压	破坏时围压降
15	增轴压卸围压	9.1	5.9
	恒轴压卸围压	7.7	7.3
	卸轴压卸围压	4.6	10.4
20	增轴压卸围压	13.5	6.5
	恒轴压卸围压	12.2	7.8
	卸轴压卸围压	7.5	12.5

从表 8-5 中可以看出，初始围压相同时，增轴压卸围压路径下，破坏时围压最高，相对应的围压降最低；恒轴压卸围压路径下，破坏时围压较增轴压路径下低，相对应的围压降也较高；卸轴压卸围压路径下，破坏围压最低，相对应的围压降也最高。

总体来看，增轴压卸围压破坏时岩样的围压降最小，在此卸荷路径下，围压卸荷量较小时便发生破坏。相比于其他两种路径，增轴压卸荷路径下岩样最容易发生破坏。这是由于在增轴压卸荷路径下，岩样在卸载围压的同时轴压也在增加，岩样为轴向压力提供了更多的能量，裂缝扩展得更迅速，岩样破坏得更快，而这一应力路径与地下洞室中洞壁部分围岩所历经的路径一致。

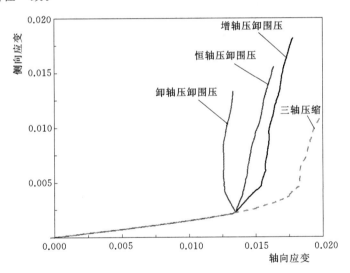

图 8-31 不同卸荷路径下侧向应变—轴向应变曲线

3. 变形参数分析

图 8-31 所示为不同卸荷路径试验下岩样的侧向应变—轴向应变曲线。相对于加载试验，卸荷试验中轴向应变的增量非常小，卸荷试验得到的泊松比明显大于加载试验。三种卸荷方案的侧向应变—轴向应变曲线中，斜率大小依次为：卸轴压卸围＞恒轴压卸围压＞增轴压卸围压，即泊松比增加量和变化速率的大小顺序为：卸轴压卸围＞恒轴压卸围压＞增轴压卸围压。卸轴压卸围压路径下，围压卸载的同时轴压也开始卸载，轴压作用时间及大小相较于其他两种方案较小，因此产生同等大小侧向应变时，此时

的轴向变形最小。

4. 抗剪强度参数分析

根据不同围压、不同应力路径下花岗岩卸荷的试验曲线，得出岩样破坏时的围压和轴向应力如表 8-6 所示。

表 8-6　　　　　　　不同路径下岩样破坏时围压及轴向应力　　　　　　单位：MPa

初始围压	试验方案	破坏时围压	轴向应力
5	增轴压卸围压	1.6	167
	恒轴压卸围压	0.6	158
	卸轴压卸围压	0.1	150
10	增轴压卸围压	4.7	191
	恒轴压卸围压	3.1	184
	卸轴压卸围压	1.9	170
15	增轴压卸围压	9.1	215
	恒轴压卸围压	7.2	206
	卸轴压卸围压	4.6	195
20	增轴压卸围压	13.5	242
	恒轴压卸围压	12.2	229
	卸轴压卸围压	7.5	210

从表 8-6 中可以看出，三种不同卸荷路径下，增轴压卸围压路径下岩样破坏时轴向应力最大，恒轴压卸围压路径次之，卸轴压卸围压路径下轴向应力最小。以表 8-6 中的试验数据为参考，绘制的岩样在不同卸荷路径下破坏时的最大最小主应力最佳关系曲线如图 8-32 所示。

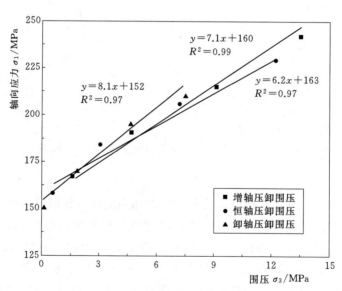

图 8-32　不同路径最大最小主应力最佳关系曲线

由图 8-32 可以看出，卸荷路径的改变对最大最小主应力最佳关系曲线有一定影响。其中卸轴压卸围压路径下斜率最大，截距最小。恒轴压卸围压路径下斜率最大，截距最小。不同卸荷路径下的抗剪强度参数如表 8-7 所示。

表 8-7 不同卸荷路径下的抗剪强度参数

试 验 类 型	c/MPa	φ/(°)
三轴压缩	26.5	45.8
恒轴压卸围压	25.2	47.2
增轴压卸围压	22.1	48.5
卸轴压卸围压	20.6	53.3

从表 8-7 中的抗剪强度参数中可以看出，卸荷路径对岩样的抗剪强度参数有一定影响。与三轴压缩试验进行对比，任意一种卸荷路径下抗剪强度参数均呈现出内摩擦角增加，黏聚力减小的趋势。不同卸荷路径之间进行对比，其中卸轴压卸围压路径对抗剪强度参数影响最大。因为岩石在加荷过程中的变形破坏特征与在卸荷过程中的变形破坏特征不同，加荷试验中岩样以轴向应力为主导，破坏模式以压剪变形破坏为主，而在卸荷试验中，侧向围压的卸载极大地影响了岩石的变形，导致以侧向卸荷方向张裂扩容变形为主，而一般来说岩石张裂剪切性破坏的 c 值比压裂剪切性破坏的 c 值低，并且张裂剪切性破裂面的粗糙度较压裂剪切性破裂面高，因此卸荷破坏时 c 值相对较低而 φ 值相对较高些。在三种卸荷路径中，卸轴压卸围压路径下，轴向应力主导的影响最小，以侧向扩容破坏为主，因此 c 值最低而 φ 值最高。

8.3.3 细观破坏机理

8.3.3.1 室内试验与数值模拟对比

如图 8-33 所示为恒轴压卸围压条件下室内试验与数值模拟岩样破坏对比图，从破坏形态看，两者较为类似。

（a）10MPa 数值模拟　（b）10MPa 室内试验　（c）20MPa 数值模拟　（d）20MPa 室内试验

图 8-33　恒轴压卸围压条件下室内试验与数值模拟岩样破坏对比图

（图中线条表示裂纹）

8.3.3.2 初始围压的影响

图 8-34 给出了卸荷速率 0.7m/s、恒轴压卸围压路径、卸荷点为 80%时不同围压下岩样的破坏形态。

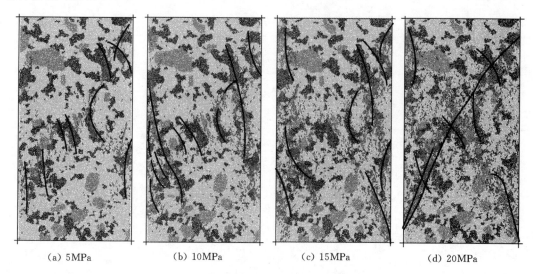

(a) 5MPa   (b) 10MPa   (c) 15MPa   (d) 20MPa

图 8-34　不同围压卸荷下岩样的破坏形态
（图中线条表示裂纹）

从图 8-34 中可以看出，卸荷条件下岩样破坏时的形态与加载时不同，加荷时岩样的破坏形态以宏观单剪切破裂面或共轭剪切破裂面为主，但是在卸荷条件下，由于卸围压对破坏形态的影响程度很大，轴向应力主导作用减弱，破坏形态变为劈裂加剪切破坏。相同卸荷速率下，随着初始围压的增加，裂纹的数量逐渐增多，破坏程度更剧烈，裂纹分布的区域也逐渐增大。初始围压越大，岩样体积扩容越剧烈。

8.3.3.3 卸荷速率的影响

1. 不同卸荷速率下岩样的破坏形态

为了分析卸荷速率对岩石破坏形态的影响，选取 4 组初始围压分别为 5MPa、10MPa、15MPa 及 20MPa 的卸载试验结果，每种初始围压分别进行 0.7m/s、0.2m/s、0.05m/s 的速率进行卸载，不同初始围压对应的裂纹分布形态结果如图 8-35～图 8-38 所示。

对比不同卸荷速率下岩样的破坏形态图，发现在同一围压下随着卸荷速率的增加，破坏形态的变化有一定的规律性。从裂纹分布来看，当卸荷速率较小时（如 0.05m/s），裂纹分布形态与三轴压缩类似，低围压时破坏面形态呈单剪切面破坏，并且裂纹集中分布在破坏面附近，远离破坏面的位置，裂纹分布较少，高围压时，单剪切面破坏逐渐变为"X"形共轭破坏，剪切面变为交叉的两条，并且裂纹分布均较集中。随着卸荷速率的增加，裂纹分布逐渐向两侧转移，两侧裂纹数量明显增多，形成类似平行于轴向的宏观劈裂带。这主要是由于随着卸荷速率的增大，侧向扩容现象更加剧烈，岩样由轴向破坏，逐渐转变为侧向扩容破坏，侧向裂纹数量增加，裂缝分布形态更趋向于侧向的分布。

在低围压破坏形态中（图 8-35、图 8-36），破坏形态均为较明显的劈裂加剪切破坏，并且随着卸荷速率的改变，破坏形态的变化不是很明显。但是在高围压破坏形态中

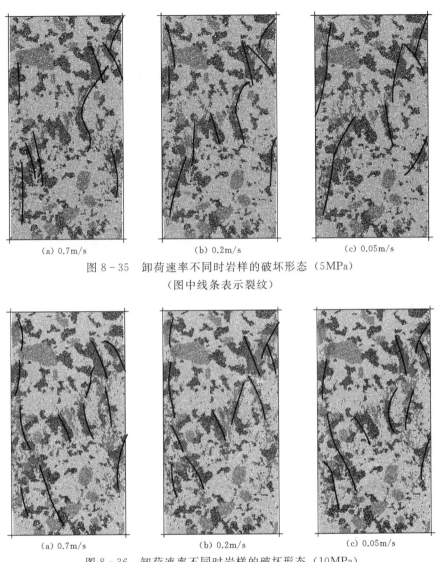

(a) 0.7m/s　　　　　　　(b) 0.2m/s　　　　　　　(c) 0.05m/s

图 8-35　卸荷速率不同时岩样的破坏形态（5MPa）

（图中线条表示裂纹）

(a) 0.7m/s　　　　　　　(b) 0.2m/s　　　　　　　(c) 0.05m/s

图 8-36　卸荷速率不同时岩样的破坏形态（10MPa）

（图中线条表示裂纹）

（图 8-37、图 8-38），低卸荷速率下（0.05m/s）岩样的破坏形态与三轴压缩条件下类似，为"X"形的共轭剪切破坏。随着卸荷速率的增加，破坏形态发生变化，转变为劈裂加剪切破坏。这是因为低围压状态下，由于围压较低，卸荷过程很快完成，不同卸荷速率的影响并不明显。而高围压状态下，卸荷时间较长，不同卸荷速率的影响较为明显。这说明随着围压的增大，不同卸荷速率对围压降的影响逐渐体现出来，表明岩石在高应力条件下，卸荷速率对卸荷破坏的影响更大。

总体来看，在卸荷速率较低时，岩样的变形破坏以剪切破坏为主，在卸荷速率较高时，岩样的变形破坏以劈裂加剪切为主。

2. 裂纹数量与卸荷速率的关系

不同初始围压、不同卸荷速率下裂纹数量变化情况如图 8-39 所示。根据对裂纹数量

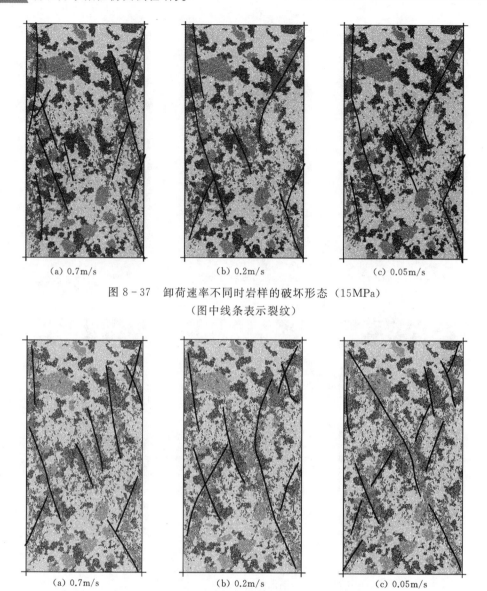

(a) 0.7m/s　　　　　　　　(b) 0.2m/s　　　　　　　　(c) 0.05m/s

图 8-37　卸荷速率不同时岩样的破坏形态 (15MPa)

(图中线条表示裂纹)

(a) 0.7m/s　　　　　　　　(b) 0.2m/s　　　　　　　　(c) 0.05m/s

图 8-38　卸荷速率不同时岩样的破坏形态 (20MPa)

(图中线条表示裂纹)

的统计，随着围压的增大裂纹数量不断增加，并且相同围压下随着卸荷速率的增加，裂纹数量增加，反映出岩样的破坏更为剧烈。

3. 不同卸荷速率下裂纹演化过程分析

以初始围压为 20MPa 的岩样为例，进行卸荷速率分别为高速率 (0.7m/s) 和低速率 (0.05m/s) 时的卸荷破坏裂纹演化分析。由于卸荷点选为 80%，在加载时期就会产生部分裂纹，此时为了分析不同卸荷速率对裂纹演化过程的影响，在此隐藏加载时期产生的裂纹，主要观察分析由于卸荷作用产生的裂纹。不同时刻裂纹分布如图 8-40、图 8-41 所示。

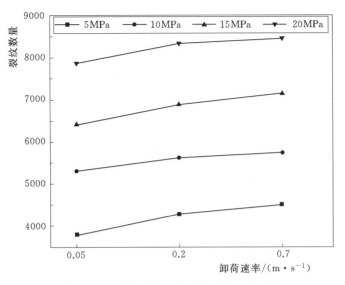

图 8 - 39　裂纹数量—卸荷速率关系曲线图

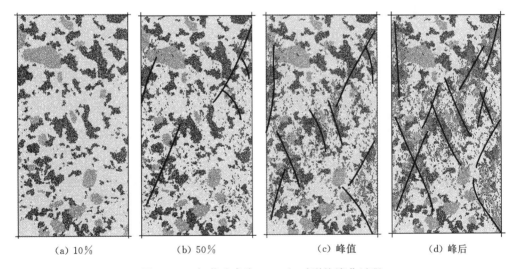

（a）10％　　　　　（b）50％　　　　　（c）峰值　　　　　（d）峰后

图 8 - 40　卸荷速率为 0.7m/s 时裂纹演化过程

（图中线条表示裂纹）

　　从图 8 - 40、图 8 - 41 中可以看出，卸荷速率对于岩样破坏过程中裂纹的演化过程以及破坏形态有很大的影响。高卸荷速率下，初始卸载时，首先在岩样两侧，靠近墙体的部分出现细观裂纹，然后随着卸载的继续，细观裂纹数量逐渐增加，并形成宏观劈裂加剪切带，集中分布在岩样两侧，表现出强烈的侧向扩容。而在低卸荷速率时，起初细观裂纹比较均匀地分布在整个试样，随着卸荷的继续，细观裂纹逐渐汇聚贯通成为宏观剪切裂纹，裂纹分布形态跟三轴压缩类似。

8.3.3.4　卸荷点的影响

　　图 8 - 42 给出了不同卸荷点下花岗岩数值模型卸荷破坏的形态特征。

　　当岩石状态达到卸荷点分别为 60％、70％、80％、90％时，裂纹数量分别为 60、270、

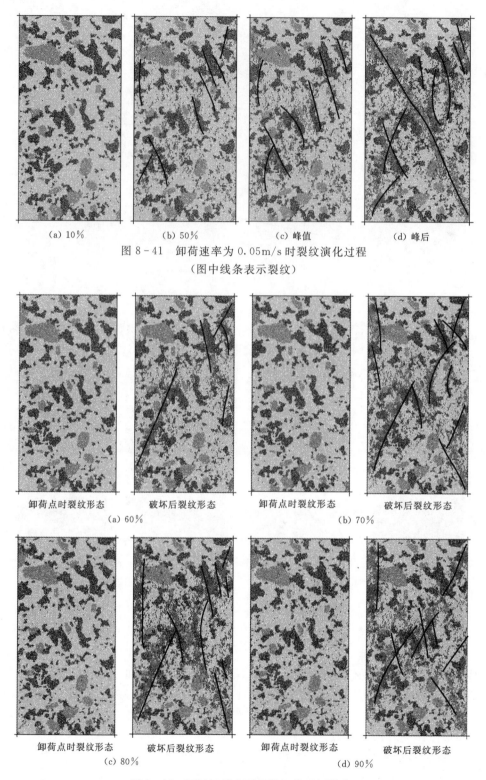

(a) 10%　　　　(b) 50%　　　　(c) 峰值　　　　(d) 峰后

图 8-41　卸荷速率为 0.05m/s 时裂纹演化过程

(图中线条表示裂纹)

卸荷点时裂纹形态　　破坏后裂纹形态　　卸荷点时裂纹形态　　破坏后裂纹形态

(a) 60%　　　　　　　　　　　(b) 70%

卸荷点时裂纹形态　　破坏后裂纹形态　　卸荷点时裂纹形态　　破坏后裂纹形态

(c) 80%　　　　　　　　　　　(d) 90%

图 8-42　不同卸荷点下岩样卸荷破坏模式

(图中线条表示裂纹)

659、1389。可发现如下规律：卸荷点为60％时，由于前期轴压造成的损伤较小，岩样在轴向压力的作用下仅出现了少量裂纹。随着卸荷点的提高，例如90％时，轴向压力作用时间越长，导致初始产生裂纹数量越多，前期岩样的损伤已经到了较高水平。岩样在低卸荷点条件下，破坏形态以与轴向呈小角度的剪切破坏和劈裂破坏为主。岩样在高卸荷点条件下，破坏形态则以剪切破坏为主，局部区域存在少量的拉破坏。卸荷点越高，加荷时间越长，对破坏形态的主导作用更大，之后的卸荷只是促进由加荷主导的破坏形态的发展。卸荷点较低时则不同，加荷作用的时间减少，此时卸荷主导作用增强，卸荷条件下的侧向扩容特性导致花岗岩产生更多的轴向破裂。

不同卸荷点下岩样的破坏形态都以剪切破坏为主，但存在一定的差异。卸荷点较低时，例如60％，裂纹形态为侧向劈裂，裂纹主要分布在岩样两侧，靠近墙体的位置，这是由于低卸荷点时围压卸荷起主导作用，导致岩样向两侧扩容。而卸荷点为90％时，岩样中部产生较多的裂纹，裂纹形态呈"X"形共轭剪切破坏，分布形态与三轴压缩时类似，这是因为高卸荷点时，轴压起主导作用，卸荷导致加速破坏。

8.3.3.5　卸荷路径的影响

1. 不同卸荷路径下岩样的破坏形态

图8-43为围压为20MPa、卸荷点为80％、卸荷速率为0.05m/s时，不同卸荷路径下岩样的破坏形态。

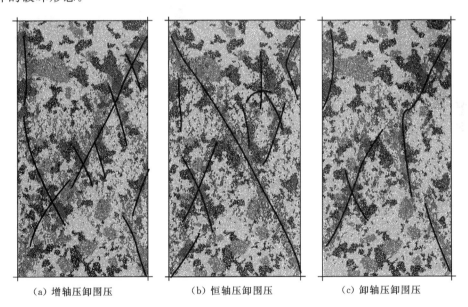

(a) 增轴压卸围压　　　　(b) 恒轴压卸围压　　　　(c) 卸轴压卸围压

图8-43　不同卸荷路径下岩样的破坏形态

(图中线条表示裂纹)

由图8-43可以看出，增轴压卸围压路径下破坏面为一条主剪切破坏面和两条靠近侧墙的竖向劈裂破坏面，恒轴压卸围压路径下为"X"形剪切破坏面，而卸轴压卸围压路径下为一条未完全贯通的劈裂破坏和一条弯曲的劈裂破坏形成。这是因为不同卸荷路径下，增轴压卸围压和恒轴压卸围压相对于卸轴压卸围压时，轴向压力作用的时间更长，卸荷破坏时轴向压力的影响较大，而卸围压卸轴压路径下，轴压在初始阶段就开始不断减小，破坏时轴压影响较小，所以破坏面的形态略有不同。不同的应力路径对岩样的破坏形态有一定的影响。增轴压卸围压路径下，破坏更为剧烈，裂纹数量最多，相较之下恒轴压卸围压次之，卸轴压卸围压最低。

2. 不同路径下裂纹演化过程分析

为了分析不同卸荷路径对裂纹演化过程的影响，在此隐藏加载时期产生的裂纹，主要观察分析由于卸荷作用产生的裂纹，不同时刻裂纹分布如图 8-44～图 8-46 所示。

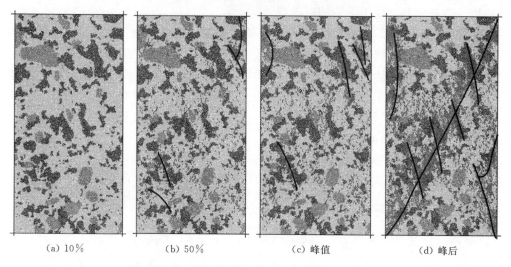

　　(a) 10%　　　　　(b) 50%　　　　　(c) 峰值　　　　　(d) 峰后

图 8-44　增轴压卸围压路径下裂纹演化过程
（图中线条表示裂纹）

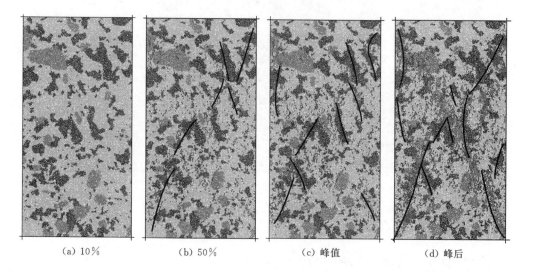

　　(a) 10%　　　　　(b) 50%　　　　　(c) 峰值　　　　　(d) 峰后

图 8-45　恒轴压卸围压路径下裂纹演化过程
（图中线条表示裂纹）

从图 8-44～图 8-46 中可以看出，不同卸荷路径下岩样裂纹分布在初期是相似的，

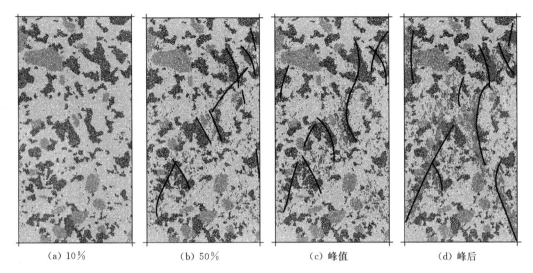

（a）10%　　　　（b）50%　　　　（c）峰值　　　　（d）峰后

图 8-46　卸轴压卸围压路径下裂纹演化过程
（图中线条表示裂纹）

随着围压的持续卸载，当轴向强度接近并达到峰值时，裂纹分布状态开始发生变化。增轴压卸围压路径下岩样开始形成一条主剪切裂纹，并且左上侧和左下侧形成两条劈裂裂纹；恒轴压卸围压路径下岩样裂纹贯通，形成"X"形剪切裂纹；卸轴压卸围压路径下岩样右侧开始形成一条弯曲的贯通劈裂裂纹，左侧形成一条未贯通的劈裂裂纹。

8.4　本章小结

　　本章对细观结构的花岗岩数值模型进行了单压缩试验、三轴压缩试验、卸荷试验的破坏机理研究，对不同路径下花岗岩的破坏形态及裂纹演化机理进行了分析，得到如下结论：

　　（1）将数字图像与颗粒离散元结合，结合花岗岩不同矿物组分的分布形态，实现了数值模拟与岩样真实细观结构的耦合分析，较好地还原了花岗岩的破裂过程。数值模拟结果表明，岩石的细观结构对岩石的力学特性和破坏过程有重要影响。花岗岩在加载初期，微裂纹主要在强度较低的云母颗粒之间形成，发展速度非常快，而后裂纹不断扩展，伴随着张拉裂纹的产生，在强度较高的石英颗粒处产生剪切裂纹，并逐渐形成宏观破裂带，导致岩样发生破坏。

　　（2）花岗岩在单轴压缩条件下，微裂纹分布较为集中，大部分区域并无微裂纹的产生，试样沿轴向产生劈裂破坏。与单轴压缩条件下不同，三轴压缩条件下，裂纹分布较为分散，整个岩样均有裂纹的产生，并且低围压时主要产生单条斜剪切破裂带，随着围压的增加，破坏模式逐渐变化为"X"形的共轭剪切破坏。裂纹数量随着围压的增加而不断增加，破坏更为剧烈。花岗岩在卸荷条件下，随着初始围压的增加，裂纹的数量逐渐增多，破坏程度更剧烈，裂纹分布的区域也逐渐增大。并且卸荷初始围压越大，岩样的体积扩容越剧烈。

（3）卸荷速率越高，岩样产生的裂纹集中分布在试样两侧，形成宏观劈裂加剪切带，岩样表现出强烈的侧向扩容。卸荷速率越低，岩样裂纹分布逐渐向试样中间转移，形成宏观剪切破坏，最终裂纹形态与三轴加载时类似。岩样在低卸荷点条件下，破坏形态以与轴向方向呈小角度的剪切面和轴向劈裂为主。岩样在高卸荷点条件下，破坏形态以剪切破坏为主，局部区域存在少量的拉破坏。卸荷点越高，加荷的主导作用就越高，对结果的影响就越明显。相同卸荷速率条件下，岩样在增轴压卸围压路径下破坏面为剪切加劈裂破坏面，恒轴压卸围压路径下为"X"形剪切破坏面，卸轴压卸围压路径下为劈裂破坏面。

（4）卸荷速率对于岩样的侧向扩容具有一定的影响，相同围压不同卸荷速率下，卸荷速率越高，岩样破坏时围压下降得越多。随着卸荷速率的增加，卸荷破坏时岩样泊松比增大，黏聚力减小，内摩擦角增大。并且岩样处于高围压时，相对于低围压下改变卸荷速率对结果的影响更大。随着卸荷点的增加，岩样卸荷时仅需卸荷更少的量便会发生破坏，更容易发生破坏，不同的卸荷点会明显影响卸荷试验岩样力学特性的最终结果。

（5）不同应力路径的卸荷数值试验中，岩样所能达到的峰值强度均低于三轴压缩试验中岩石所能达到的峰值强度，表现出更为明显的脆性特征。任意卸荷路径下，黏聚力较加荷路径下减小，内摩擦角较加荷路径下增大。

第9章

岩爆机理及判据

9.1 岩爆孕育发生机理

关于岩爆的孕育发生机理，目前很多学者根据不同出发点提出多种孕育及发生模式（谭以安，1989；Kaiser，1991；Pelli，1991），文中结合锦屏二级水电站施工排水洞围岩应力重分布一般特征，对排水洞岩爆的孕育机理进行详尽分析研究。上述洞壁围岩应力随掌子面推进过程变化特征分析中，将锦屏二级水电站施工排水洞桩号 SK11+000.00 段地质材料假设为弹性地质材料，并在这一假设前提下，对围岩应力量值及方向变化特征进行了分析研究，然而岩土工程材料并非理想弹性材料，由室内试验结果可知，锦屏二级水电站大理岩表现出明显的弹—脆—塑性特征，本研究采用可模拟施工排水洞大理岩弹—脆—塑性本质的本构方程，模拟洞室开挖围岩路径的变化特征。

目前连续性力学中用于模拟硬脆性岩石破坏的本构方程主要有理想弹—脆—塑性本构和应变软化性本构两类（图 9 - 1）。Kaiser、Martin、Hajiabdolmajid 等（Kaiser，1994；Martin，1993，1997；Martin，Kaiser，McCreath，1999；Hajiabdolmajid，Kaiser，Martin，2002；Hajiabdolmajid，Kaiser，2003）通过对加拿大 AECL URL 的 Lac du Bonnet 花岗岩及洞壁围岩损伤 20 多年的详尽研究过程中，在 Hoek - Brown 准则及 Mohr - Couloum 准则基础上提出可用于数值计算的模拟洞壁围岩屈服范围的强度准则及本构关系，如基于弹

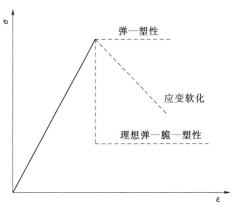

图 9 - 1　连续力学中常用硬脆性岩石本构

性力学的恒应力准则（$\sigma_1 - \sigma_3 = 75\text{MPa}$）、$m - 0(\sigma_1 - \sigma_3 = \sigma_{ci}/3)$ 准则、CWFS（Cohesion Weakening and Frictional Strengthening）本构等。Edelbro（Edelbro，2009）也提出用于模拟洞壁围岩脆性破坏范围的 CSFH（Cohesion - Softening Friction - Hardening）模型，但其实质与 CWFS 模型相同。同时这些本构提出者也指出，所提出的本构模型只适用于对洞壁围岩破损范围进行较好的模拟，所得结果中围岩应力情况与实际情况有一定的出入，同时也存在残余强度与峰值强度交点问题。随着国内采矿、交通及水电工程的逐渐深

埋化，国内岩土工程界亦开始对深部岩体强度属性开展了研究，并认识到高应力作用下围岩所表现的强度变形特征与常规应力下明显不同，如江权提出硬岩劣化本构模型 RDM（Rock Deterioration Model，RDM）（江权，2007）、黄书岭提出广义多轴应变能强度准则 GPSE 及考虑脆性岩石扩容效应的硬化—软化本构模型 GPSEdshs（黄书岭，2008）等，但究其实质为应变软化性模型的一种。

岩石的脆性破坏是岩石受到荷载作用后，大量的微裂纹随荷载的增大逐渐扩展、连通，当累积到一定程度后产生宏观裂纹的过程。从力学的观点来看，岩石破坏是岩石强度逐渐减少或失去的过程。基于室内试验认知，采用应变软化型本构关系对洞室开挖围岩应力变化特征进行分析研究。

9.1.1 应变软化/硬化模型

FLAC3D 软件是由国际著名学者、英国皇家工程院院士、离散元法的发明人 Peter Cundall 博士在 20 世纪 70 年代中期研究开发的有限差软件，它具有强大的计算功能和广泛的模拟能力，尤其在大变形问题的分析方面具有独特的优势，是世界范围内应用最为广泛的通用性岩土工程数值模拟软件之一。FLAC3D 中内嵌应变软化/硬化模型，可用于硬脆性岩石及素混凝土等材料的数值模拟计算。

弹性阶段在主应力空间 σ_1、σ_2、σ_3，依据胡克定律应力—应变关系可知，一点的主应力和主应变增量表达式为

$$\begin{cases} \Delta\sigma_1 = \alpha_1 \Delta\varepsilon_1^e + \alpha_2 (\Delta\varepsilon_2^e + \Delta\varepsilon_3^e) \\ \Delta\sigma_2 = \alpha_1 \Delta\varepsilon_2^e + \alpha_2 (\Delta\varepsilon_1^e + \Delta\varepsilon_3^e) \\ \Delta\sigma_3 = \alpha_1 \Delta\varepsilon_3^e + \alpha_2 (\Delta\varepsilon_1^e + \Delta\varepsilon_2^e) \end{cases} \qquad (9-1)$$

其中

$$\alpha_1 = K + \frac{4}{3}G \qquad (9-2)$$

$$\alpha_2 = K - \frac{2}{3}G \qquad (9-3)$$

$$K = \frac{E}{3(1-2\nu)} \qquad (9-4)$$

$$G = \frac{E}{2(1+\nu)} \qquad (9-5)$$

式中：K 为体积模量；G 为剪切模量；E 为弹性模量；ν 为泊松比。

当岩体材料发生剪切屈服时，采用 Mohr - Coulomb 屈服准则（图 9-2），认为当某一面上剪切应力超过材料所能承受的极限剪应力时，材料便屈服。主应力形式 Mohr - Coulomb 屈服准则为

$$f^s = \sigma_1 - \sigma_3 N_\varphi + 2c\sqrt{N_\varphi} \qquad (9-6)$$

其中

$$N_\varphi = \frac{1+\sin\varphi}{1-\sin\varphi} \qquad (9-7)$$

取相应的剪切势函数 g^s 对应于非关联流动法则，即

$$g^s = \sigma_1 - \sigma_3 N_\psi \qquad (9-8)$$

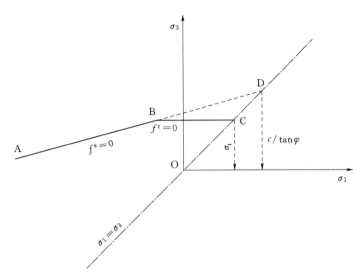

图 9 - 2　Mohr - Coulomb 屈服准则

$$N_\psi = \frac{1+\sin\psi}{1-\sin\psi} \tag{9-9}$$

式中：ψ 为剪胀角。

对于岩体张拉屈服，采用最大拉应力强度准则

$$f^t = \sigma_t - \sigma_3 \tag{9-10}$$

相应的拉屈服势函数对应的相关流动法则为

$$g^t = -\sigma_3 \tag{9-11}$$

当岩体剪切屈服按非关联流动法则假定，三个塑性主应变分量增量计算表达式为

$$\begin{cases} \Delta\varepsilon_1^p = \lambda_s \dfrac{\partial g^s}{\partial\sigma_1} = \lambda_s \\[2mm] \Delta\varepsilon_2^p = \lambda_s \dfrac{\partial g^s}{\partial\sigma_2} = 0 \\[2mm] \Delta\varepsilon_3^p = \lambda_s \dfrac{\partial g^s}{\partial\sigma_3} = -\lambda_s N_\psi \end{cases} \tag{9-12}$$

其中

$$\lambda_s = \frac{f^s(\sigma_1,\sigma_3)}{(\alpha_1 - \alpha_2 N_\psi) + (\alpha_1 N_\psi - \alpha_2)N_\psi} \tag{9-13}$$

如果用 N 和 I 表示修正后和修正前的应力，则应力修正表达式为

$$\sigma_1^N = \sigma_1^I - \lambda_s(\alpha_1 - \alpha_2 N_\psi)$$

$$\sigma_2^N = \sigma_2^I - \lambda_s \alpha_2(1 - N_\psi) \tag{9-14}$$

$$\sigma_3^N = \sigma_3^I + \lambda_s(\alpha_1 N_\psi - \alpha_2)$$

当岩体拉伸屈服时，采用关联流动法则，则岩体内某一点的塑性应变为

$$\begin{cases} \Delta\varepsilon_1^{\,p}=\lambda_t\,\dfrac{\partial g^t}{\partial\sigma_1}=0 \\[2mm] \Delta\varepsilon_2^{\,p}=\lambda_t\,\dfrac{\partial g^t}{\partial\sigma_2}=0 \\[2mm] \Delta\varepsilon_3^{\,p}=\lambda_t\,\dfrac{\partial g^t}{\partial\sigma_3}=-\lambda_t \end{cases} \qquad (9-15)$$

其中

$$\lambda_t=\frac{\sigma_3-\sigma_t}{\alpha_1} \qquad (9-16)$$

如果用 N 和 I 表示修正后和修正前的应力，则张拉屈服时的塑性修正表达式为

$$\begin{aligned} \sigma_1^N &= \sigma_1^I-\lambda_t\alpha_2 \\ \sigma_2^N &= \sigma_2^I-\lambda_t\alpha_2 \\ \sigma_3^N &= \sigma_3^I-\lambda_t\alpha_1 \end{aligned} \qquad (9-17)$$

应变软化/硬化模型中屈服单元的黏聚力、摩擦角、剪胀角与剪切流动法则非关联，抗拉强度与张拉流动法则相关联。即认为岩体力学参数 c、φ、ψ、σ_t 是塑性应变的函数，即

$$\begin{aligned} c &= c_0 f_c(\varepsilon_s^{\,p}) \\ \varphi &= \varphi_0 f_\varphi(\varepsilon_s^{\,p}) \\ \psi &= \psi_0 f_\psi(\varepsilon_s^{\,p}) \\ \sigma_t &= \sigma_t^0 f_{\sigma_t}(\varepsilon_t^{\,p}) \end{aligned} \qquad (9-18)$$

其中

$$\varepsilon_s^{\,p}=\frac{1}{\sqrt{2}}\int\sqrt{(\Delta\varepsilon_1^{ps}-\Delta\varepsilon_m^{ps})^2+(\Delta\varepsilon_m^{ps})^2+(\Delta\varepsilon_3^{ps}-\Delta\varepsilon_m^{ps})^2}\,\mathrm{d}t \qquad (9-19)$$

$$\varepsilon_t^{\,p}=\big|\Delta\varepsilon_3^{pt}\big|\,\mathrm{d}t \qquad (9-20)$$

$$\Delta\varepsilon_m^{ps}=\frac{1}{3}(\Delta\varepsilon_1^{ps}+\Delta\varepsilon_3^{ps}) \qquad (9-21)$$

采用应变—软化/硬化模型时，依据计算过程中当前的塑性应变增量值，采用式（9-18）调用修正函数进行下一步循环计算中岩体力学参数 c、φ、ψ、σ_t 的调整。

9.1.2 计算参数选择

由于成岩、构造运动及其他外部营力的作用，岩体中一般具有一定的宏观和微观裂隙，直接将岩石物理力学参数视为岩体物理力学参数显然不妥。岩体与岩石性质的根本区别在于结构面的影响，结构面不同形式的组合，必然造成岩体结构类型具有一定差别，并直接导致破坏形式和强度特性的差异。因此，人们提出了根据岩体结构类型预测岩体强度的思路，并已发展了多种行之有效的强度预测方法。关于这些方法的概述及特点，在各类相关岩体力学或岩石力学参考书中多有涉及，此处不再赘述。本研究采用国内外广泛应用的 Hoek-Brown 经验强度准则，在简单介绍其发展历程及应用方法的基础上，结合锦屏二级水电站施工排水洞现场资料及大量室内试验数据，对岩体物理力学参数进行估计。

E. Hoek 和 E. T. Brown 在 Griffith（1921）理论和修正 Griffith 理论（1924）的基础上，通过大量岩石三轴试验资料和岩体现场试验成果的统计分析，用试错法得出岩块和岩

体破坏时极限主应力之间的关系式，即为 1980 年提出的 Hoek-Brown 经验强度准则，亦称狭义 Hoek-Brown 经验强度准则（E. T. Brown 和 E. Hoek，1980）。由于其不仅能反映岩体的固有特点和非线性破坏特征，以及岩石强度、结构面组数、所处应力状态对岩体强度的影响，而且弥补了 Mohr-Coulomb 屈服准则的不足，能解释低应力、拉应力和最小主应力对强度的影响，可延用到破碎岩体和各向异性岩体等情况，还能反映地下水水理效应和力学效应导致的岩体强度弱化，同时该准则还是为数不多的非线性准则之一，故而一经提出便受到国际工程地质界的普遍关注（宋建波等，2002）。

Hoek-Brown 经验强度准则自 1980 年提出后，至今已历经几次修改。2002 年 E. Hoek 等（Hoek E，Carranza-Torres C，Corkum B，2002）提出该准则的最新版本，即广义 Hoek-Brown 经验强度准则

$$\sigma_1' = \sigma_3' + \sigma_{ci}\left(m_b\frac{\sigma_3'}{\sigma_{ci}} + s\right)^a \tag{9-22}$$

式中：σ_1'、σ_3' 为岩体破坏时最大、最小有效主应力；σ_{ci} 为岩石单轴抗压强度；m_b、s 为与岩体特征有关的材料参数；a 为表征节理岩体特征的常数。

其中

$$m_b = m_i\exp\left(\frac{GSI-100}{28-14D}\right) \tag{9-23}$$

$$s = \exp\left(\frac{GSI-100}{9-3D}\right) \tag{9-24}$$

$$a = \frac{1}{2} + \frac{1}{6}(e^{-GSI/15} - e^{-20/3}) \tag{9-25}$$

式中：m_i 为与岩石种类有关的材料参数，一般在 5~40 范围内取值；GSI 为地质力学强度指标，质量特差岩体为 10，完整岩体为 100；D 为应力扰动系数，取值范围为 0~1。

当岩石单轴抗压强度 $\sigma_{ci} \leqslant 100\text{MPa}$ 时，岩体弹性模量 E_m 为

$$E_m = \left(1 - \frac{D}{2}\right)\sqrt{\frac{\sigma_{ci}}{100}} \times 10^{(GSI-10)/40} \tag{9-26}$$

$\sigma_{ci} > 100\text{MPa}$ 时

$$E_m = \left(1 - \frac{D}{2}\right) \times 10^{(GSI-10)/40} \tag{9-27}$$

将 $\sigma_3 = 0$ 代入式（9-27）中，可得到岩体的单轴抗压强度 σ_{cmass} 为

$$\sigma_{cmass} = \sigma_{ci}s^a \tag{9-28}$$

当 $\sigma_1 = 0$ 时，可得到岩体的单轴抗拉强度 σ_{tmass} 为

$$\sigma_{tmass} = -\frac{s\sigma_{ci}}{m_b} \tag{9-29}$$

目前大多数岩土工程数值模拟软件都是选择 Mohr-Coulomb 准则为屈服准则，在 Mohr-Coulomb 准则中通过黏聚力 c 和内摩擦角 φ 表征岩体强度。针对这一情况，E. Hoek 等（2002）给出了等价 c、φ 值的计算方法为

$$c = \frac{\sigma_{ci}[(1+2a)s + (1-a)m_b\sigma_{3n}'](s + m_b\sigma_{3n}')^{a-1}}{(1+a)(2+a)\sqrt{1 + 6am_b(s + m_b\sigma_{3n}')^{a-1}/[(1+a)(2+a)]}} \tag{9-30}$$

$$\varphi = \sin^{-1}\left[\frac{6am_b\,(s+m_b\sigma'_{3n})^{a-1}}{2(1+a)(2+a)+6am_b\,(s+m_b\sigma'_{3n})^{a-1}}\right] \tag{9-31}$$

其中

$$\sigma_{3n} = \frac{\sigma'_{3\max}}{\sigma_{ci}}$$

σ_{3n} 的选取与 $\sigma'_{3\max}$ 有关，而针对边坡及地下洞室问题，$\sigma'_{3\max}$ 的选取也有所不同。针对洞室问题的 σ_{3n} 选取，E. Hoek 等（2002）建议

$$\frac{\sigma'_{3\max}}{\sigma'_{cm}} = 0.47\left(\frac{\sigma'_{cm}}{\gamma H}\right)^{-0.94} \tag{9-32}$$

式中：γ 为岩体容重；H 为岩体埋深。

1980 年，Hoek 结合 Blamer 推导法，建立了由一组 $\sigma_1 - \sigma_3$ 值构成一条完整 Mohr 包络线基本方程的方法和步骤。对某些情况而言，这一方法不能求解一定正应力作用下岩体的抗剪强度。为此，Hoek 将 Mohr 包络线以如下形式表示，以此建立求解岩体抗剪强度的方法，即

$$\frac{\tau}{\sigma_c} = A\left(\frac{\sigma}{\sigma_c} - \frac{\sigma_t}{\sigma_c}\right)^B \tag{9-33}$$

式中：A、B 为经验常数；σ_c 为岩块单轴抗压强度；σ_t 为岩块单轴抗拉强度。

由于该方法需要多个岩体三轴试验数据（$\sigma_1 - \sigma_3$），对常数 A、B 的求解过程也非常复杂，因此，这种方法并没有得到足够的重视和广泛的应用。

1983 年英国学者 J. Bray 博士根据狭义的 Hoek - Brown 强度包络线的形状，给出了计算岩体或潜在破坏面上抗剪强度的方法（Hoek E，Brown E T，1983）

$$\tau = \frac{1}{8}(\cot\varphi_i - \cos\varphi_i)m\sigma_c \tag{9-34}$$

$$\varphi_i = \arctan\left[\frac{1}{(4h\,\cos^2\theta - 1)}\right]^{\frac{1}{2}} \tag{9-35}$$

$$h = 1 + \frac{16(m\sigma + s\sigma_c)}{3m^2\sigma_c} \tag{9-36}$$

$$\theta = \frac{1}{3}\left\{90° + \arctan\left[\frac{1}{\sqrt{(h^3-1)}}\right]\right\} \tag{9-37}$$

$$c_i = \tau - \sigma\tan\varphi_i \tag{9-38}$$

$$\beta = 45° - \frac{1}{2}\varphi_i \tag{9-39}$$

$$\beta = \frac{1}{2}\arcsin\left[\frac{\tau_m}{\tau_m + m\sigma_c/8}\sqrt{1 + \frac{m\sigma_c}{4\tau_m}}\right] \tag{9-40}$$

$$\tau_m = \frac{1}{2}(\sigma_1 - \sigma_3) = \frac{1}{2}\sqrt{m\sigma_c\sigma_3 + s\sigma_c^2} \tag{9-41}$$

式中：τ、σ 分别为破坏时的剪应力、正应力，MPa；c_i 为给定 τ、σ 条件下岩体的内摩擦角，（°）；φ_i 为给定 τ、σ 条件下岩体的黏聚力，MPa；σ_c 为岩块单轴抗压强度，MPa；m、s 为经验参数。

　　Hoek 等为了使 Hoek－Brown 强度准则得到更广泛的应用，给出了根据地质强度指标 GSI、岩性参数 m_i 等计算岩体 c、φ 值的软件 RocLab。本文中利用该软件，参考锦屏二级水电站施工排水洞现场及室内试验资料，结合地质强度指标及对应不同岩性的 m_i 经验值，基于《雅砻江锦屏水电枢纽工程锦屏辅助洞竣工报告工程地质篇》中提供的各种地层的室内岩石物理力学参数，对施工排水洞岩体力学参数进行确定，由于埋深对同一岩层岩体强度具有一定的影响，因此对施工排水洞不同桩号段进行岩体力学参数确定，结果如表 9－1 所示。

表 9－1　　　　　　　　　　　岩 体 物 理 力 学 参 数

| 地层 | 桩号 | 岩　　块 | | | h /m | GSI | m_i | 岩　　体 | | | |
		ρ /(g·cm⁻³)	E /GPa	ν				c /MPa	φ /(°)	E_m /GPa	σ_{tm} /MPa
$T_2^6 y$	SK14+441.00	2.75	82.35	0.28	1626.6	60	8.264	4.696	33.15	42.822	0.549
	SK14+222.00				1640.2			4.718	33.08		
$T_2^5 y$	SK13+039.00	2.70	67.14	0.24	1836.6	80	8.264	6.872	34.97	59.107	1.798
	SK12+838.00				1819.7			6.845	35.04		
$T_2^6 y$	SK12+819.00	2.75	82.35	0.28	1819.6	60	8.264	4.997	32.28	42.822	0.549
	SK12+618.00				1799.0			4.965	32.37		
$T_2^6 y$	SK12+542.00	2.75	82.35	0.28	1798.2	80	8.264	8.229	37.49	72.497	2.479
	SK12+370.00				1846.6			8.313	37.30		
$T_2 b$	SK12+054.00	2.77	136.8	0.28	1848.1	60	8.264	6.015	35.19	37.232	0.811
	SK11+940.00				2008.4			6.293	35.54		
$T_2 b$	SK11+938.00	2.77	136.8	0.28	2008.4	80	8.264	10.975	39.50	63.033	3.664
	SK11+045.00				1864.5			10.702	40.02		
$T_2 b$	SK11+015.00	2.77	136.8	0.28	1864.6	80	8.264	10.702	40.02	63.033	3.664
	SK10+582.00				1968.4			10.900	39.64		
$T_2 b$	SK10+546.00	2.77	136.8	0.28	1968.4	60	8.264	6.225	34.69	37.232	0.811
	SK9+947.00				2162.9			6.551	33.97		
$T_2 b$	SK9+897.00	2.77	136.8	0.28	2162.9	80	8.264	11.264	38.97	63.033	3.664
	SK9+869.00				2250.4			11.426	38.69		

9.1.3　岩爆孕育发生机理

9.1.3.1　应变型岩爆孕育发生机理

　　以锦屏二级水电站施工排水洞 SK13+000.00 桩号段为基础建立数值模型，研究洞室开挖洞壁围岩应力变化特征，并由此对施工排水洞应变型岩爆孕育发生机理进行研究分析。模拟段上覆岩层厚度约 1830m，岩性为 $T_2^5 y$ 灰白色层状中粗晶大理岩，节理裂隙较为发育，洞内局部溶蚀含水，有渗水、出水现象，局部边墙岩体破碎，围岩类别以Ⅲ类为主。围岩物理力学参数如表 9－1 所示，初始应力场 $\sigma_1 = 48.31\text{MPa}$、$\sigma_2 = 33.77\text{MPa}$、

$\sigma_3 = 31.90\mathrm{MPa}$。对模拟洞段进行一次性开挖，得到围岩最大主应力分布特征如图 9-3 所示。由图 9-3 可知，施工排水洞开挖洞壁围岩一定范围内应力发生重分布，并发生主应力集中现象，即显现出"驼峰应力"分布模式。

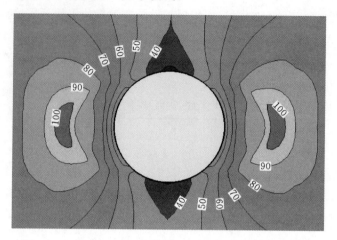

图 9-3 垂直洞室轴线面最大主应力云图（单位：MPa）

目前的数值模拟分析及分析处理结果中一般着眼于最终应力应变量值，却忽略了应力路径的变化过程，然而围岩稳定受应力路径变化影响较大（图 9-4），不同应力路径下，围岩所表现的屈服破坏方式不同。图 9-3 为应力重分布调整结束后的特征，为观察洞室开挖围岩应力变化过程的特征，在水平洞壁方向设置 12 个应力监测点，各点距洞壁距离分别为：0.2112m、0.5736m、0.9361m、1.2986m、1.6612m、2.0236m、2.3861m、2.7485m、3.0749m、3.9616m、4.8483m、5.7351m。以监测围岩应力调整变化过程，并根据所得结果从应力调整过程中认识岩爆的孕育机制。

施工排水洞开挖，各监测点最大主应力 σ_1、最小主应力 σ_3 变化情况如图 9-5 所示，由图可知，0.2112m、0.5736m、0.9361m 监测点处最大主应力 σ_1、最小主应力 σ_3 首先经历围岩应力解除过程，在这一过程中围岩最大主应力发生突降，并在较低的围岩水平下达到屈服状态（对应岩体峰值强度）。在达到峰值强度破坏后，跌落至岩体残余强度包络面（σ_1 量值等于残余岩体强度），并最终保持于低应力水平状态。在整个变化过程中 σ_1 和 σ_3 都没有经历应力集中过程，围岩在较低的应力条件下进入屈服状态，发生应力降低型破坏—劈裂破坏（Kaiser，1994），但这一岩体自初始较高应力状态发展至残余强度过程中，对应初始能量的释放过程。

1.2986m、1.6612m、2.0236m、2.3861m、2.7485m、3.0749m 监测点处首先经历最大主应力 σ_1 升高、最小主应力 σ_3 降低过程，此过程中围岩主应力差增大，剪应力逐渐提高，围岩发生张剪屈服及剪切屈服。屈服后围岩在峰值强度状态跌落至残余强度状态。此范围屈服单元处于洞壁一定深度，由于前后围岩"挤压"作用处于一定的围压水平，围岩自初始应力场演化至峰值强度时，积聚较高的弹性应变能，围岩发生屈服时，释放多余能量。

剩余各监测点处应力变化的一个显著特点是虽经历了围压松弛 σ_1 增高过程，但由于

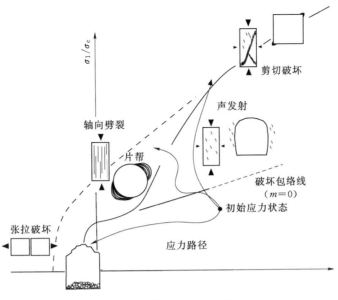

图 9-4　岩体复合强度包络线

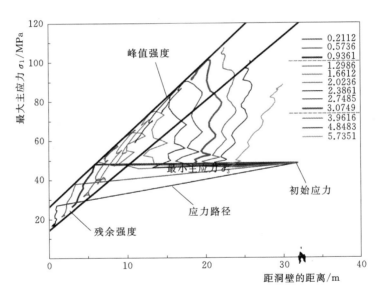

图 9-5　距洞壁不同距离处围岩主应力变化过程曲线

应力尚未达到岩体峰值强度，围岩并未屈服而处于弹性状态。由于未达到屈服状态（应力峰值状态），这部分围岩仍处于弹性状态，具有一定的安全性，在围岩稳定中主要表现为弹性变形过程，但须注意的是此部分岩体弹性变形过程中将释放一定的弹性应变能，进而对已发生的屈服岩体的稳定存在劣化影响。

同时由图 9-6 可知，模拟段距洞壁一定范围内围岩发生塑性屈服，这一屈服状态是一个力学概念，对应于工程中的围岩失稳形式具有多种表现，如大变形、片帮、突帮和岩爆等，故而只可用以说明围岩较大损伤屈服范围，即洞室开挖后围岩裂隙贯通范围，而无法判定具体对应实际何种破坏表征。

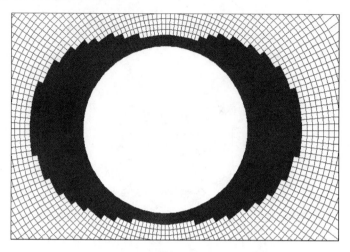

图9-6 洞壁围岩塑性区分布

为研究 TBM 施工过程中3号引水隧洞围岩损伤演化规律,陈炳瑞等(2010)于锦屏二级水电站2号和3号引水隧洞之间的2号横通洞的1号实验洞内进行了声发射试验。TBM掘进至监测面区域时,掌子面前方声发射事件分布如图9-7所示,由图可知,掌子面推进过程中,前方围岩生成大量微裂隙并伴随有声发射事件,产生较为明显的破裂损伤。

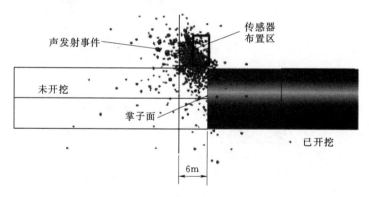

图9-7 TBM掘进至监测面区域时掌子面前方声发射事件分布

TBM 开挖通过声发射监测区域后,空间分布如图9-8所示。

由图9-8可知,声发射事件主要分布于距洞壁3m以内,即围岩破裂损伤主要发生在这个范围,而大于3m范围则发生较少的声发射事件,即这一范围内围岩损伤较小,未能形成宏观贯通破裂面。同时,自声发射事件及能量与围岩洞壁之间的关系可知,3m范围内声发射事件呈逐步增加趋势,3m范围后则为降低过程,该区域可以认为是微裂纹形成与贯通围岩松动区;3~9m的范围内,声发射事件数与围岩破裂释放的能量都呈快速下降趋势,主要因为该区域围岩以原有裂隙的扩展和新生裂隙的萌生微破裂为主,并且随着距离的增加微破裂的数量逐渐减小,该区域可以认为是围岩的损伤区;距离洞壁9~22m范围内,声发射事件数和围岩破裂释放的能量基本上趋于稳定,处于一个较低水平,

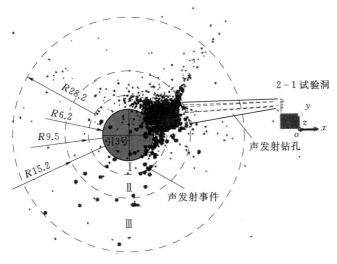

图 9-8　声发射事件与损伤区域的空间分布（单位：m）

可以认为该区域为围岩扰动区（陈炳瑞，冯夏庭，肖亚勋等，2010）。但对比分析 3m 范围内声发射和能量变化特征可知，虽然 3m 范围内为裂纹形成于贯通区域，但是其破坏机理具有明显不同，浅表部声发射次数较少同时对应较低释放能量，诚如上述分析所得结果，此浅部为应力降低型破坏，即劈裂破坏，而相比较深部位则为张剪破坏与剪切破坏共存，对应图 9-9 释放能量值较高。则可认为锦屏二级水电站施工排水洞由于 TBM 开挖，洞室二次应力场调整完毕后，洞壁围岩由远及近可划分为裂隙贯通区、微破裂区及完整区，而对应二次应力场特征则可划分为应力松弛区、应力过渡区、应力集中区、应力过渡区及应力平稳区（图 9-10），同时亦说明洞室开挖对围岩应力具有一定的影响半径效应，而此效应视洞室尺寸及形状的不同而存在差异（刘立鹏，姚磊华，王成虎等，2010）。

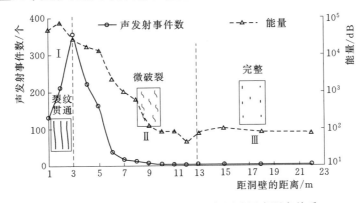

图 9-9　声发射事件数及能量与洞壁围岩距离关系

基于室内卸载围压、卸载围压—加载轴压试验以及复杂应力路径下岩石的数值仿真试验结果中脆性岩石破坏特性和数值仿真中洞壁围压应力及方向变化特征，结合现场声发射监测分析结果，归纳总结出锦屏二级水电站施工排水洞应变型岩爆灾害孕育机制：锦屏二级水电站施工排水洞岩爆地质灾害主要发生于裂隙贯通区，即应力松弛区内。此区应力路

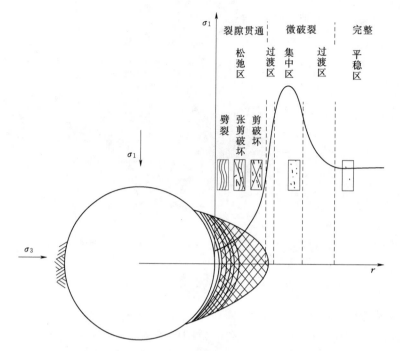

图 9-10 洞室开挖围岩主应力分布及对应岩石屈服模式

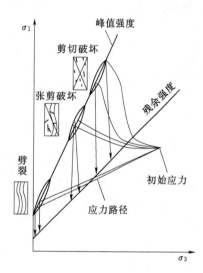

图 9-11 应力演化路径及
对应围岩屈服方式

径如图 9-5 所示，应力松弛区内浅表壁围岩（如图 9-5 所示的 0.9361m 范围）围压 σ_3 较低（更甚于趋于 0），发生应力降低型破坏，对应破坏模式为劈裂破坏，形成较为典型的张拉破坏面，破坏过程中岩体能量值自初始应变能转至残余稳定能量值，而这一过程中对应初始能量场的释放过程。较深范围围岩（如图 9-5 所示的 1.2986~3.0749m 范围）亦发生塑性屈服，形成裂隙贯通面，由于此范围内围压 σ_3 较高，对应为张剪、剪切破坏（图 9-11），应力调整过程中积聚较高的弹性应变能，而达到残余强度时，释放较高的弹性应变能，进而形成岩爆的孕育环境。

由弹性力学可知，主应力空间中岩体单元各部分能量可表示为

$$U = \int_0^{\varepsilon_1} \sigma_1 \mathrm{d}\varepsilon_1 + \int_0^{\varepsilon_2} \sigma_2 \mathrm{d}\varepsilon_2 + \int_0^{\varepsilon_3} \sigma_3 \mathrm{d}\varepsilon_3 \quad (9-42)$$

同时

$$U = \frac{1}{2}\sigma_1\varepsilon_1 + \frac{1}{2}\sigma_2\varepsilon_2 + \frac{1}{2}\sigma_3\varepsilon_3 \quad (9-43)$$

$$\varepsilon_1 = \frac{1}{E}\left[\sigma_1 - \nu(\sigma_2 + \sigma_3)\right] \quad (9-44)$$

$$\varepsilon_2 = \frac{1}{E}\left[\sigma_2 - \nu(\sigma_1 + \sigma_3)\right] \tag{9-45}$$

$$\varepsilon_3 = \frac{1}{E}\left[\sigma_3 - \nu(\sigma_1 + \sigma_2)\right] \tag{9-46}$$

则假设处于某一应力环境中的地下岩体，其所积聚的应变能（初始应变能）为

$$U_{\text{ini}} = \frac{1}{2}\sigma_1\varepsilon_1 + \frac{1}{2}\sigma_2\varepsilon_2 + \frac{1}{2}\sigma_3\varepsilon_3 \tag{9-47}$$

对应不同围压环境，岩体具有不同的极限储能能力 U_{lim}，即

$$U_{\text{lim}} = f(\sigma_1, \sigma_2, \sigma_3, \sigma_c, \cdots) \tag{9-48}$$

地下洞室开挖，初始应变能 U_{ini} 大于极限储能 U_{lim} 时，岩体直接发生破坏，而极限存储能大于初始应变能时，则由于应力调整，首先是积聚能量的过程，如所积聚能量大于极限应变能 U_{lim}，则发生破坏，小于时则保持为弹性状态，即随着洞壁围岩与洞壁之间距离的不同，岩体内能量的演化分别对应释放、积聚—释放两种不同的过程，详见图 9-12。

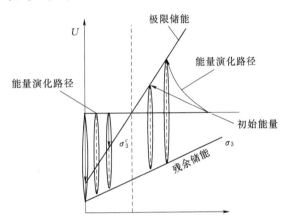

图 9-12　不同围压下围岩能量演化路径

同时由硬脆性岩石应力应变曲线可知，岩体在未达到峰值强度前是积聚应变能的过程，而峰值强度后则为耗散能过程（谭以安，1992）。则对于第 i 个岩体单元，可释放弹性能为

$$U_i^{\text{rel}} = \frac{1}{2\overline{E}}\left[\sigma_1^2 + \sigma_2^2 + \sigma_3^2 - 2\overline{\nu}(\sigma_1\sigma_2 + \sigma_2\sigma_3 + \sigma_1\sigma_3)\right] \tag{9-49}$$

式中：$\overline{E}$ 及 $\overline{\nu}$ 分别为卸荷弹性模量与泊松比平均值。

$$U_i^{\text{lim}} = \frac{1}{2E}\left[\sigma_1^2 + \sigma_2^2 + \sigma_3^2 - 2\nu(\sigma_1\sigma_2 + \sigma_2\sigma_3 + \sigma_1\sigma_3)\right] \tag{9-50}$$

$$U_i^{\text{dis}} = U - U_i^{\text{rel}} \tag{9-51}$$

假设岩体破坏过程中不包含声能、热能等其他形式的能量的释放，则对应上述分析，洞室开挖时应变能具有两种不同的演化路径：

当 $U_{\text{ini}} > U_{\text{lim}}$ 时

$$\Delta U_i^{\text{rel}} = U_i^{\text{ini}} - U_i^{\text{dis}} \tag{9-52}$$

这一状态对应岩体能能量的单纯释放过程。

当 $U_{\text{ini}} < U_{\text{lim}}$ 时

$$\Delta U_i^{\text{rel}} = U_i^{\text{lim}} - U_i^{\text{dis}} \tag{9-53}$$

这一状态对应岩体能量的积聚—释放过程，即对于洞壁不同深度围岩破坏机理不同，浅表部围岩由于初始应变能高于极限存储能，发生劈裂破坏（张拉破坏为主），而较深部位围岩则由于初始应变能低于极限存储能，故应力调整过程中对应能量的积聚释放过程，破坏机理上反映为剪切破坏与张拉破坏共存以及剪切破坏为主的破坏模式。

假设屈服岩体由 n 个岩体单元组成，则塑性区内可释放能为

$$E_{\mathrm{rel}} = \sum_{i=1}^{n} \Delta U_i \times V_i \tag{9-54}$$

假设屈服体由 n 个单元组成，则由动能定义可得

$$\frac{1}{2} \sum_{i=1}^{n} m v^2 = E_{\mathrm{rel}} \tag{9-55}$$

岩体的抛掷速度与破坏可释放能量有关，对应不同能量释放量级，岩体表现出不同的宏观破坏表征。

综合上述分析，可总结出施工排水洞岩爆灾害孕育及发生机制，详述如下：

由于自重应力及构造应力作用，地下深埋岩体中积聚初始应变能。洞室开挖初始平衡能量场遭受扰动，洞壁浅部围岩由于围压卸载，对应极限储能小于初始应变能而发生以张拉破坏为主的劈裂破坏。较深部位则由于应力重分布过程积聚应变能，当所积聚应变能量值达到相应条件下的极限存储能时，岩体发生张剪以及剪切屈服同时释放能量。上述两种能量演化过程中所产生的破裂岩，由于自身积聚的可释放应变能和稳定岩体释放的能量转化为破裂岩块的动能，破裂岩块获得一定的初速度向临空面弹射出来，从而产生岩爆。而这一过程中岩体宏观表现为劈裂成板与剪切成块同时存在，并最终在释放应变能的综合作用下发生块、片状抛射现象。

岩体单元发生整体破坏后，多余的能量将释放。岩体单元位于主应力空间中，所积聚能量难以沿最大压应力方向释放，易于沿最小压应力或拉应力方向释放，洞室巷道中表现为自一定深度围岩内向开挖临空面释放。释放能量值大小不同，岩爆宏观表征不同：①较小量值时使得已劈裂破坏围岩产生曲折、溃曲等破坏，表现为片帮、剥落型低等级岩爆破坏；②较高量值时则向开挖临空面抛掷浅表部已屈服（劈裂）岩体，进而表现为较高等级的岩爆现象，并伴随明显巨响、声浪等现象。

锦屏二级水电站施工排水洞根据现场记录资料，岩爆多发生于掌子面开挖后几个小时内，以 3h 内最为活跃，距掌子面 10~25m 范围内发生。对于岩爆滞后性现象，目前的解释说明多集中于掌子面与发生岩爆点的距离的变化对围岩应力重分布的影响上，而忽视岩体强度与时间之间的联系。研究人员从岩体储能及洞壁围岩能量演化规律出发，定性分析岩体强度退化对于岩爆宏观表征的影响，并在此基础上对岩爆的滞后性现象加以解释说明。

高地应力区地下洞室未开挖前，岩体由于自重作用及其他构造运动作用所存储初始能量为 U_{ini}，强度未退化前岩体的极限储能 U_{lim}。开挖卸荷以及其他外力作用导致岩体发生损伤性强度退化，则由式（9-48）可知，退化后岩体极限存储能为 U'_{lim}。对于不同围岩属性及地应力量级（初始储存能量）情况，图 9-12 从能量角度对岩体开挖后围岩的能量演化进行了归纳总结，即初始能量大于或小于岩体极限存储能时对应不同的岩爆孕育机制。

当 $U_{\mathrm{lim}} > U_{\mathrm{ini}}$ 时，即岩体中所积聚能量小于岩体极限存储能时，洞室开挖初期并不发生岩爆灾害，此时洞壁围岩中所存储能量由于洞壁围岩中发生应力重分布作用，自 U_{ini} 变化为 U_{cha}（调整能）。随着时间推移，在各种外力作用下，岩体强度进一步退化，岩体存储能量能力降低，极限存储能 U'_{lim} 小于 U_{cha} 时，洞壁围岩发生失稳破坏，释放能量，进而

表现出岩爆灾害，具体孕育机理如图9-13所示。这一时间历程，则表现为岩爆的滞后性现象。

关于岩爆的滞后性现象及滞后时间，已有研究多集中于岩爆发生资料的统计上，并试图将其与岩爆点与掌子面之间距离及应力重分布范围上建立一定的联系，忽视了岩体极限储能随强度变化而变化的本质特征。本研究中从能量角度对这一现象进行定性解释，关于强度退化多少为临界值以及何时发生岩爆等宏观特征量，与地层岩性、开挖进尺、洞室尺寸、地质环境等多因素相关，可视为多因素多级系统问题。

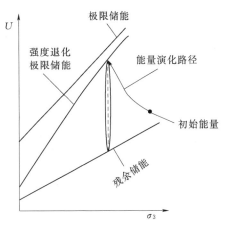

图9-13 滞后性岩爆孕育机理

9.1.3.2 节理控制型岩爆孕育发生机理

上述对于应变型岩爆的孕育及发生机理进行了分析研究，但锦屏二级水电站施工排水洞工程实际表明，节理构造的存在对于岩爆具有一定的影响作用（如桩号SK14+441.00～14+221.00段）。此处，利用地质力学分析方法，对节理控制型岩爆进行简单分析。

假设洞壁围岩中存在单条或多条节理，如图9-14所示，由图可知，对应不同的节理条数或节理组合，岩爆具有不同的触发条件，而这一条件或这一影响特征目前研究中并没有给予较多关注。文中仅对两条相交节理组合下发生岩爆的机理进行一定的研究分析，由于岩体中节理存在的复杂性，对于其他不同组合下的岩爆孕育及发生机理暂不讨论。

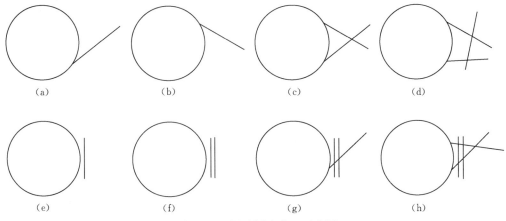

图9-14 洞壁围岩节理示意图

假设洞壁浅表部围岩中存在两组小角度相交节理，如图9-14（c）所示。节理1、节理2距洞壁相交长度分别为l、m，节理面上分别作用正应力σ_1^n、σ_2^n，剪应力τ_1、τ_2，重力G，节理摩擦角分别为φ_1、φ_2，黏聚力c_1、c_2，节理与水平轴夹角分别为α、β，具体受力如图9-15所示。

不考虑作用于节理面上的正应力σ_1^n、σ_2^n随洞壁深度变化而变化的实际情况，仅做

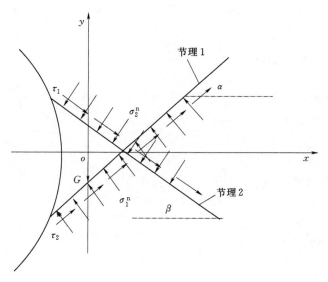

图 9-15 相交节理受力图

假定简单分析。则处理滑移临界状态时：

水平方向合力

$$F_x = (\sigma_1^n l \sin\alpha + \sigma_2^n m \sin\beta) - (c_1 l \sin\alpha + c_2 m \sin\beta) = 0 \qquad (9-56)$$

垂直方向合力

$$F_y = (\sigma_1^n l \cos\alpha - \sigma_2^n m \cos\beta) - (c_1 l \cos\alpha + c_2 m \cos\beta) = 0 \qquad (9-57)$$

则楔形体滑动的必要条件为

$$F_x, F_y > 0 \qquad (9-58)$$

楔形体产生滑动后外围节理黏聚力失去作用，此时作用于节理面为摩擦力，则

$$\Delta F_x = (\sigma_1^n l \sin\alpha + \sigma_2^n m \sin\beta) - (\sigma_1^n l \cos\alpha \tan\varphi_1 + \sigma_1^n m \cos\alpha \tan\varphi_2) \qquad (9-59)$$

$$\Delta F_y = (\sigma_1^n l \cos\alpha - \sigma_2^n m \cos\beta) - (\sigma_1^n l \sin\alpha \tan\varphi_1 + \sigma_1^n m \sin\alpha \tan\varphi_2) \qquad (9-60)$$

滑动方向为

$$\omega = \arctan\frac{\Delta F_y}{\Delta F_x} \qquad (9-61)$$

块体运动位移分解为水平及垂直向位移为 u_x、u_y。假设运动过程中，外力保持不变，则其对楔形体做功近似为

$$W_1 = \int_0^{u_x} \Delta F_x \, \mathrm{d}x \qquad (9-62)$$

$$W_2 = \int_0^{u_y} \Delta F_y \, \mathrm{d}y \qquad (9-63)$$

总能量

$$W = W_1 + W_2 \qquad (9-64)$$

假设楔形体质量为 m，外力所做的功全部转化为楔形体抛射上，则其运动速度为

$$v = \sqrt{\frac{2W}{m}} = \sqrt{\frac{2(W_1 + W_2)}{m}} \qquad (9-65)$$

即表现为发生岩爆灾害。

对于图 9-14 中各种节理而言，不同节理组合下发生岩爆的机理不同，并不单纯以上述简单假定为根据，如多组平行洞壁节理则可视为压杆失稳问题或利用谭以安理论进行一定的解释（谭以安，1989），而单一斜交节理则是原有节理面与新鲜裂隙面之间的共同作用。上述论述的目的在于说明节理控制型岩爆发生机理的同时，申明对岩爆现象进行孕育及发生机理分析时，并不能单一将节理存在考虑为良性抵消洞壁高地应力作用，而应根据不同的存在环境做具体分析。

9.2 岩爆多元复合判据研究

岩爆为多因素单表征现象，如何寻找合适的岩爆判据，一直是岩爆研究的一大难点，目前岩土工程界已逐渐趋于考虑多因素综合作用对岩爆的影响，并致力于岩爆的多元复合判据研究，综合考虑多种因素界定岩爆发生与否及量级大小的变化特征。文中基于这一认识，从能量角度出发，采纳已有岩爆判据中对岩性、岩体完整度等因素的考虑，建立适合锦屏二级水电站施工排水洞岩爆研究的多元复合判据。

9.2.1 排水洞围岩释放能量特征

处于不同埋深的地层所存在的地应力环境不同，物理力学参数不同，其所存储的初始能量不同，洞室开挖后可释放的能量亦不相同。基于锦屏二级水电站施工排水洞已有岩爆资料，为方便后续释放能量研究分析，对施工排水洞桩号 SK09+869.00~14+441.00 段进行分段、分地层、分围岩等级及岩爆等级归类处理，结果如表 9-2 所示。

表 9-2　　　　　　　　　　　　施工排水洞岩爆分段研究表

桩号 SK	地层	围岩类别	岩爆等级	段号	大洞段岩爆等级
14+441~14+426	$T_2^6 y$	Ⅲ	Ⅲ		
14+415~14+390	$T_2^6 y$	Ⅲ	Ⅲ		
14+415~14+390	$T_2^6 y$	Ⅲ	Ⅲ		
14+252~14+250	$T_2^6 y$	Ⅲ	Ⅱ	1	Ⅲ
14+251~14+245	$T_2^6 y$	Ⅱ	Ⅲ		
14+230~14+227	$T_2^6 y$	Ⅱ	Ⅲ		
14+226~14+224	$T_2^6 y$	Ⅱ	Ⅱ		
14+222~14+220	$T_2^6 y$	Ⅱ	Ⅱ		
13+039~13+043	$T_2^5 y$	Ⅲ	Ⅰ		
13+010~13+005	$T_2^5 y$	Ⅲ	Ⅰ	2	Ⅰ
12+980~12+976	$T_2^5 y$	Ⅱ	Ⅰ		
12+975~12+970	$T_2^5 y$	Ⅱ	Ⅱ		

续表

桩号 SK	地层	围岩类别	岩爆等级	段号	大洞段岩爆等级
12＋969～12＋963	$T_2^5 y$	Ⅱ	Ⅱ		
12＋930～12＋925	$T_2^5 y$	Ⅱ	Ⅰ		
12＋924～12＋920	$T_2^5 y$	Ⅱ	Ⅲ	2	Ⅰ
12＋919～12＋915	$T_2^5 y$	Ⅱ	Ⅰ		
12＋838～12＋830	$T_2^5 y$	Ⅲ	Ⅰ		
12＋823～12＋819	$T_2^6 y$	Ⅲ	Ⅰ		
12＋810～12＋809	$T_2^6 y$	Ⅲ	Ⅰ		
12＋722～12＋720	$T_2^6 y$	Ⅲ	Ⅱ		
12＋720～12＋718	$T_2^6 y$	Ⅲ	Ⅰ	3	Ⅰ
12＋648～12＋646	$T_2^6 y$	Ⅲ	Ⅰ		
12＋626～12＋625	$T_2^6 y$	Ⅲ	Ⅰ		
12＋620～12＋618	$T_2^6 y$	Ⅲ	Ⅰ		
12＋545～12＋542	$T_2^6 y$	Ⅱ	Ⅰ		
12＋540～12＋538	$T_2^6 y$	Ⅱ	Ⅱ		
12＋536～12＋535	$T_2^6 y$	Ⅱ	Ⅰ		
12＋531～12＋530	$T_2^6 y$	Ⅱ	Ⅰ		
12＋524～12＋523	$T_2^6 y$	Ⅱ	Ⅰ		
12＋515～12＋514	$T_2^6 y$	Ⅱ	Ⅰ		
12＋506～12＋505	$T_2^6 y$	Ⅱ	Ⅰ		
12＋465～12＋445	$T_2^6 y$	Ⅱ	Ⅲ	4	Ⅰ
12＋438～12＋437	$T_2^6 y$	Ⅱ	Ⅰ		
12＋418～12＋418	$T_2^6 y$	Ⅱ	Ⅰ		
12＋406～12＋405	$T_2^6 y$	Ⅱ	Ⅰ		
12＋404～12＋404	$T_2^6 y$	Ⅱ	Ⅰ		
12＋385～12＋380	$T_2^6 y$	Ⅱ	Ⅰ		
12＋380～12＋376	$T_2^6 y$	Ⅱ	Ⅰ		
12＋374～12＋370	$T_2^6 y$	Ⅱ	Ⅰ		
12＋366～12＋364	$T_2^6 y$	Ⅱ	Ⅱ		
12＋060～12＋054	$T_2 b$	Ⅲ	Ⅱ	5	Ⅱ
11＋950～11＋940	$T_2 b$	Ⅲ	Ⅲ		
11＋940～11＋938	$T_2 b$	Ⅱ	Ⅱ		
11＋932～11＋931	$T_2 b$	Ⅱ	Ⅰ		
11＋926～11＋925	$T_2 b$	Ⅱ	Ⅰ	6	Ⅰ
11＋920～11＋917	$T_2 b$	Ⅱ	Ⅱ		
11＋917～11＋906	$T_2 b$	Ⅱ	Ⅲ		

桩号 SK	地层	围岩类别	岩爆等级	段号	大洞段岩爆等级
11＋905～11＋900	T_2b	II	I		
11＋896～11＋895	T_2b	II	I		
11＋892～11＋891	T_2b	II	I		
11＋880～11＋879	T_2b	II	I		
11＋825～11＋820	T_2b	III	I		
11＋805～11＋803	T_2b	II	I		
11＋799～11＋797	T_2b	II	III		
11＋751～11＋750	T_2b	II	I		
11＋672～11＋670	T_2b	II	I		
11＋670～11＋668	T_2b	II	I		
11＋665～11＋664	T_2b	II	I		
11＋663～11＋661	T_2b	II	I		
11＋665～11＋665	T_2b	II	I		
11＋660～11＋658	T_2b	II	III	6	I
11＋605～11＋597	T_2b	II	II		
11＋588～11＋587	T_2b	II	I		
11＋586～11＋586	T_2b	II	I		
11＋585～11＋584	T_2b	II	I		
11＋582～11＋580	T_2b	II	II		
11＋577～11＋575	T_2b	II	I		
11＋478～11＋477	T_2b	II	I		
11＋468～11＋468	T_2b	II	I		
11＋230～11＋222	T_2b	II	III		
11＋101～11＋100	T_2b	II	I		
11＋087～11＋085	T_2b	II	I		
11＋071～11＋070	T_2b	II	I		
11＋061～11＋060	T_2b	II	I		
11＋046～11＋045	T_2b	II	I		
11＋020～11＋015	T_2b	II	I		
11＋021～11＋017	T_2b	II	I		
11＋012～11＋010	T_2b	II	II		
11＋002～11＋001	T_2b	II	I	7	II
11＋000～10＋999	T_2b	II	I		
10＋997～10＋988	T_2b	II	III		
10＋995～10＋995	T_2b	II	I		
10＋982～10＋981	T_2b	II	I		

续表

桩号SK	地层	围岩类别	岩爆等级	段号	大洞段岩爆等级
10+975～10+972	T_2b	Ⅱ	Ⅱ		
10+967～10+962	T_2b	Ⅱ	Ⅰ		
10+849～10+844	T_2b	Ⅱ	Ⅱ		
10+813～10+808	T_2b	Ⅱ	Ⅲ	7	Ⅱ
10+663～10+658	T_2b	Ⅱ	Ⅰ		
10+587～10+582	T_2b	Ⅱ	Ⅱ		
10+555～10+546	T_2b	Ⅲ	Ⅱ		
10+551～10+545	T_2b	Ⅲ	Ⅲ		
10+487～10+483	T_2b	Ⅲ	Ⅰ		
10+476～10+473	T_2b	Ⅲ	Ⅱ		
10+449～10+452	T_2b	Ⅲ	Ⅱ		
10+447～10+444	T_2b	Ⅲ	Ⅱ		
10+425～10+420	T_2b	Ⅲ	Ⅲ		
10+425～10+423	T_2b	Ⅲ	Ⅱ		
10+411～10+408	T_2b	Ⅲ	Ⅰ	8	Ⅱ
10+400～10+398	T_2b	Ⅲ	Ⅰ		
10+395～10+392	T_2b	Ⅲ	Ⅱ		
10+356～10+353	T_2b	Ⅲ	Ⅱ		
10+349～10+342	T_2b	Ⅲ	Ⅱ		
10+109～10+106	T_2b	Ⅲ	Ⅱ		
10+073～10+065	T_2b	Ⅲ	Ⅰ		
10+058～10+053	T_2b	Ⅲ	Ⅰ		
9+942～9+947	T_2b	Ⅲ	Ⅱ		
9+899～9+897	T_2b	Ⅱ	Ⅱ		
9+894～9+890	T_2b	Ⅱ	Ⅱ		
9+891～9+888	T_2b	Ⅱ	Ⅲ		
9+888～9+886	T_2b	Ⅱ	Ⅱ		
9+882～9+879	T_2b	Ⅱ	Ⅲ	9	Ⅲ
9+880～9+878	T_2b	Ⅱ	Ⅱ		
9+879～9+877	T_2b	Ⅱ	Ⅲ		
9+877～9+875	T_2b	Ⅱ	Ⅲ		
9+872～9+869	T_2b	Ⅱ	Ⅲ		

　　利用 FLAC3D 软件，采用应变—软化/硬化本构模型，对上述洞段进行模拟分析。利用软件中自带的 Fish 语言，编写应变能求解函数，根据计算过程中单元所处状态判别并记录对应的应变能。对于弹性单元记录所积聚的最大弹性应变能，对于屈服单元则记录每

步所消耗的应变能，计算结束后单元体中最大弹性应变能与累加消耗能差值为可释放能量。

各洞段应变能释放密度及初始应变能密度如表9-3所示。由表9-3可知，对于同一地层，相同围岩等级，如6段、7段、9段，随着埋深的增大，初始地应力场量值变大，初始应变能增大，洞室开挖后围岩的应变能释放亦相应增大。此外，对于相同地层，不同等级围岩而言，如7段、8段，初始应力场相差不大地段，由于岩体弹性模量等岩体参数相差较大，围岩初始能量相差较大。同时，由于较低等级围岩开挖后，洞壁屈服围岩体积比较高等级围岩明显大，故而所释放能量高于较高等级围岩释放量，这与应力强度比或强度应力比判据中，认为对于相同初始应力场下，岩石单轴抗压强度较低者可能产生较大等级岩爆的判据相适应，详见岩爆应力强度比/强度应力比判据。

表 9-3 分洞段计算结果

洞段号	桩 号	$U_{dis}/(J \cdot m^{-3})$		$U_{ini}/(J \cdot m^{-3})$
		单桩号	均值	
1	SK14+433.00	4444.856.00	6433.203	10565.506
	SK14+221.00	4569.854.00		
2	SK13+041.00	10130.198.00	10555.979	21362.160
	SK12+834.00	10981.761.00		
3	SK12+821.00	12401.423.00	12991.271	27100.804
	SK12+619.00	13581.119.00		
4	SK12+543.00	8310.955.00	9069.498	17187.507
	SK12+365.00	9828.042.00		
5	SK12+057.00	19388.392.00	21002.580	36556.944
	SK11+945.00	22616.768.00		
6	SK11+939.00	14394.841.00	15598.621	24332.075
	SK11+045.00	16802.402.00		
7	SK11+017.00	19021.924.00	20148.008	26864.800
	SK10+584.00	21274.093.00		
8	SK10+550.00	26722.340.00	27622.571	48368.836
	SK9+944.00	28522.803.00		
9	SK9+898.00	23312.972.00	23758.056	29623.471
	SK9+870.00	24203.140.00		

各洞段开挖应变能释放密度如图9-16所示。由图9-16可知，一般情况下，洞壁围岩释放弹性应变能较大，但不排除洞壁一定深度范围内由于围压较高岩体达到极限储能后可释放应变能较高，从而释放较大弹性应变能。同时由图9-16可知，初始最大应力为垂直应力情况下释放能量一般集中于水平方向，即能量释放一般集中于最大主应力垂直方向，但平行方向同时也存在一定的能量释放，这一特征造成了岩爆发生部位的不确定性，但一般以最大释放方向为优势方向，即初始应力场以自重应力为主时，对于圆形洞室岩爆

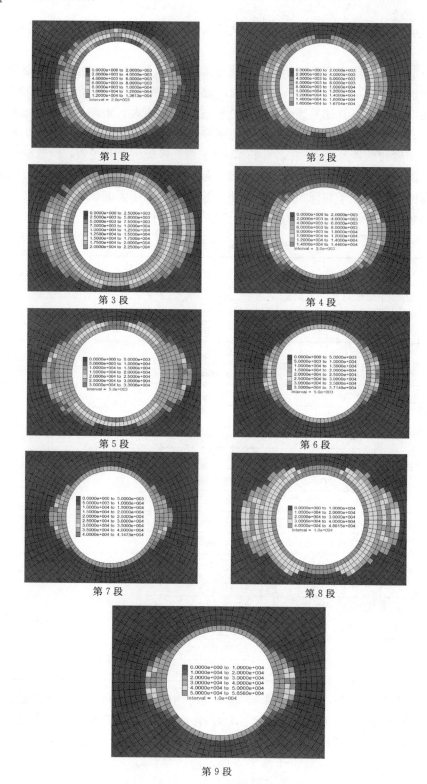

图 9-16 不同洞段应变能释放密度

一般发生于水平洞壁及洞肩部位，而水平构造应力呈主导应力时，则以洞顶为主，其中夹杂少量不确定岩爆发生部位。

9.2.2 能量释放影响因素分析

由上述分析可知，应变型岩爆的孕育与发生主要是地下洞室开挖后能量释放造成的，影响围岩能量释放量值变化的因素可分为自然因素和人为因素两类。自能量角度而言自然因素包含：①高地应力来源；②储存弹性应变能的能力。人为因素目前在工程上主要反映为在洞室开挖方式、进尺大小及支护措施等多个方面。对这些影响因素的详尽而系统分析，对于认识岩爆孕育发生机理以及宏观表征规律等具有重要的意义。本研究从埋深、天然应力比、围岩强度等多方面因素出发，对不同条件下洞室开挖围岩能量变化进行分析，人为因素分析见 6.2 节中岩爆的防治措施。

9.2.2.1 埋深对释放能量的影响

E. T. Brown 和 E. Hoek（1978）总结归纳了世界不同地区地应力的测量结果，总结出的世界各国垂直应力 σ_V 随深度 H 变化的规律，其拟合公式为

$$\sigma_V = 0.027H \tag{9-66}$$

景锋等（2007）对我国大陆浅层实测地应力进行回归分析后（图 9-17），得到垂直应力 σ_V 随深度 H 变化的规律为

$$\sigma_V = 0.0271H \tag{9-67}$$

现有岩石/岩体力学参数分析及选取中一般未考虑岩体埋深对岩体强度的影响，而亦有研究表明不同围压情况下岩体强度表现不同。Hoek - Brown 岩体经验强度准则中考虑了这一影响（图 9-18），这一考虑与实际情况更为符合，即对于其他因素相同的同一地层岩体，随着埋深的增加，岩体黏聚强度逐渐增加，摩擦强度逐渐减小。关于埋深对岩爆的影响分析中，考虑深度变化对岩体强度及变形等属性的影响。

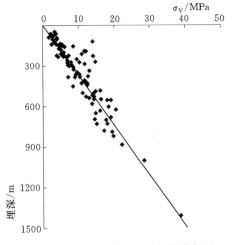

图 9-17 我国垂直应力随埋深分布图

假设初始应力场中主控应力为垂直应力，即最大主应力为垂直应力。水平主应力与垂直应力的比值分别为 $\sigma_H/\sigma_V = 0.6$、$\sigma_H/\sigma_V = 0.5$，其中垂直应力场按式（9-66）变化，具体参数如表 9-4 所示。

表 9-4　　　　　　　　　物理力学及初始应力场等参数

σ_c/MPa	GSI	m_i	D	E/GPa	μ	r
120	80	10	0	70	0.28	7.2
$\sigma_V = 0.027H$			$\sigma_H = 0.6\sigma_V$		$\sigma_H = 0.5\sigma_V$	

随埋深变化，围岩初始应变能密度、地下洞室开挖围岩可释放的应变能，以及释放能量与初始能量之间的比值变化如图 9-19 所示。

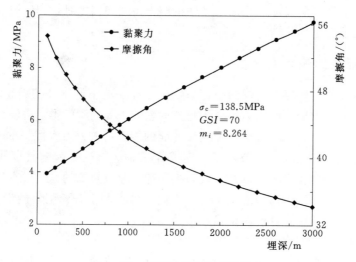

图 9-18　埋深对岩体强度的影响

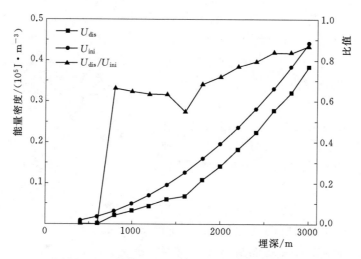

图 9-19　考虑岩体强度随埋深变化时不同埋深下应变能释放变化

由图 9-19 可知，对于同一种围岩，随着埋深的增加，初始应变能呈稳定增加趋势。达到一定埋深情况下，围岩发生破坏时才出现可释放应变能的释放过程，如图 9-19 中，当埋深达到 800m 时，出现可释放应变能，即对于这一情况下，岩爆的临界埋深为 800m 左右。释放应变能随埋深的增加呈增长趋势，可释放应变能与初始应变能比值呈总体增加趋势并存在局部较小震荡，即可判定随着埋深增加，可发生岩爆等级呈增加趋势。

可知，锦屏二级水电站施工排水洞随着埋深变化，岩爆等级及爆坑深度与埋深之间并不表现出明显的变化关系，究其原因主要是围岩类别、等级、开挖进度及地质构造存在而导致的局部初始应力场（水平应力场）不规律变化所致。对于同一类围岩，岩爆宏观表征一般为随埋深增加，初始应力中最大主应力的增加，岩爆等级逐渐增加，爆坑及其影响深度逐渐变深。施工排水洞随着开挖进程的逐渐推进，上覆岩体厚度逐渐加深，将会发生等级较高的岩爆。现场施工中应注意到这一趋势，采取合理有效的措施，防止较高等级岩爆的发生。

9.2.2.2　侧压系数对释放能量的影响

三维应力场中主应力不同组合，洞室开挖围岩能量表现为不同的演化过程，对于不同的初始应力环境下围岩所能达到的初始弹性应变能场不同，可释放应变能不同。传统初始应力场或二次应力场中最大主应力与围岩强度之间矛盾关系的岩爆判据明显考虑不足。文中假设同一种岩体地层，处于不同侧压系数情况下，洞室开挖围岩释放能量变化及其岩爆等级特征与传统应力强度比或强度应力比岩爆判据判别结果的对比分析，研究侧压系数影响的同时，亦论证原有岩爆判据的不足之处。

E. T. Brown 和 E. Hoek（1978）统计了全球实测垂直应力、水平平均主应力与垂直应力之比随埋深的分布规律，该成果目前仍被广泛引用，其回归关系式为

$$\frac{100}{H}+0.3\leqslant\frac{\sigma_H+\sigma_h}{2\sigma_v}\leqslant\frac{1500}{H}+0.5 \tag{9-68}$$

式中：σ_H、σ_h 分别为最大和最小水平主应力；H 为埋深。

若令初始应力场中平均侧压系数 k 为

$$k=\frac{\sigma_{h,aver}}{\sigma_v}=\frac{\sigma_H+\sigma_h}{2\sigma_v} \tag{9-69}$$

则 k 值可近似为

$$\frac{100}{H}+0.3\leqslant k\leqslant\frac{1500}{H}+0.5 \tag{9-70}$$

E. T. Brown 和 E. Hoek 所得到的世界范围内的地应力分布规律对工程建设具有指导性意义，但由于地应力分布具有很强的地域性，因而针对不同地区的回归分析结果对于深埋地下工程设计具有更重要的参考价值。赵德安等（2007）、景锋等（2007）对中国大陆浅层地壳实测地应力分布规律也进行了一定的研究，同时对我国水平主应力与垂直应力之间的关系进行了回归分析，结果如图 9-20、图 9-21 所示。

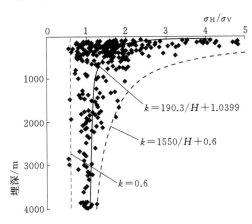

图 9-20　我国最大水平主应力与
垂直应力之比随埋深分布图

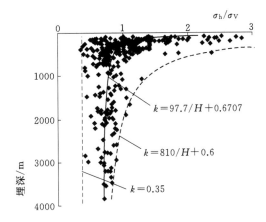

图 9-21　我国最小水平主应力与
垂直应力之比随埋深分布图

由图 9-20、图 9-21 可知，我国 σ_H/σ_v、σ_h/σ_v 比值的变化范围为

$$0.6 \leqslant \frac{\sigma_H}{\sigma_V} \leqslant \frac{1550}{H} + 0.6 \qquad (9-71)$$

$$0.35 \leqslant \frac{\sigma_h}{\sigma_V} \leqslant \frac{810}{H} + 0.6 \qquad (9-72)$$

假设初始应力场中垂直应力 $\sigma_V = 70MPa$，同时假设两种不同水平应力组成情况：①保持 $\sigma_H/\sigma_h = 0.8$ 不变情况下，σ_H/σ_V 变化量值；②保持 $\sigma_h = 35MPa$ 不变情况下，σ_H/σ_V 变化量值。同时亦考虑最大水平主应力及洞轴平行与垂直两种不同情况对围岩释放能量的影响，具体参数如表 9-5 所示。

表 9-5　　物理力学及初始应力场等参数

σ_c/MPa	σ_V/MPa	GSI	m_i	D	E/GPa	μ	r
120	70	80	10	0	70	0.28	7.2
$\sigma_H/\sigma_h = 0.8$							
σ_H/σ_V	平行洞轴	0.4	0.6	0.8	1.0	1.2	1.4
	垂直洞轴	0.4	0.6	0.8	1.0	1.2	1.4
侧压系数		0.36	0.54	0.72	0.9	1.08	1.26
$\sigma_h = 35MPa$							
σ_H/σ_V	平行洞轴	0.6	0.7	0.8	0.9	1.0	1.1
	垂直洞轴	0.6	0.7	0.8	0.9	1.0	1.1
侧压系数		0.55	0.6	0.65	0.7	0.75	0.8

不同情况下地下洞室开挖释放总能量及释放能量密度变化情况如图 9-22、图 9-23 所示。

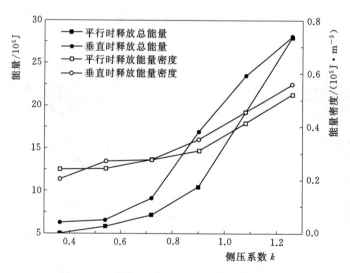

图 9-22　保持 $\sigma_H/\sigma_h = 0.8$ 时能量变化特征

由图 9-22 地下洞室开挖围岩可释放能量及能量密度变化特征可知，保持 σ_H/σ_h 量值恒定时，随着侧压系数的增加，围岩可释放能量及能量密度皆呈增长趋势。水平最大主应力小于垂直应力情况，可释放能量及能量密度的增长趋势较水平最大主应力大于垂直应力时小。对于埋深相近的岩体而言，水平构造作用逐渐表现出较为明显的作用时，洞室开挖围岩将释放更多的能量，表现出等级较高的岩爆灾害。最大主应力与洞轴之间的关系对洞室围岩稳定性具有较大影响，由能量释放量及能量密度可知，初始应力场中垂直应力为最大主应力时（$\sigma_1 = \sigma_v$），第二主应力与洞轴垂直时围岩可释放能量及能量密度明显大于平行洞轴时所释放的量值。水平构造应力中的最大水平主应力为初始应力场中第一主应力时，这一量值差距进一步加大。这一差值加大的趋势受水平最小主应力大小的影响，最小主应力小于垂直应力时，这一差距进一步扩大，水平最小主应力大于垂直应力时，则差距进一步缩小，即主应力不同组合形式及量值关系，对围岩开挖可释放应变能具有不同影响。

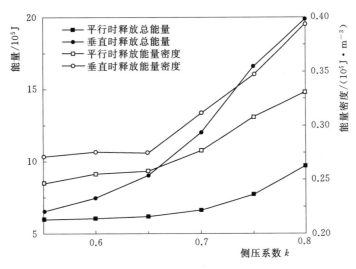

图 9 - 23　保持 $\sigma_h = 35\text{MPa}$ 时能量变化特征

　　由图 9-23 地下洞室开挖围岩可释放能量及能量密度可知，保持最小水平主应力 σ_h 为恒定量值时，随着侧压系数的增加，洞室开挖围岩释放能量及能量密度同时呈增加趋势，并随着应力组合形式的不同而增加梯度不同，水平最大主应力垂直洞轴方向时所释放能量明显较平行洞轴方向量值大，这一变化趋势与图 9-22 中所反映趋势相符。值得注意的是，当水平最大主应力大于垂直应力时，即初始应力场中第一主应力为水平构造应力时，水平最大主应力垂直洞轴与平行洞轴时所释放能量及能量密度差值呈进一步加大趋势，这一特征与图 9-22 所表现的趋势明显不同，究其原因应是与保持 σ_h 为恒定量值有关，进一步说明初始应力场中主应力不同组合形式及其与地下洞室轴向之间的排列关系对洞室围岩稳定具有明显影响。

　　对比分析图 9-22、图 9-23 可知，侧压系数对地下洞室开挖，对围岩应变能及应变能密度释放主要存在以下影响：①侧压系数增大，围岩初始弹性应变能量值增大，此时围岩可释放弹性应变能及应变能密度增大，即更不利于围岩稳定。②不同主应力组合形式及侧压系数组合方式下，围岩可释放应变能及应变能密度表现出不同特征，此特征与洞轴布置方式相关。

由上述分析可知，侧压系数增加或主应力场的不同组合形式下，洞室围岩可释放应变能及能量密度不同，进而表现为对岩爆的宏观表征影响不同，如爆坑深度、声响特征、破坏方式、影响半径等，而利用单一应力强度比或强度应力比指标则未充分考虑这一因素，必然存在一定的不足。对于同一量级最大主应力而言，第二、第三主应力的增加势必造成岩体中可释放应变能的增加。岩爆灾害孕育及发生机理分析研究中，应充分考虑每个主应力的作用（包括量值及方向的组合等），并结合实际工程初始应力场变化特征对其实际不同组合方式进行详尽的研究分析。

9.2.2.3 围岩强度对释放能量的影响

地层岩性不同，岩体所能积聚的初始弹性应变能不同，洞室开挖过程中释放弹性应变能量值也不同，对于不同等级、类别岩性，岩爆等级不同，宏观破坏表征方式及影响深度也不同。基于这一认识，开展地层岩性不同对围岩释放能量特征影响研究，其中初始应力场为 $\sigma_V=80\text{MPa}$、$\sigma_H=0.7\sigma_V$、$\sigma_h=0.6\sigma_V$，同时考虑最大水平初始应力 σ_H 平行洞轴及垂直洞轴两种情况。

1. 黏聚力影响

岩体黏聚力变化情况如表 9-6 所示。

表 9-6　　　　　　　　　　　　　岩 体 参 数 情 况

参　数	取　值	参　数	取　值
c/MPa	8～14	σ_t/MPa	2.656
$\varphi/(°)$	40	μ	0.28
E_m/GPa	60		

岩体黏聚力不同时地下洞室开挖对围岩释放应变能及应变能密度的影响如图 9-24 所示。

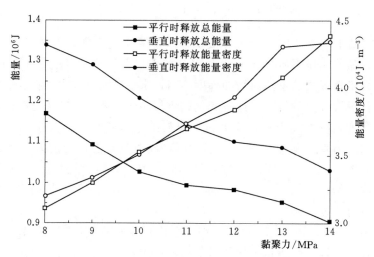

图 9-24　岩体黏聚力对能量释放的影响

由图 9-24 可知，保持岩体其他物理力学参数不变的情况下，随着岩体黏聚力强度的增高，岩体可释放弹性应变能逐渐降低，而此时释放应变能密度则呈逐渐增高趋势。当岩体黏聚力强度升高时，岩体屈服范围降低（图 9 - 25），虽释放能量总数降低，但平均密度增加，并逐渐接近于初始能量场密度，即主要发生浅表壁围岩屈服破坏，而围岩较深部位则不发生屈服破坏。

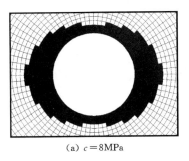 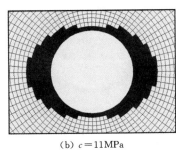 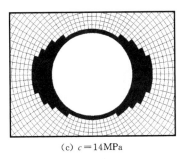

      （a）$c=8$MPa   （b）$c=11$MPa   （c）$c=14$MPa

图 9 - 25　最大水平主应力平行洞轴时不同岩体黏聚力强度下塑性区分布范围

2. 摩擦角影响

岩体摩擦角变化情况如表 9 - 7 所示。

表 9 - 7　　　　　　　　　　　　岩 体 参 数 情 况

参 数	取 值	参 数	取 值
$\varphi/(°)$	$30\sim55$	σ_t/MPa	2.656
E_m/GPa	65	μ	0.28
c/MPa	11.5		

岩体摩擦角不同时围岩释放应变能及应变能密度的影响如图 9 - 26 所示。

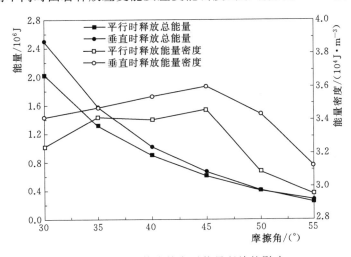

图 9 - 26　岩体摩擦角对能量释放的影响

    由图 9 - 26 岩体摩擦角对能量释放的影响可知，保持岩体其他物理力学参数不变的情况下，随着岩体摩擦强度的增高，地下洞室开挖岩体可释放弹性应变能逐渐降低，并与之近似为指数函数关系。同时，由图 9 - 26 可知，随着摩擦强度增加，岩体释放弹性应变能密度呈现不同的变化特征，首先为一个增长的过程，但达到一定范围后（45°），出现明显下降过程，究其原因主要是能量释放密度不仅与能量释放量相关，同时与岩体屈服范围等其他因素亦相关（图9-27）。

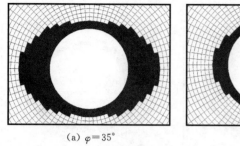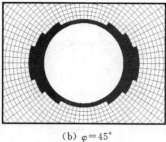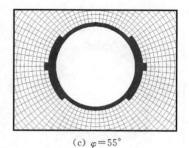

(a) $\varphi=35°$ (b) $\varphi=45°$ (c) $\varphi=55°$

图9-27 最大水平主应力平行洞轴时不同岩体摩擦角下塑性区分布范围

3. 岩体弹性模量影响

岩体弹性模量变化情况如表9-8所示。

表9-8   **岩 体 参 数 情 况**

参　数	取　值	参　数	取　值
E_m/GPa	40～90	σ_t/MPa	2.656
φ/(°)	38	μ	0.28
c/MPa	11.5		

岩体弹性模量不同时地下洞室开挖对围岩释放应变能及应变能密度的影响如图9-28所示。

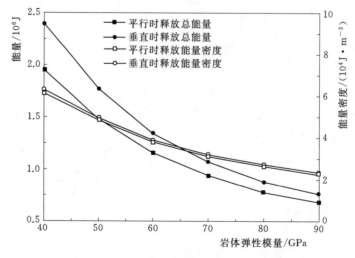

图9-28 岩体弹性模量对能量释放的影响

由图9-28岩体弹性模量对能量释放的影响可知，随着弹性模量的逐渐升高，岩体可释放弹性应变能逐渐降低，同时可释放能量密度亦逐渐降低，且量值之间的差值变化不大。对应不同弹性模量情况下，屈服范围如图9-29所示。由图9-29可知，对应不同弹性模量情况下，岩体屈服单元分布范围及特征基本相似，此为释放弹性应变能及应变能密度变化特征相一致的主要原因。

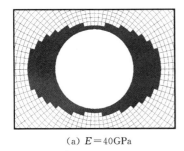　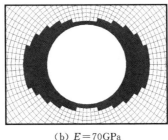　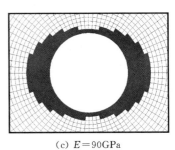

　(a) $E=40\text{GPa}$　　　　　　　(b) $E=70\text{GPa}$　　　　　　　(c) $E=90\text{GPa}$

图 9-29　最大水平主应力平行洞轴时不同岩体弹性模量下塑性区分布范围

由图 9-24、图 9-26、图 9-28 可知，最大水平主应力与洞轴之间的排列关系影响围岩释放弹性应变能的大小，地下洞室设计阶段应充分认识这一影响。

9.2.3　多元复合判据

岩爆为多因素单表征现象，影响并控制深部地下工程中岩爆地质灾害发生的因素相对较多，具有明显的多元化特征，如仅考虑某一单一因素或较少因素，势必造成对其判断不足，考虑其所有影响因素，势必造成主次把握不足，无法掌握其主控因素，进而得到与实际不符的结果。本研究中首先基于各洞段发生岩爆的事实，从释放能量值角度出发，归纳总结岩爆发生能量的判据。

9.2.3.1　岩石强度判据

岩体强度判据是指岩体所处地质环境中初始应力场中最大主应力与岩石力学强度之间比值达到某一量值时，洞室开挖围岩发生岩爆的倾向性。已有岩爆判据中存在根据应力强度比或强度应力比量值对是否发生岩爆及岩爆等级量值大小界定的判据。将其转化为最大主应力与岩石单轴强度之间的关系，如表 9-9 所示。

表 9-9　　　　　　已有判据中最大主应力与强度值之间的比值

判 据 名 称	σ_1/σ_c	判 据 名 称	σ_1/σ_c
工程岩体分级标准	>0.143	陶振宇判据	>0.069
水利水电工程地质勘察规范	>0.143	修改的谷—陶判据	>0.15
水力发电工程地质勘察规范	>0.143		

由表 9-9 可知，一般认为最大主应力与岩石单轴抗压强度比值接近于 0.145 时，即达到发生岩爆的岩石力学要求。本研究中以 $\sigma_1/\sigma_c>0.145$ 作为锦屏二级水电站施工排水洞发生岩爆的岩石力学要求，即为岩石力学判据。

锦屏二级水电站施工排水洞中各分段初始最大主应力与岩石单轴抗压强度间的比值情况如表 9-10 所示。

由表 9-10 可知，这些洞段 σ_1/σ_c 值皆大于 0.145，即达到发生岩爆灾害的岩石力学要求。

表 9 - 10　　　　　　　　　　　各分段 σ_1/σ_c 值

分段号	1	2	3	4	5	6	7	8	9
σ_1/σ_c	0.435	0.747	0.565	0.591	0.426	0.466	0.482	0.499	0.501

9.2.3.2　脆性判据

脆性判据主要反映岩石承受压缩作用时，应力跌落过程的快慢及大小程度的性质。冯涛等（2000）、许梦国等（2008）根据岩石峰值强度与残余强度以及峰前变形与总变形之间的关系，研究岩石脆性特征，并采用这一特征来确定岩石岩爆的倾向性，但两种方法目前在工程中的应用并不多见。谷明成等（2002）及张镜剑等（2008）所提出的秦岭岩爆判据及修改谷—陶判据中皆采用岩石单轴抗压强度与单轴抗拉强度之间的比值（$\sigma_c/\sigma_t \geqslant 15$）作为发生岩爆的脆性要求。由于这一抗压强度及抗拉强度易于取值，在实际工程应用中较为普遍，同时亦具有较好的适用性。本研究中采用这一比值作为锦屏二级水电站施工排水洞发生岩爆的脆性要求，即脆性判据。

锦屏二级水电站施工排水洞岩石单轴抗压、抗拉及其比值情况如表 9 - 11 所示。

表 9 - 11　　　　　　　　　　　岩 石 物 理 力 学 参 数

岩石名称	抗压强度 σ_c/MPa	抗拉强度 σ_t/MPa	σ_c/σ_t
条带状云母大理岩 $T_2^4 y$	90.1	—	—
	73.34~113.57		
黑色大理岩 $T_2^{5-1} y$	92.44	4.67	19.79
	66.32~113.48	3.24~8.96	—
灰白色大理岩 $T_2^{5-2} y$	73.64	4.52	16.29
	60.98~89.92	3.41~7.69	—
泥质灰岩、细晶大理岩 $T_2^6 y$	92.54	5.49	16.85
	68.53~112.55	3.57~10.14	—
大理岩 $T_2 b$	136.8	4.10	33.36
	99.58~183.20	3.40~4.87	—
灰白色、花状大理岩 $T_2 z$	89.95	—	—
	76.18~106.48		
钙质粉砂岩 T_3	110.72	4.97	22.28
	76.14~137.89	3.95~6.36	—

由表 9 - 11 可知，所有岩层的 σ_c/σ_t 比值皆大于临界值 15，即施工排水洞岩石皆达到发生岩爆的脆性要求。

9.2.3.3　岩体完整性判据

岩体在作为一种地质材料的同时也是地应力及能量场的赋存环境。破碎岩体由于外部营力作用，破碎过程中释放能量而难以积聚较高弹性应变能，而发生岩爆洞段一般为岩体较为完整洞段。岩体完整性判据是指洞室贯穿岩体的完整性是否能够达到积聚一定弹性应变能的要求。

已有岩爆判据中，谷明成（2002）及张镜剑等（2008）所提出的秦岭岩爆判据及修改谷—陶判据中皆采用岩体完整性系数 K_v 作为判断岩石是否符合发生岩爆的判据。本研究中借鉴这一思想，但考虑现场施工的简便性，引入 Hoek-Brown 岩体强度准则中节理岩体地质强度指标 GSI，以此指标作为判断岩体完整性及是否具有积聚弹性应变能的能力。参考 E. Hoek 等所提出的 GSI 取值方法及锦屏二级水电站施工排水洞实际岩体地质强度表征，本研究中取 $GSI=55$ 作为释放发生岩爆下限值，即岩体完整性判据。

9.2.3.4 岩石储能判据

岩爆倾向性指数 W_{ET} 反映了岩体储聚与释放能量的性能，在相同的应力状态下，W_{ET} 越大岩体储聚与释放能量性能越好。已有岩爆判据中 A. Kidybinshi（1981）提出的冲击倾向性指数法、谷明成等（2002）及张镜剑等（2008）所提出的秦岭岩爆判据及修改谷—陶判据中皆采用 $W_{ET} \geq 2.0$ 作为是否发生岩爆的储能要求，文中借鉴这一比值作为锦屏二级水电站施工排水洞岩石是否发生岩爆的岩石储能要求，即岩石储能判据。

施工排水洞共进行了 33 组岩爆倾向性指数试验，结果如表 9-12 所示。

表 9-12　　　　　　　　岩石弹性能指数（W_{ET}）统计表

地层代号	岩　性	弹性能指数（W_{ET}）		
		最大值	最小值	平均值
$T_2^4 y$	云母条带大理岩	1.32	0.174	0.747
$T_2^5 y$	灰黑色大理岩	4.27	1.32	2.66
	灰白色大理岩	1.93	1.49	1.71
$T_2 b$	灰白色大理岩	3.15	1.41	2.29
$T_2 z$	灰白色大理岩	2.05	0.689	1.35
T_3	钙质粉砂岩	3.61	2.27	2.95

从表 9-12 可以看出，锦屏二级水电站中，T_3 粉砂岩、$T_2^5 y$ 灰黑色大理岩、$T_2 b$ 灰白色大理岩弹性能指数较高，属于中等岩爆倾向的岩性条件；虽 $T_2 z$ 灰白色大理岩、$T_2^5 y$ 灰白色大理岩弹性应变能指数较低，均值属于无岩爆倾向的岩性条件，但其零星量值却属于中、弱岩爆倾向的岩性条件。$T_2^4 y$ 条带状大理岩的弹性能指数最低，其平均值仅0.747，属于无岩爆倾向的岩性条件。此外，从 $T_2^5 y$ 地层两种岩性的弹性能指数不同可看出，同一地层不同岩性的岩石，其岩爆倾向性差别也很大。

9.2.3.5 能量判据

由热力学定律及封闭性假设可知，当岩体所存储应变能等于岩体极限储能时，岩体发生整体破坏，即

$$E = E_{ini} \tag{9-73}$$

由岩爆孕育及发生机制分析可知岩体内所积聚的弹性应变能与耗散能差值即为岩体破坏时所能释放的能量，对于有很多岩体单元所组成的岩体而言，所能释放的能量总和为

$$E_{dis} = \sum_{i=1}^{n} \Delta E_i V_i \tag{9-74}$$

将其能量进行平均化，即能量密度为

$$U_{\text{dis}} = \frac{\sum_{i=1}^{n} \Delta E_i V_i}{\sum_{i=1}^{n} V_i} \tag{9-75}$$

对其进行无量纲化,即

$$\lambda = \frac{U_{\text{dis}}}{U_{\text{ini}}} \tag{9-76}$$

对应不同 λ 值,则洞壁围岩释放能量不同,进而表征不同等级的岩爆特征。

为考虑不同围岩类别的影响,引入 Hoek - Brown 岩体经验强度准则 GSI 参数,同时考虑不同塑性区范围释放能量量度不同的事实,即

$$\lambda = \frac{U_{\text{dis}}}{U_{\text{ini}}} \times \frac{GSI}{100} \times \frac{r_{\text{p}}}{R_0} \tag{9-77}$$

式中:r_{p} 为洞壁围岩屈服范围深度;R_0 为洞室半径。

利用式(9-77)中所提出的指标,对表 9-3 数值模拟分析中的释放能量结果进行处理,处理结果如表 9-13 所示。

表 9 - 13　　　　　　　　　　　　　分 洞 段 整 理 结 果

洞段号	$U_{\text{dis}}/(\text{J}\cdot\text{m}^{-3})$	$U_{\text{ini}}/(\text{J}\cdot\text{m}^{-3})$	GSI	r_{p}/R_0	$GSI r_{\text{p}} U_{\text{dis}}/(100 R_0 U_{\text{ini}})$
1	6433.203	10565.506	60	0.702	0.257
2	10555.979	21362.160	80	0.602	0.238
3	12401.423	27100.804	60	0.898	0.247
4	9069.498	17187.507	80	0.499	0.211
5	21002.580	36556.944	60	0.801	0.276
6	15598.621	24332.075	80	0.402	0.206
7	19021.924	26864.800	80	0.498	0.282
8	26722.340	48368.836	60	0.899	0.298
9	23758.056	29623.471	80	0.500	0.321

通过对表 9-13 中锦屏二级水电站施工排水洞划分的不同等级岩爆的洞段应变能释放特征进行归纳分析,得到岩爆能量判据为

$$\lambda = \frac{U_{\text{dis}}}{U_{\text{ini}}} \times \frac{GSI}{100} \times \frac{r_{\text{p}}}{R_0} \begin{cases} 0:0.25 & \text{I 级岩爆} \\ 0.25:0.3 & \text{II 级岩爆} \\ 0.3:0.4 & \text{III 级岩爆} \\ >0.4 & \text{IV 级岩爆} \end{cases} \tag{9-78}$$

由表 9-13 结果可知,上述能量判据对 2~9 号分段拟合效果较好,但与第 1 段所得结果拟合相差较大。分析各段地质情况可知,1 号分段存在较多节理,地质构造单元的存在势必对岩爆的宏观表征具有一定的影响。岩爆的发生为节理构造与能量释放共同作用所致,而节理构造的存在为主控因素,进而发生低地应力、高等级的节理控制型岩爆,因此局部拟合效果较差,而其他分段由于岩体较为完整,拟合效果较好。

9.2.3.6　多元复合判据

国内外众多岩爆研究成果和大量岩爆实际资料与试验数据表明，发生岩爆洞段除岩体应力（地应力或初始应力）必须大于岩石单轴抗压强度的某一百分数之外，岩石还应该是脆性的、坚硬和完整的或比较完整的，同时岩石的弹性应变能需要比岩石破坏耗损应变能大很多（张镜剑，傅冰骏，2008），即岩爆为多因素单表征现象。本研究中从岩石强度要求、脆性要求、完整性要求、储能要求以及岩体释放能量等多方面考虑，参考并结合已有岩爆判据，提出的岩爆多元复合判据为

$$\begin{cases} \sigma_1 \geq 0.145\sigma_c & \text{（岩石强度要求）} \\ \sigma_c \geq 15\sigma_t & \text{（岩石脆性要求）} \\ GSI \geq 55 & \text{（岩体完整性要求）} \\ W_{ET} \geq 2.0 & \text{（岩石储能要求）} \\ \lambda \geq 0 & \text{（岩体能量释放要求）} \end{cases} \qquad (9-79)$$

以岩体能量释放要求界定岩爆等级标准，岩爆等级及主要现象表征情况参考《水力发电工程地质勘察规范》（GB 50287—2006），详细表述如表 9 - 14 所示。

表 9 - 14　　　　　　　　　　　岩爆多元复合判据分级表

岩爆分级	λ	主　要　现　象
轻微岩爆（Ⅰ）	0～0.25	围岩表层有爆裂脱落、剥离现象，内部有噼啪、撕裂声，人耳偶然可听到，无弹射现象；主要表现为洞顶的劈裂—松脱破坏和侧壁的劈裂—松胀、隆起等。岩爆零星间断发生，影响深度小于 0.5m
中等岩爆（Ⅱ）	0.25～0.3	围岩爆裂脱落、剥离现象较严重，有少量弹射，破坏范围明显。有似雷管爆裂的清脆爆裂声，人耳常可听到围岩内岩石的撕裂声；有一定持续时间，影响深度 0.5～1m
强烈岩爆（Ⅲ）	0.3～0.4	围岩大片爆裂脱落，出现强烈弹射，发生岩块的抛射及岩粉喷射现象；有似爆破的爆裂声，声响强烈；持续时间长，并向围岩深度发展，破坏范围和块度大，影响深度 1～3m
极强岩爆（Ⅳ）	＞0.4	围岩大片严重爆裂，大块岩片出现剧烈弹射，震动强烈，有似炮弹、闷雷声，声响剧烈；迅速向围岩深部发展，破坏范围和块度大，影响深度大于 3m

9.2.4　多元复合判据验证

基于国内多个工程关于岩爆灾害记录，利用上述岩爆多元复合判据对其是否发生岩爆进行判断，以对所提出的岩爆判据进行验证分析。

（1）天生桥二级水电站引水隧洞。天生桥二级水电站位于红水河上游的南盘江上，横跨贵州、广西两省（自治区），为低坝长隧洞引水式开发，装机容量 132 万 kW。根据枢纽布置和装机容量的要求，设计 3 条相互平行各长 9.5km，开挖内径为 9.5～10.8m 的圆形引水发电隧洞，隧洞埋深 400～700m。洞线穿越灰岩、白云岩及砂质页岩等地层，其中 85% 洞段为岩性坚硬的石灰岩和白云岩，抗压强度为 60～100MPa。15% 的洞段通过砂页岩分布区，褶皱、断裂发育。实测地应力量值达到 31.2MPa。1985 年 6 月，在 2 号施工支洞首次出现岩爆。随着隧洞的掘进，岩爆频繁发生，其烈

度不一，轻者围岩劈裂呈现鱼鳞状，重者一次爆裂岩石可达数百立方米之多（张津生，陆家佑，贾愚如，1991）。

（2）川藏公路二郎山公路隧道。二郎山隧道穿越二郎山北支——干海子山，分水岭海拔2948.00m，隧道所处海拔2200.00m，隧道主洞长4176m，最大埋深748m。该工程东坡起于四川省雅安地区天全县两路乡原川藏公路K256＋560.00处，两跨龙胆溪沟后于K259＋036.00处进洞，穿越二郎山分水岭，西坡于四川上甘孜藏族自治州泸定县冷碛镇别托村和平沟左岸K263＋202.00处出洞，至K256＋216.00处再与原川藏公路相接。主隧洞横断面最大高度7.0m，底宽9.0m。国家地震局地壳应力研究所在勘察阶段采用钻孔水压致裂法测定其最大主压应力方向为N60°W，最大值可达53.47MPa，并且在深孔钻进中发现高地应力环境中特有的岩饼现象。隧道穿越的围岩中有坚硬的石英砂岩、灰岩，也有强度偏低的砂质泥岩，并伴有断裂。各岩层强度不一，发生岩爆段主要为中层～厚层岩体，岩石单轴抗压强度为88～113MPa。实际发生岩爆多为Ⅰ级，局部发生Ⅱ级及Ⅲ级岩爆（王兰生，李天斌，李永林，等，2006）。

（3）秦岭铁路隧道。秦岭隧道为西安—安康铁路线上的重大控制工程，位于陕西省长安县与柞水县交界处，长18km，近南北向穿越近东西向展布的秦岭山脉，隧道埋深在500m以上的洞段达9km，最大埋深达1600m。隧道通过的岩层为混合片麻岩和混合花岗岩，混合岩具有强度高、脆性大的特点。勘测和施工阶段的地应力测试显示，隧道区位高地应力区，最大主应力方向为近南北向。秦岭隧道地应力实测结果显示，靠近进出口的浅埋段，最大主应力为水平应力，量值10～15MPa，应力水平较低。在700m以上的深埋段，最大主应力以垂直的自重应力为主，最大主应力达20～40MPa，混合片麻岩的单轴抗压强度为95～130MPa，为高地应力洞段。实际上，90％以上的岩爆都发生在这样的高地应力洞段（谷明成，何发亮，陈成宗，2002）。所发生岩爆多为板、片和碎屑状。岩板的尺寸长可达1.0～1.5m，厚0.10～0.20m（舒磊，王磊，彭金伟，1998）。

（4）太平驿水电站引水隧洞。太平驿水电站位于四川省汶川县境内，引水隧洞沿岷江左岸布置，全长10.5km，断面为圆形，开挖直径9.6m，隧洞沿线山体雄厚，地势陡峻，河谷深切。洞室垂直埋深为200～600m，地处高地应力区，现场实测地应力最大主应力σ_1为31.3MPa。室内试验显示花岗岩单轴抗压强度一般为168MPa，弹性模量31GPa，泊松比0.15。岩石在破坏后呈碎块状，具有明显的脆性破坏特征。该隧洞的岩爆仅发生在干燥无水的花岗岩岩层中，当围岩内部发生爆裂声清脆、声响极大时，岩爆主要表现为破裂破坏。其规模不大，多呈片状或贝壳状从母岩中以劈裂的形式剥落下来，且岩块剥落的时间几乎与爆裂声同步。当围岩内部发生的爆裂声沉闷、声响较小时，岩爆主要表现为剪切破坏，其规模也相对较大，并伴随有烟状粉末弹射（周德培，洪开荣，1995）。

上述4个工程中沿洞轴线方向地层岩性、地应力量级、地质构造等均有变化，实际发生岩爆的等级也略有差异，由于无详尽资料对其进行分段、分地层判别，仅对其是否发生岩爆进行宏观判定，而不进行局部详细计算分析。各个工程对应的应变能释放情况及其是否发生岩爆情况如表9-15所示。

表 9 - 15　　　　　　　　　　　发生岩爆工程计算结果

工程名称	$U_{dis}/(J \cdot m^{-3})$	$U_{ini}/(J \cdot m^{-3})$	r_p/R_0	λ	是否发生岩爆
天生桥二级水电站引水隧洞	8242.85	14756.32	0.297	0.124	是
川藏公路二郎山公路隧道	27249.67	43340.03	0.376	0.177	是
秦岭铁路隧道	18850.31	42170.40	0.455	0.153	是
太平驿水电站引水隧洞	11377.05	25821.19	0.425	0.112	是

由表 9 - 15 可知，根据计算结果可判断，以上所给出的 4 个工程皆具有发生一定量级岩爆的危险，文中所提出的多元复合判据具有一定的可行性，适合于地下洞室工程是否发生岩爆的可能性判断。但由文中所给判据可知，多元复合判据对于判断较为完整岩体是否发生应变型岩爆较为合适，但对于具有较多节理岩体，具有一定的局限性，详见后续分析。

9.3　岩爆预测

利用所提出的岩爆多元复合判据对剩余桩号段进行岩爆预测分析，剩余桩号分段结果如表 9 - 16 所示。

表 9 - 16　　　　　　　　　　　剩余未施工段分段情况

段号	1	2	3	4	5
桩号	SK0～1+000.00	SK1+000.00～2+000.00	SK2+000.00～3+100.00	SK3+100.00～5+000.00	SK5+000.00～6+000.00
段号	6	7	8	9	
桩号	SK6+000.00～7+000.00	SK7+000.00～8+000.00	SK9+000.00～8+000.00	SK9+000.00～9+869.00	

各分段初始应力场中最大主应力 σ_1 与岩石单轴抗压强度 σ_c 比较如表 9 - 17 所示。

表 9 - 17　　　　　　　　　　　剩余洞段各分段 σ_1/σ_c 值

分段号	1	2	3	4	5	6	7	8	9
σ_1/σ_c	0.329	0.471	0.484	0.445	0.416	0.433	0.418	0.452	0.508

由表 9 - 17 可知，各洞段最大主应力与岩石单轴抗压强度比皆大于 0.145，即满足岩石力学要求，同时由表 9 - 11、表 9 - 12 各岩层岩石脆性及储能性状可知，各地层基本满足岩石脆性及储能要求。剩余各洞段岩体等级一般为Ⅲ～Ⅱ级，局部为Ⅳ级，即完整性方面也同时满足要求。因此，是否发生岩爆及岩爆等级如何，主要依据洞室开挖围岩释放能量情况而变化。基于室内岩石常规实验结果，采用 Hoek - Brown 岩体经验强度准则对各洞段岩体力学参数进行选取，剩余各洞段平均主应力情况及岩体力学参数情况如表 9 - 18 所示。

剩余各洞段地下洞室开挖围岩释放应变能及应变能密度如表 9 - 19 所示。

表 9 - 18　　　　　　　　　各段岩体物理力学参数及初始应力场情况

段号	c/MPa	φ/(°)	σ_t/MPa	E_m/GPa	μ	σ_1/MPa	σ_2/MPa	σ_3/MPa
1	4.601	44.43	0.319	25.266	0.27	26.438	17.940	12.602
2	4.886	32.20	0.533	25.480	0.30	42.381	35.583	28.784
3	4.431	33.65	0.533	25.480	0.30	43.504	34.622	29.619
4	6.034	40.92	0.319	25.266	0.27	49.233	30.870	27.010
5	10.433	40.64	3.664	63.033	0.28	56.919	29.966	28.653
6	10.757	39.94	3.664	63.033	0.28	59.211	33.355	31.318
7	11.312	38.90	3.664	63.033	0.28	57.147	32.695	30.391
8	11.620	38.36	3.664	63.033	0.28	61.874	33.278	31.673
9	11.619	38.38	3.664	63.033	0.28	69.438	33.613	33.528

表 9 - 19　　　　　　　　　剩余洞段岩爆等级判别结果

段号	U_{dis}/(J·m⁻³)	U_{ini}/(J·m⁻³)	λ	岩爆等级
1	7890.552	12299.326	0.077	I
2	13776.297	32172.752	0.206	I
3	14029.921	32897.241	0.205	I
4	12390.039	24748.988	0.200	I
5	13839.068	20699.376	0.213	I
6	16777.754	22764.933	0.235	I
7	16087.923	21282.713	0.255	II
8	19720.923	24576.293	0.311	III
9	25572.805	35374.068	0.331	III

　　由表 9 - 19 可知，剩余各洞段中，8 号、9 号两个洞段易于发生 III 级岩爆，而 7 号洞段易于发生 II 级岩爆，其余洞段主要发生 I 级岩爆，但值得注意的是 6 号洞段 λ 值较为接近 0.25，故有发生 II 级岩爆的可能。

　　此外，洞壁围岩节理构造的存在方式对岩爆是否发生及宏观等级具有一定的影响。上述分析结果只适合于宏观判断，局部岩爆等级由于所处环境，如局部构造应力、地质构造、地下水位等因素的不同，而表现出具有一定差异的岩爆量级。

9.4　本章小结

　　以上从洞壁应力变化及岩体中能量衍化角度出发，结合室内试验及现场声发射监测结果，对锦屏二级水电站施工排水洞应变型岩爆孕育及发生机理进行了解释和说明。参考国内外已有岩爆判据，基于洞室开挖围岩能量释放认识，提出考虑能量释放率的岩爆多元复合判据，并对这一判据进行了实例验证分析，所得结果能较好地解释应变型岩爆的孕育发生机理，并在宏观上对发生岩爆灾害的可能性及规模等级等具有一定的判断。

第 10 章

齐热哈塔尔水电站引水隧洞岩爆判别

10.1 工程区域地应力反演

在第 9 章中结合复杂应力路径下岩石室内力学试验和数值仿真试验结果对锦屏二级水电站施工排水洞岩爆情况对岩爆机理进行了研究，同时提出了考虑岩石强度、岩石脆性、岩体完整性、岩石储能及开挖过程中岩体能量释放率的岩爆多元复合判据。对于齐热哈塔尔水电站引水隧洞岩爆，此处在多种岩爆判别准则对比分析的基础上，考虑多元复合判据结果进行综合判别验证。基于收集的齐热哈塔尔水电站地形图，建立了研究区域的三维数值仿真模型，其中三维地形图如图 10 - 1 所示。

图 10 - 1 研究区域三维地形图

以齐热哈塔尔水电站地形图为基础建立三维数值分析计算模型，回归分析研究区域初始地应力场分布特征。其中，模型中沿河流方向为 x 方向，竖直方向为 z 方向，垂直河流方向为 y 方向，模型共划分 46318 个节点，84622 个单元，具体如图 10 - 2 所示。

利用 FLAC3D 软件，在地应力现场测量值的基础上，对齐热哈塔尔水电站工程区域

图 10-2　三维数值模型

内初始地应力量值进行回归分析，具体回归分析结果如图 10-3～图 10-5 所示。

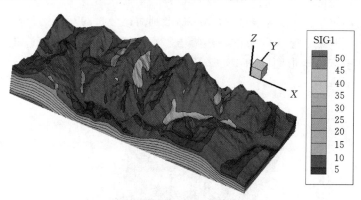

图 10-3　初始应力场最大主应力云图（单位：MPa）

图 10-4　初始应力场中主应力云图（单位：MPa）

由图 10-3～图 10-5 可知，齐热哈塔尔水电站初始地应力场中主应力量值随着深度的增加而增加，相同量值主应力值分布规律基本与山体走向及走势相吻合，无较为明显的

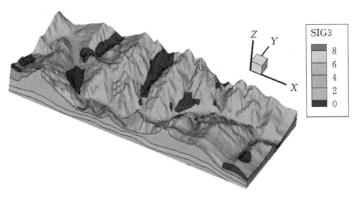

图 10-5　初始应力场最小主应力云图（单位：MPa）

河谷应力集中现象，雄厚山体部位主应力量值相应增加，其中沿引水隧洞洞轴线初始主应力分布情况如图 10-6～图 10-8 所示，粗线条为引水隧洞轴线位置。

图 10-6　沿洞轴线最大主应力云图（单位：MPa）

图 10-7　沿洞轴线中主应力云图（单位：MPa）

图 10-8　沿洞轴线最小主应力云图（单位：MPa）

由图 10-6～图 10-8 可知，由于引水隧洞上覆埋深位置不同，最大主应力量值不同，其量值大小与引水隧洞埋深相关，最大主应力在 30～35MPa，中主应力与最小主应力沿洞轴线分布规律与最大主应力较为类似。

沿不同桩号段主应力量值回归所得值具体如表 10-1 所示。

表 10-1　　　　　　　　　　　沿不同桩号段主应力量值　　　　　　　　　　单位：MPa

桩　号	最大主应力 σ_1			中主应力 σ_2			最小主应力 σ_3		
	最大值	最小值	平均值	最大值	最小值	平均值	最大值	最小值	平均值
0～500	11.91	0	5.96	4.63	0	2.32	2.48	0	1.24
500～1000	11.64	7.83	9.74	4.72	3.74	4.23	2.61	1.37	1.99
1000～1500	14.98	10.25	12.62	5.53	4.63	5.08	2.85	2.57	2.71
1500～2000	22.21	14.98	18.60	6.01	5.53	5.77	3.09	2.85	2.97
2000～2500	27.56	22.21	24.89	6.12	6.01	6.07	3.09	2.93	3.01
2500～3000	30.89	27.56	29.23	6.12	5.99	6.06	2.93	2.75	2.84
3000～3500	32.02	30.89	31.46	5.99	5.76	5.88	2.85	2.75	2.80
3500～4000	32.27	32.02	32.15	5.76	5.61	5.69	3.02	2.85	2.94
4000～4500	31.05	27.56	29.31	5.34	5.22	5.28	3.08	3.05	3.07
4500～5000	27.56	22.95	25.26	5.22	5.20	5.21	3.05	2.97	3.01
5000～5500	22.95	15.65	19.30	5.20	4.51	4.86	2.97	2.64	2.81
5500～6000	15.65	5.94	10.80	4.51	3.00	3.76	2.64	1.25	1.95
6000～6500	13.44	5.94	9.69	4.67	3.00	3.84	2.27	1.25	1.76
6500～7000	18.40	13.04	15.72	5.40	4.67	5.04	2.49	2.27	2.38
7000～7500	20.16	18.40	19.28	5.61	5.40	5.51	2.49	2.48	2.49
7500～8000	20.05	19.03	19.54	5.61	5.36	5.49	2.61	2.56	2.59
8000～8500	19.03	17.06	18.05	5.36	5.14	5.25	2.76	2.56	2.66
8500～9000	17.06	14.76	15.91	5.14	5.13	5.14	3.07	2.76	2.92
9000～9500	16.95	13.42	15.19	5.69	4.62	5.16	2.96	2.44	2.70
9500～10000	16.95	16.03	16.49	5.69	5.19	5.44	2.96	2.82	2.89
10000～10500	16.84	14.55	15.70	5.55	5.16	5.36	3.06	3.01	3.04
10500～11000	14.55	10.43	12.49	5.95	5.16	5.56	3.01	2.49	2.75
11000～11500	15.41	11.87	13.64	7.10	4.19	5.65	3.09	2.96	3.03
11500～12000	15.82	15.41	15.62	4.19	4.06	4.13	3.59	3.09	3.34
12000～12500	15.82	14.27	15.05	4.43	4.06	4.25	3.79	3.59	3.69
12500～13000	14.27	12.72	13.50	4.21	4.06	4.14	3.59	3.39	3.49
13000～13500	13.44	11.34	12.39	4.48	4.46	4.47	3.75	3.60	3.68
13500～14000	11.34	7.49	9.42	4.84	4.46	4.65	3.60	3.02	3.31
14000～14500	8.72	7.14	7.93	4.95	4.53	4.74	3.68	2.43	3.06
14500～15000	8.95	7.86	8.41	5.03	4.83	4.93	3.83	3.61	3.72
15000～15639.86	7.86	7.82	7.84	4.83	4.01	4.42	3.61	1.75	2.68

10.2 岩爆判据对比分析

目前所存在的岩爆判据主要有强度应力比法/应力强度比法、能量法、刚度法、岩性判别法、临界深度法、复合判据等，由于强度应力比法/应力强度比法易于理解及操作，国内所采用的岩爆判据主要为强度应力比法/应力强度比法，如《工程岩体分级标准》（GB 50218—94）、《水利水电工程地质勘察规范》（GB 50487—2008）、《水力发电工程地质勘察规范》（GB 50287—2006）中均采用强度应力比法进行岩爆等级判别，其中《水利水电工程地质勘察规范》（GB 50487—2008）、《水力发电工程地质勘察规范》（GB 50287—2006）主要是在《工程岩体分级标准》（GB 50218—94）所提到的地应力等级划分标准的基础上，对岩爆等级进一步量化，并提出相应的强度应力比量值。

由齐热哈塔尔水电站引水隧洞段岩爆调查可知，目前所发生的岩爆一般爆坑深度为0.3～0.5m，为持续脱落、剥离现象，发生为噼啪、撕裂声，基本无弹射现象，根据这一规律对以上我国规范《工程岩体分级标准》（GB 50218—94）、《水利水电工程地质勘察规范》（GB 50487—2008）、《水力发电工程地质勘察规范》（GB 50287—2006）中所采用的岩爆等级判别准则可知，基本对应等级为轻微岩爆，局部为中等岩爆，岩爆宏观特征与《水力发电工程地质勘察规范》（GB 50287—2006）及《水利水电工程地质勘察规范》（GB 50487—2008）中所描述岩爆等级及主要现象较为一致，故而本研究中拟采用该规范中所给出强度应力比法为基础进行齐热哈塔尔水电站引水隧洞岩爆判据的研究，同时由规范可知，强度应力比法中最为重要的参数为岩石单轴抗压强度及初始应力场中最大主应力量值，故而对齐热哈塔尔水电站场区初始地应力回归分析岩爆判据研究的基础。

对齐热哈塔尔水电站引水隧洞所发生岩爆记录进行分段归纳整理，利用岩体（石）室内试验参数及表 10-1 可进行初步判断，判断结果如表 10-2 所示。

表 10-2　已有岩爆判断结果　　　　　单位：MPa

桩　　号	最大主应力 σ_1			饱和单轴抗压强度 R_c			R_c/σ_1	岩爆等级
	最大值	最小值	平均值	最大值	最小值	平均值		
1000～1500	14.98	10.25	12.62	123.0	25.7	62.2	4.96	轻微岩爆
1500～2000	22.21	14.98	18.60	93.8	35.2	63.6	3.42	中等岩爆
2000～2500	27.56	22.21	24.89	93.8	35.2	63.6	2.55	中等岩爆
2500～3000	30.89	27.56	29.23	93.8	35.2	63.6	2.17	中等岩爆
3000～3500	32.02	30.89	31.46	93.8	35.2	63.6	2.02	中等岩爆
4500～5000	27.56	22.95	25.26	93.8	35.2	63.6	2.52	中等岩爆
5000～5500	22.95	15.65	19.30	93.8	35.2	63.6	3.30	中等岩爆
5500～6000	15.65	5.94	10.80	93.8	35.2	63.6	5.89	轻微岩爆
6000～6500	13.44	5.94	9.69	93.8	35.2	63.6	6.56	轻微岩爆
7500～8000	20.05	19.03	19.54	93.8	35.2	63.6	3.25	中等岩爆
14500～15000	8.95	7.86	8.41	93.8	35.2	63.6	7.56	轻微岩爆

由表 10-2 岩爆判别结果可知，利用饱和单轴抗压强度与初始应力场中最大主应力之间的比值 [《水力发电工程地质勘察规范》（GB 50287—2006）及《水利水电工程地质勘察规范》（GB 50487—2008）推荐方法] 进行岩爆判别具有较高的适用性，且岩爆等级及所对应的岩爆宏观特性与齐热哈塔尔水电站引水隧洞开挖过程中所表现出的岩爆等级、声响特征及连续剥落等特性拟合度较高，故而推荐采用强度应力比法进行岩爆判断，即采用《水力发电工程地质勘察规范》（GB 50287—2006）及《水利水电工程地质勘察规范》（GB 50487—2008）推荐方法。

10.3　深埋硬岩脆性破坏准则对比分析

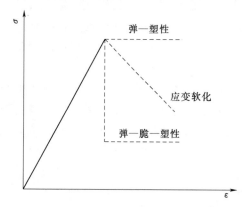

图 10-9　连续力学中常用硬脆性岩石本构

应力强度比或强度应力比法虽然可得到岩爆的等级判别结果，但难以对岩爆爆坑深度及主要分布范围进行判别，而随着数值模拟方法的发展及计算机技术水平的提高，结合数值仿真技术进行岩爆预测已有可能，此处对目前深埋硬岩脆性破坏准则在岩爆分析判别中的适宜性进行对比分析。

目前连续性力学中用于模拟硬脆性岩石破坏的本构方程主要有理想弹—脆—塑性本构和应变软化性本构两类（图 10-9）。Kaiser、Martin、Hajiabdolmajid 等通过对加拿大 AECL URL 的 Lac du Bonnet 花岗岩及洞壁围岩损伤 20 多年的详尽研究过程中，在 Hoek-Brown 准则及 Mohr-Couloum 准则基础上提出可用于数值计算中模拟洞壁围岩屈服范围的强度准则及本构关系，如基于弹性力学的恒应力准则（$\sigma_1 - \sigma_3 = 75\text{MPa}$）、$m-0$ 准则、CWFS（Cohesion Weakening and Frictional Strengthening）本构等。Edelbro 也提出可用于模拟洞壁围岩脆性破坏范围的 CSFH（Cohesion-Softening Friction-Hardening）模型。随着国内采矿、交通及水电工程逐渐深埋化，国内岩土工程界亦开始对深部岩体强度属性开展了研究，并认识到高应力作用下围岩所表现的强度变形特征与常规应力下明显不同，如江权提出硬岩劣化本构模型 RDM（Rock Deterioration Model，RDM）、黄书岭提出广义多轴应变能强度准则 GPSE 及考虑脆性岩石扩容效应的硬化—软化本构模型 GPSEdshs 等，但究其实质亦为应变软化性模型的一种。

10.3.1　理想弹塑性模型

Mohr 强度理论是 Mohr 在 1900 年提出的，是在目前岩土力学中用得最多的一种理论。该理论假设材料内某一点的破坏主要决定于它的大主应力和小主应力，而与中间主应力无关。

其可表达为

$$f=\frac{\sigma_1-\sigma_3}{2}+\frac{(\sigma_1+\sigma_3)\sin\varphi}{2}-c\cos\varphi\leqslant 0 \qquad (10-1)$$

式中：σ_1 为最大主应力；σ_3 为最小主应力；φ 为摩擦角；c 为黏聚力。

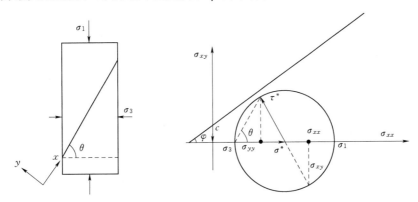

图 10 - 10　Mohr - Coulomb 强度准则

10.3.2　m - 0 准则

Martin 等（1990，1993，1997，1999）对围岩脆性破坏进行了研究，其中，基于弹性模型的 m - 0 准则应用较广泛。此准则考虑了地应力作用及岩体强度特性与岩石强度特性之间的不同，并认为岩体发生脆性破坏，主要是黏聚力丢失所致，摩擦角在脆性破坏时并未被激发，其作用可被忽略。该准则是在 Hoek - Brown 强度准则的基础上，将岩体质量参数 m 视为 0，$s=0.11$，即

$$\sigma_1-\sigma_3=A\sigma_c \qquad (10-2)$$

式中：σ_1 和 σ_3 为最大、最小主应力；σ_c 为岩石单轴抗压强度。

10.3.3　CWFS 模型

Mohr - Coulomb 准则可表述为

$$\tau=c+\sigma\tan\varphi \qquad (10-3)$$

式中：τ 为剪切力；c 为岩土体黏聚力；σ 为法向应力；φ 为岩体摩擦角。

其中式（10 - 3）中 c 可视为岩体黏聚力强度分量，$\sigma\tan\varphi$ 可视为岩体的摩擦强度分量。

Hajiabdolmajid 在对加拿大 AECL 的 Lac du Bonnet 花岗岩进行研究后发现，脆性岩体在破坏过程中，即破坏的各个不同阶段，黏聚力强度分量（c）和摩擦强度分量（$\sigma\tan\varphi$）各自激发时间不同，且后期变化量不同，如图 10 - 11 所示。

岩体在外界应力环境强度变化下，随着应力场的变化，岩体中微裂隙由于尖端应力的变化，发生扩展、交融、贯通等现象，故而在岩体弹性阶段向塑性阶段发展过程中，黏聚力强度分量 c 随着塑性应变的增加（即微裂隙的进一步扩展、交融、贯通），该强度逐渐降低，而随着裂隙的增加，岩体中黏聚力分量自弹性阶段零值逐渐向峰值发展（图 10 - 11），而 Lac du Bonnet 花岗岩室内岩石力学测试亦反映了这一规律（图 10 - 12），故

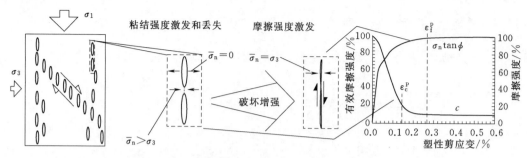

图 10-11　岩体破坏过程中不同强度分量激发方式

而 Mohr-Coulomb 准则表征为基于应变变化型，得到 CWFS 模型为

$$f(\sigma)=f(c,\overline{\varepsilon}^{p})+f(\sigma_{n},\overline{\varepsilon}^{p})\tan\varphi \tag{10-4}$$

其中

$$\overline{\varepsilon}^{p}=\int\sqrt{\frac{2}{3}(\mathrm{d}\varepsilon_{1}^{p}\mathrm{d}\varepsilon_{1}^{p}+\mathrm{d}\varepsilon_{2}^{p}\mathrm{d}\varepsilon_{2}^{p}+\mathrm{d}\varepsilon_{3}^{p}\mathrm{d}\varepsilon_{3}^{p})}\,\mathrm{d}t \tag{10-5}$$

式中：$\mathrm{d}\varepsilon_{1}^{p}$，$\mathrm{d}\varepsilon_{2}^{p}$，$\mathrm{d}\varepsilon_{3}^{p}$ 分别为主应变增量。

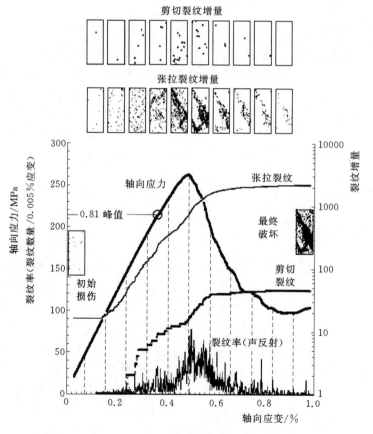

图 10-12　Lac du Bonnet 花岗岩试验曲线及声发射情况

进而可以将岩体黏聚力及摩擦角的变化形式简化，如图 10-13 所示。

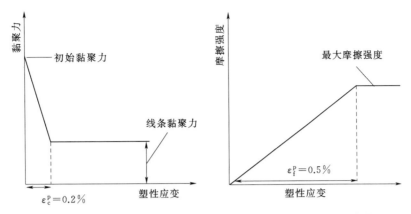

图 10-13　CWFS 模型中黏聚力及摩擦角随塑性应变的发展变化

10.3.4　CSFH 模型

Edelbro 针对较为完整的岩体（$GSI > 75$）所发生的可观察到的脆性破坏范围，亦自岩体黏聚力强度与摩擦强度角度提出应变软化性模型 CSFH（Cohesion - Softening Friction - Hardening）模型，其中与 CWFS 模型不同之处在于 CSFH 模型中一般采用岩体初始摩擦角设置为 $10°$，而残余黏聚力为峰值强度的 0.3 倍，此外采用某一量值塑性应变是否贯通表征岩体脆性破坏范围，具体各强度分量变化情况如图 10-14 所示。

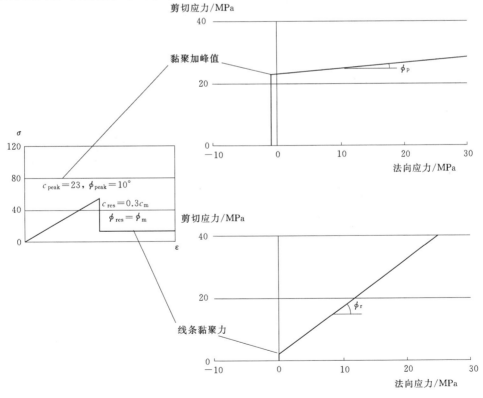

图 10-14　CSFH 模型中黏聚力及摩擦角发展情况

实质上，CWFS 模型及 CSFH 模型均为应变软化性模型的一种，只不过对于模拟结果中岩体破坏范围的标定量选择不同，如 CWFS 模型中采用塑性区标定，而 CSFH 模型中采用某一量值塑性应变贯通范围标定。

10.3.5　对比分析

10.3.5.1　对象选择

由于加拿大 AECL 地下实验室所进行的科学研究较多，目前可供查阅的文章也较多，故而此处采用 AECL 420m Mine - by 实验洞数据资料作为各种模拟方法的对比分析对象。AECL 实验室中 Mine - by 实验室具体位置及构造如图 10 - 15 所示。

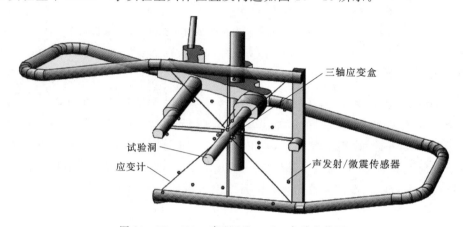

图 10 - 15　420m 高程 Mine - by 实验室位置

Mine - by 实验室在开挖过程中，围岩发生持续性剥落（最长剥落时间），形成 V 形破坏坑，具体如图 10 - 16 所示。

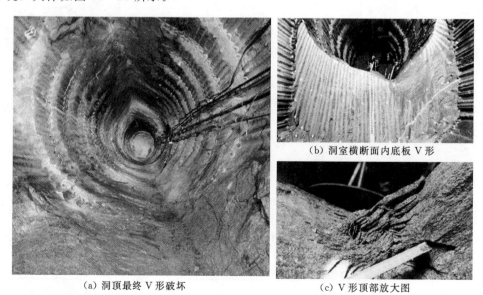

（a）洞顶最终 V 形破坏　　　　（b）洞室横断面内底板 V 形

（c）V 形顶部放大图

图 10 - 16　Mine - by 实验室围岩破坏形式

其中破坏的范围、深度如图 10-17 所示。

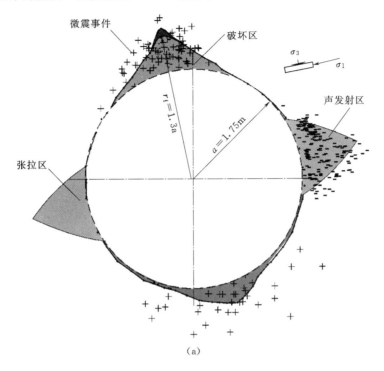

（a）

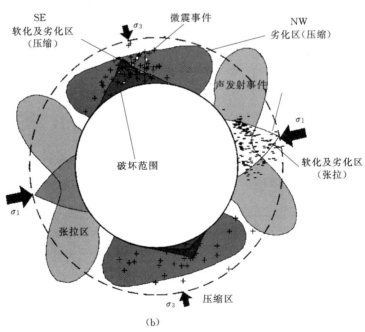

（b）

图 10-17　Mine-by 实验室围岩破坏范围

由图 10-17 可知，Mine-by 实验室洞径 3.5m，破坏范围为 0.525m，即为模拟破坏范围。

10.3.5.2 物理力学参数

各种模型所需要参数不同，此处根据文献资料及各种模型选取参数所推荐方法，罗列以下 6 种模型所需的参数，具体岩体力学参数如表 10-3 所示。

表 10-3 岩体物理力学参数

参 数		弹性模型	弹塑性	理想弹脆塑性	$m-0$ 准则	CWFS	CSFH
岩块参数	岩块黏聚力 c/MPa	25					
	岩块摩擦角 φ/(°)	48					
	岩块抗拉强度 σ_t/MPa	10					
	岩块单轴抗压强度 σ_{ci}/MPa	224					
岩体参数	岩体弹性模量 E/GPa	60					
	岩体泊松比 ν	0.2					
	GSI	90					
	Hoek-Brown 参数 m_i	28.11					
	Hoek-Brown 参数 s	0.329					
	岩体抗压强度 σ_{cm}/MPa	128					
	岩体抗拉强度 σ_{tm}/MPa	3.7					
	岩体黏聚力/MPa	14.1					
	岩体摩擦角/(°)	63.3					
应力场	最大主应力 $\sigma_{1\text{-insitu}}$/MPa	60 ± 3					
	中主应力 $\sigma_{2\text{-insitu}}$/MPa	45 ± 4					
	最小主应力 $\sigma_{3\text{-insitu}}$/MPa	11 ± 2					
其余参数	残余 m_r	—	28.11	1	0	—	—
	残余 s_r	—	0.329	0.01	0.11	—	—
	初始黏聚力 c_{mi}/MPa	—	—	—	—	50	26.6
	初始摩擦角 φ_i/(°)	—	—	—	—	0	10
	剪胀角 ψ/(°)	—	—	—	—	30	
	残余黏聚力 c_{mr}/MPa	—	—	—	—	15	4.23
	残余摩擦角 φ_r/(°)	—	—	—	—	48	63.3

10.3.5.3 模拟结果

采用弹性模型、理想弹塑性模型、弹脆塑性模型、$m-0$ 准则、CWFS 模型及 CSFH 模型进行计算，其中 CWFS 模型采用 FLAC3D 软件计算，其他均采用 Phase2 软件进行模拟工作。

弹性模型计算结果如图 10-18 所示，由图可知，一般在垂直最大主应力洞壁位置产生较大应力集中现象，而在平行洞壁方向则分布一定的拉应力，利用应力强度，即岩体强度与所受主应力的比值可得到，具有张拉应力位置与发生破坏位置，该预测成果与实际岩体破坏位置明显不同，实际岩体该部位具有一定的微震现象，表明具有一定的诱发裂隙，但并未产生较为明显的剥落现象（图 10-16、图 10-17）。

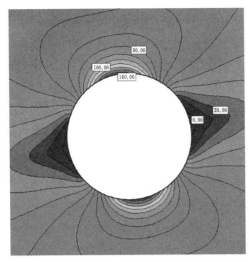

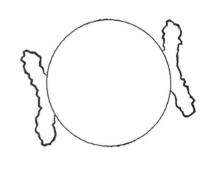

（a）最大主应力 （b）强度系数（等于1）

图 10 - 18 弹性模型模拟结果

理想弹塑性模型计算结果如图 10 - 19 所示，由图可知，在最大主应力分布形式上，该模型计算结果与弹性模型计算结果较为相似，同时，屈服单元分布范围显示，在张拉应力区存在张拉破坏（o 表示为张拉破坏，×表示为剪切破坏），而在垂直初始应力场中最大主应力方向洞壁浅部位存在一定的剪切破坏，模拟结果与 AECL 地下实验室围岩实际破坏范围具有较大的差异性。

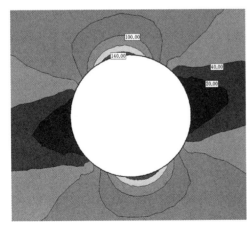

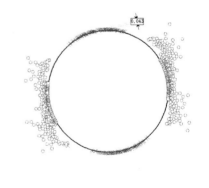

（a）最大主应力 （b）屈服单元

图 10 - 19 弹塑性模型模拟结果

理想弹塑性模型计算结果如图 10 - 20 所示，由图可知，洞室开挖后二次应力场中最大主应力分布类型与弹性、弹塑性分布形式不同，其中存在较为明显的围岩破坏应力释放范围，可划分为应力松弛区、应力过渡区、应力集中区、应力过渡区及应力平稳区，而屈服单元显示，环洞壁一定范围内存在连贯性张剪破坏，即环洞壁围岩均发生一定的屈服破坏，该特征与实际围岩破坏亦具有一定的差异性。

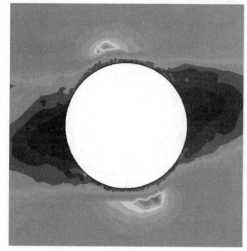

（a）最大主应力　　　　　　　　　　　（b）屈服单元

图 10 - 20　弹脆塑性模型模拟结果

利用 $m - 0$ 准则对加拿大 AECL 地下实验室围岩脆性破坏范围进行模拟，模拟结果如图 10 - 21 所示。由图可知，围岩二次应力场中最大主应力分布形式与弹性、弹塑性模拟结果具有一定的差异，与实际情况较为吻合，可划分为应力松弛区、应力过渡区、应力集中区、应力过渡区及应力平稳区，而屈服破坏范围上，该模型模拟结果与实际破坏范围相比较为接近，破坏位置与实际较为相近（旋转 11°方向）。

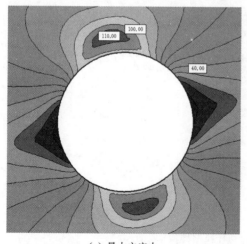

（a）最大主应力　　　　　　　　　　　（b）屈服单元

图 10 - 21　$m - 0$ 模拟结果

CWFS 模型模拟结果如图 10 - 22 所示，由图可知，围岩二次应力场分布形式上，CWFS 模型与弹脆塑性、$m - 0$ 模型模拟结果较为相近，即可划分为应力松弛区、应力过渡区、应力集中区、应力过渡区及应力平稳区，而屈服范围上，CWFS 模型模拟结果屈服深度为 0.601m，与实际破坏范围 0.525m 较为接近，同时破坏位置与实际情况亦较为吻合。

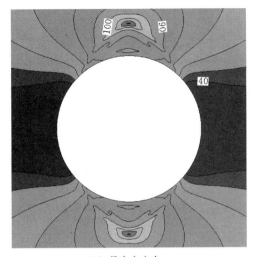

（a）最大主应力

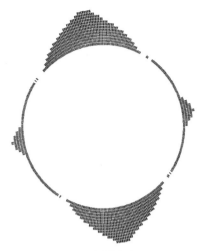

（b）屈服单元

图 10-22　CWFS 模型模拟结果

CSFH 模型模拟结果如图 10-23 所示，由图可知，围岩二次应力场分布形式上，CSFH 模型与弹脆塑性、$m-0$ 模型模拟结果宏观特征较为相近，但局部应力分布存在较为不连续现象，而屈服范围上，CSFH 模型采用剪应变贯通后情况作为标定岩体屈服判别标志，模拟结果屈服深度为 0.549m，与实际破坏范围 0.525m 较为接近，同时破坏位置与实际情况亦较为吻合。

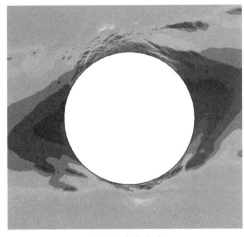

（a）最大主应力

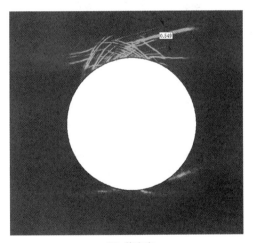

（b）剪应变

图 10-23　CSFH 模型模拟结果

对所采用的 6 种不同模型，自围岩开挖后最大主应力分布特征、围岩屈服破坏范围及深度、参数获取难易性、屈服范围隶定形式等多个方面进行比较分析，具体如表 10-4 所示。由表 10-4 可知，对于深埋硬脆性岩体，赋存于较高地应力环境下，弹性、弹塑性、

表 10 - 4　不同模型计算结果及适宜性比较表

模型	弹性	弹塑性	弹脆塑性	$m=0$	CWFS	CSFH
最大主应力 σ_1						
屈服区						
参数获取性	容易	容易	容易	容易	较难	较难
屈服范围界定	容易	容易	容易	容易	容易	较难
应力分布形式	不吻合	不吻合	较吻合	吻合	吻合	较吻合
破坏深度	不吻合	不吻合	不吻合	较吻合	较吻合	较吻合
破坏范围	不吻合	不吻合	不吻合	较吻合	较吻合	较吻合
网格剖分要求	一般	一般	一般	较高	较高	高

理想弹脆塑性模型所模拟的结果无论在洞壁围岩二次应力分布场及围岩屈服区范围上，均与实际出入较大，即采用这三种模型进行高地应力环境下深埋硬脆性岩石屈服破坏范围模拟具有较大的局限性。而基于实际硬脆性岩石所提出的 $m-0$、CWFS 及 CSFH 模型在围岩应力场分布形式及破坏深度、范围模拟方面具有较高的吻合性，但 CWFS、CSFH 模型在参数选取性方面具有较高的要求，具有一定的人为主观因素干扰。此外，参数选取合理性方面，CSFH 模型较 CWFS 模型更为合理（CSFH 考虑了初始微裂隙对于摩擦强度的贡献），但在屈服区隶定方面，$m-0$、CWFS 模型均采用常规的单元屈服进行标定，而 CSFH 模型需要采用剪应变范围值进行隶定，亦具有一定的主观因素干扰。故而，深埋硬脆性岩石破坏范围预测方面，首先推荐采用 $m-0$ 准则进行宏观分析，后期室内岩石物理力学测试成果较多的情况下，可同时采用 CWFS、CSFH 模型预测硬脆性岩石的屈服破坏范围。

10.3.6 $m-0$ 计算法适应性

利用上述齐热哈塔尔水电站初始地应力场回归分析数据，结合《水力发电工程地质勘察规范》（GB 50287—2006）及《水利水电工程地质勘察规范》（GB 50487—2008）可对岩爆等级进行具体判断，但该方法对于岩爆的发生位置以及由于洞室形状变化对于洞壁围岩应力重新调整后的量值影响考虑不足，故而此处结合国内外研究成果，引进 $m-0$ 计算法，来判断岩爆的发生位置和具体爆坑深度，进一步细化岩爆判别方法。结合 Examine2D 软件，利用 $m-0$ 准则在预测深埋地下洞室硬脆性围岩破坏范围及深度方面具有较高的可信性。此处利用该方法结合上述地应力回归分析结果，验算已有岩爆破坏范围及爆坑深度，验证其适用性，其中洞段选取情况如表 10-5 所示。

表 10-5　　　　　　　　　　岩 爆 洞 段 资 料

编号	桩　　号	破坏位置	σ_1/MPa	σ_3/MPa	爆坑深度/cm	爆坑深度模拟结果/cm		
						最大	最小	平均
1	1024~1120	顶拱	14.93	2.32	25	0	45.2	16.8
2	1701.5~1710.5	左顶拱	17.20	2.97	28	0	64.7	28.4
3	1684~1754.5	右顶拱	17.61	2.99	34	4.2	66.2	33.6
4	1844~1935.4	右顶拱	21.79	3.07	14	21	108	63.2
5	2020.1~2098.3	右顶拱	22.52	3.09	19	23.3	116	69.9
6	2220.1~2232	顶拱	23.14	3.06	15	26.4	122	73.6
7	2240~2245	顶拱	26.82	3.01	18	42.9	170	101
8	2511~2529	右顶拱	28.02	2.91	40	47.6	186	109
9	2620~2632	右顶拱	29.73	2.88	20	54.8	224	124
10	3223~3318	顶拱	30.92	2.82	15	59.7	252	134
11	3399~3451	右顶拱	31.84	2.81	22	65.4	283	143
12	3450~3478	右顶拱	32.02	2.85	35	67.1	—	147
13	3770~3787	右顶拱	32.11	2.98	30	67.9	—	147.4
14	3800.7~3865.2	右顶拱	32.19	2.96	34	68.1	—	147.7

注　模拟计算结果中最大、最小、平均为采用最大、最小、平均单轴抗压强度值进行预测分析值。

分析结果如表 10-5 所示，其中由于成岩作用及地质构造作用等，导致岩体力学各向异性及参数指标空间不确定性，故而采用了刚性单轴压缩试验中单轴抗压强度的最大值、最小值及平均值三个参数进行模拟分析，其中部分岩爆段模拟结果如图 10-24～图10-27所示。

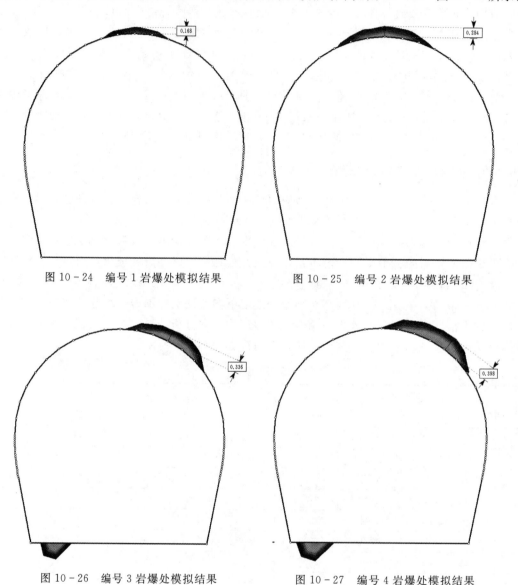

图 10-24　编号 1 岩爆处模拟结果　　　　　图 10-25　编号 2 岩爆处模拟结果

图 10-26　编号 3 岩爆处模拟结果　　　　　图 10-27　编号 4 岩爆处模拟结果

由表 10-5 及图 10-24～图 10-27 可知，利用 $m-0$ 法，在得知局部初试地应力场及岩石单轴抗压强度的基础上，结合洞室形状，可预测分析岩爆段岩爆位置及爆坑深度，但由于实际岩爆洞段地应力具体量值、与洞轴线方向之间的关系及岩体力学强度参数等变化，采用该种方法进行具体判断具有一定的局限性，岩爆爆坑深度空间变异性较大。

利用多种方法对已有国标中岩爆判据对于齐热哈塔尔水电站引水隧洞岩爆判断的适用性进行了分析研究，同时对已有深埋硬脆性地下洞室围岩片帮、剥落预测方法（$m-0$

法）应用于齐热哈塔尔水电站引水隧洞的岩爆预测的适用性亦进行了分析研究，综合分析结果可知，对于齐热哈塔尔水电站引水隧洞岩爆的预测判据，可采用以下两种方法：

（1）强度应力比法。在地应力资料及沿洞轴向岩体力学参数较难获取或不足的情况下，可利用《水力发电工程地质勘察规范》（GB 50287—2006）及《水利水电工程地质勘察规范》（GB 50487—2008）中推荐的岩石饱和单轴抗压强度与初始地应力场最大主应力的比值在宏观上综合判别岩爆的等级及表象。

（2）$m-0$。在现场资料及测试较为方便的情况下，可以 $m-0$ 准则为基础，利用 Examine2D 软件，具体判别岩爆发生与否、爆坑深度及位置分布规律，但该种方法需要初试应力场具体量值以及与地下洞室洞轴线具体空间关系、地下洞室形状、沿洞轴线方向岩体力学强度参数等有关。

10.4　引水隧洞岩爆预测

10.4.1　强度应力比法

采用应力强度比法，即《水力发电工程地质勘察规范》（GB 50287—2006）及《水利水电工程地质勘察规范》（GB 50487—2008）中推荐方法，对齐热哈塔尔水电站引水隧洞剩余洞段岩爆进行分段预测，结果如表 10-6 所示。

表 10-6　　　　　齐热哈塔尔水电站引水隧洞剩余洞段岩爆预测结果　　　　　单位：MPa

桩　号	最大主应力 σ_1			饱和单轴抗压强度 R_c			R_c/σ_1	岩爆等级
	最大值	最小值	平均值	最大值	最小值	平均值		
0～500	11.91	0	5.96	123.0	25.7	62.2	10.44	无岩爆
500～1000	11.64	7.83	9.74	123.0	25.7	62.2	6.39	轻微岩爆
3500～4000	32.27	32.02	32.15	93.8	35.2	63.6	1.98	强烈岩爆
4000～4500	31.05	27.56	29.31	93.8	35.2	63.6	2.17	中等岩爆
6500～7000	18.40	13.04	15.72	93.8	35.2	63.6	4.05	轻微岩爆
7000～7500	20.16	18.40	19.28	93.8	35.2	63.6	3.30	中等岩爆
8000～8500	19.03	17.06	18.05	93.8	35.2	63.6	3.52	中等岩爆
8500～9000	17.06	14.76	15.91	93.8	35.2	63.6	4.00	轻微岩爆
9000～9500	16.95	13.42	15.19	93.8	35.2	63.6	4.19	轻微岩爆
9500～10000	16.95	16.03	16.49	87.3	24.7	54.6	3.31	中等岩爆
10000～10500	16.84	14.55	15.70	93.8	35.2	63.6	4.05	轻微岩爆
10500～11000	14.55	10.43	12.49	93.8	35.2	63.6	5.09	轻微岩爆
11000～11500	15.41	11.87	13.64	93.8	35.2	63.6	4.66	轻微岩爆
11500～12000	15.82	15.41	15.62	93.8	35.2	63.6	4.07	轻微岩爆
12000～12500	15.82	14.27	15.05	93.8	35.2	63.6	4.23	轻微岩爆
12500～13000	14.27	12.72	13.50	93.8	35.2	63.6	4.71	轻微岩爆

续表

桩　号	最大主应力 σ_1			饱和单轴抗压强度 R_c			R_c/σ_1	岩爆等级
	最大值	最小值	平均值	最大值	最小值	平均值		
13000～13500	13.44	11.34	12.39	93.8	35.2	63.6	5.13	轻微岩爆
13500～14000	11.34	7.49	9.42	93.8	35.2	63.6	6.75	轻微岩爆
14000～14500	8.72	7.14	7.93	93.8	35.2	63.6	8.02	无岩爆
15000～15639.86	7.86	7.82	7.84	87.3	24.7	54.6	6.96	轻微岩爆

由表 10-6 可知，对于齐热哈塔尔水电站剩余岩爆洞段，岩爆主要类型为轻微岩爆，桩号 4000～4500、6500～7000、7000～7500、8000～8500 洞段具有发生中等岩爆可能，而桩号 3500～4000 具有一定的发生中等岩爆的可能性。

10.4.2　$m-0$ 计算法预测

同样利用 $m-0$ 方法对剩余洞段岩爆进行预测，结果如表 10-7 所示。

表 10-7　　　　　齐热哈塔尔水电站引水隧洞剩余洞段岩爆预测结果

桩　号	最大主应力 σ_1/MPa			最小主应力 σ_3/MPa			破坏深度 /cm	岩爆等级
	最大值	最小值	平均值	最大值	最小值	平均值		
0～500	11.91	0	5.96	2.48	0	1.24	0	无岩爆
500～1000	11.64	7.83	9.74	2.61	1.37	1.99	29.8	轻微岩爆
3500～4000	32.27	32.02	32.15	3.02	2.85	2.94	141.6	强烈岩爆
4000～4500	31.05	27.56	29.31	3.08	3.05	3.07	116.9	中等岩爆
6500～7000	18.40	13.04	15.72	2.49	2.27	2.38	25.7	轻微岩爆
7000～7500	20.16	18.40	19.28	2.49	2.48	2.49	48.3	中等岩爆
8000～8500	19.03	17.06	18.05	2.76	2.56	2.66	39.8	中等岩爆
8500～9000	17.06	14.76	15.91	3.07	2.76	2.92	26.7	轻微岩爆
9000～9500	16.95	13.42	15.19	2.96	2.44	2.70	22.1	轻微岩爆
9500～10000	16.95	16.03	16.49	2.96	2.82	2.89	61.1	中等岩爆
10000～10500	16.84	14.55	15.70	3.06	3.01	3.04	24.8	轻微岩爆
10500～11000	14.55	10.43	12.49	3.01	2.49	2.75	4.7	轻微岩爆
11000～11500	15.41	11.87	13.64	3.09	2.96	3.03	11.4	轻微岩爆
11500～12000	15.82	15.41	15.62	3.59	3.09	3.34	23.7	轻微岩爆
12000～12500	15.82	14.27	15.05	3.79	3.59	3.69	19.7	轻微岩爆
12500～13000	14.27	12.72	13.50	3.59	3.39	3.49	10.2	轻微岩爆
13000～13500	13.44	11.34	12.39	3.75	3.60	3.68	2.7	轻微岩爆
13500～14000	11.34	7.49	9.42	3.60	3.02	3.31	0	无岩爆
14000～14500	8.72	7.14	7.93	3.68	2.43	3.06	0	无岩爆
15000～15639.86	7.86	7.82	7.84	3.61	1.75	2.68	24.6	轻微岩爆

由表 10-7 预测结果结合《水力发电工程地质勘察规范》（GB 50287—2006）及《水利水电工程地质勘察规范》（GB 50487—2008）中推荐对应的岩爆等级中爆坑深度划分类别，可知齐热哈塔尔水电站引水隧洞剩余洞段中大部分具有较大可能发生轻微岩爆的可能性，即发生片帮或剥落现象，只有局部洞段具有发生中等岩爆，甚至强烈岩爆的可能性。

10.4.3　综合预测与分析

综合利用《水力发电工程地质勘察规范》（GB 50287—2006）及《水利水电工程地质勘察规范》（GB 50487—2008）中采用的强度应力比法、$m-0$ 法以及岩爆多元复合判据对齐热哈塔尔水电站引水隧洞剩余洞段岩爆可能性进行预测，综合分析结果如表 10-8 所示。

表 10-8　　　　　齐热哈塔尔水电站引水隧洞剩余洞段岩爆预测结果

桩　号	应力强度比法	$m-0$ 法	多元复合判据	综合预测结果
0～500	无岩爆	无岩爆	无岩爆	无岩爆
500～1000	轻微岩爆	轻微岩爆	轻微岩爆	轻微岩爆
3500～4000	强烈岩爆	强烈岩爆	强烈岩爆	强烈岩爆
4000～4500	中等岩爆	中等岩爆	中等岩爆	中等岩爆
6500～7000	轻微岩爆	轻微岩爆	轻微岩爆	轻微岩爆
7000～7500	中等岩爆	中等岩爆	中等岩爆	中等岩爆
8000～8500	中等岩爆	中等岩爆	中等岩爆	中等岩爆
8500～9000	轻微岩爆	轻微岩爆	轻微岩爆	轻微岩爆
9000～9500	轻微岩爆	轻微岩爆	轻微岩爆	轻微岩爆
9500～10000	中等岩爆	中等岩爆	中等岩爆	中等岩爆
10000～10500	轻微岩爆	轻微岩爆	轻微岩爆	轻微岩爆
10500～11000	轻微岩爆	轻微岩爆	轻微岩爆	轻微岩爆
11000～11500	轻微岩爆	轻微岩爆	轻微岩爆	轻微岩爆
11500～12000	轻微岩爆	轻微岩爆	轻微岩爆	轻微岩爆
12000～12500	轻微岩爆	轻微岩爆	轻微岩爆	轻微岩爆
12500～13000	轻微岩爆	轻微岩爆	轻微岩爆	轻微岩爆
13000～13500	轻微岩爆	轻微岩爆	轻微岩爆	轻微岩爆
13500～14000	轻微岩爆	无岩爆	无岩爆	轻微岩爆
14000～14500	无岩爆	无岩爆	无岩爆	无岩爆
15000～15639.86	轻微岩爆	轻微岩爆	轻微岩爆	轻微岩爆

由表 10-8 可知，采用规范中推荐的强度应力比法、$m-0$ 法以及岩爆多元复合判据对齐热哈塔尔水电站引水隧洞剩余洞段岩爆可能性及等级进行预测结果具有较高的重合性，亦相互验证了预测方法的可行性，对其进行综合预测及分析可知，齐热哈塔尔水电站引水隧洞剩余洞段岩爆主要以轻微岩爆为主，局部洞段具有发生中等岩爆的可能性，桩号 3500～4000 洞段具有发生强烈岩爆的可能性。结合已有岩爆发生的宏观表象可知，引水

隧洞剩余洞段岩爆仍主要以具有噼啪声响特征的片帮和连续剥落为主，即以应变型岩爆为主，而弹射现象在该工程引水隧洞中发生的可能性较小。

10.5　本章小结

在对齐热哈塔尔水电站工程区域三维地应力场模拟分析的基础上，对我国规范《工程岩体分级标准》（GB 50218—94）、《水利水电工程地质勘察规范》（GB 50487—2008）、《水力发电工程地质勘察规范》（GB 50287—2006）在齐热哈塔尔水电站中的适用性进行了论证分析。同时，结合国内外深埋硬岩脆性破坏准则对比分析的基础上，推荐以 Kaiser 等人所提出的 $m-0$ 计算方法作为岩爆爆坑深度预测标准。基于规范中的强度应力比法、$m-0$ 法以及岩爆多元复合判据对引水隧洞已有岩爆洞段及剩余洞段进行了预测分析，结果表明具有较高的吻合性，同时也说明应用上述方法开展岩爆的综合预判具有较高的适宜性。

第 11 章

岩爆影响因素数值分析

岩爆的影响因素很多，可分为自然因素和人为因素两类。本章中从埋深变化、侧压系数、最大主应力方向、地层岩性、洞室形状等不同角度对岩爆进行单一因素影响研究。

11.1 洞室设计的影响

11.1.1 洞室形状的影响

齐热哈塔尔水电站不同桩号段具有不同的设计洞形，必然造成洞室开挖后围岩应力分布特征不同。此处利用有限元软件分析洞室形状对应力重分布特征的影响，其中初始应力场为 $\sigma_1=60\text{MPa}$、$\sigma_2=30\text{MPa}$、$\sigma_3=20\text{MPa}$，最大主应力竖直偏转 $45°$，中主应力平行于洞轴方向。

由图 11-1 可知，洞室形状不同，最大主应力分布特征基本相似，仅存在局部量值不同。对于给定的应力场，Y4+500.00～5+000.00、Y6+900.00～8+800.00 洞段洞形右拱肩部位最大主应力为 144MPa 左右，而 Y5+000.00～6+900.00 洞段洞形右拱肩部位

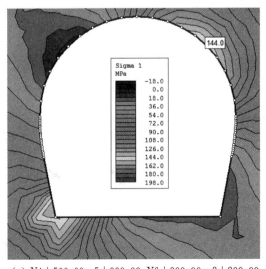

(a) Y4+500.00～5+000.00、Y6+900.00～8+800.00

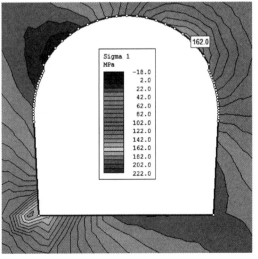

(b) Y5+000.00～6+900.00

图 11-1 弹性材料下不同洞形围岩二次应力

最大主应力可达 162MPa，即洞室形状不同，对于二次应力重分布的影响较大，进而影响岩爆的发生规律、宏观表征等。同样，利用有限元软件研究分析了锦屏二级水电站施工排水洞和交通洞不同洞室形状对于围岩应力重分布的影响，其中初始应力场为 $\sigma_1 = 68.56MPa$、$\sigma_2 = 34.29MPa$、$\sigma_3 = 33.03MPa$，并假设最大主应力为垂直应力。辅助洞横断面皆为城门洞形，A 洞断面尺寸为 5.5m×5.7m（宽×高）、B 洞断面尺寸为 6.0m×6.25m（宽×高），排水洞洞径为 7.2m。辅助洞及排水洞开挖后洞壁围岩最大主应力分布特征如图 11-2～图 11-4 所示，由图可知，辅助洞 A、B 洞室尺寸不同，但由于形状相近，最大主应力分布特征基本相似，仅存在局部量值不同，如 120MPa 量级最大主应力主要集中于洞室肩部及边墙底部位置。施工排水洞 120MPa 量级最大主应力主要分布于洞肩部位，并局部存在 160MPa 量级主应力分布。由于初始地应力场以自重应力场为主，城门洞形辅助洞相比圆形排水洞而言更接近谐洞，降低产生应力集中区的可能性及范围，总体上有利于洞室稳定。因此，进行不同地质环境下地下洞室设计，在保证建设目的的前提下，应充分考虑初始地应力特征，尽量设计适合地应力环境的洞室横断面。

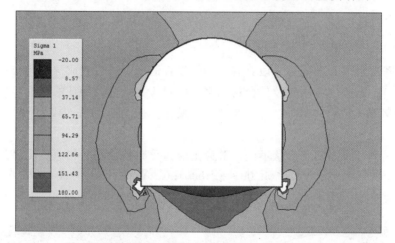

图 11-2　辅助洞 A 最大主应力分布（单位：MPa）

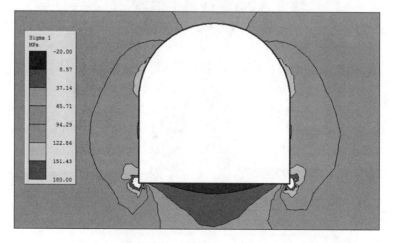

图 11-3　辅助洞 B 最大主应力分布（单位：MPa）

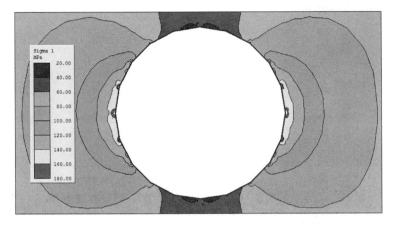

图 11-4　施工排水洞最大主应力分布（单位：MPa）

11.1.2　洞群相互作用的影响

利用有限元软件对洞群之间应力交互影响进行分析。选取锦屏二级水电站施工排水洞桩号 SK9+899.00～9+897.00 作为分析洞段，A、B 洞水平间距 35m，辅助洞 B 与施工排水洞水平间距 35m，具体排列方式如图 11-5 所示。

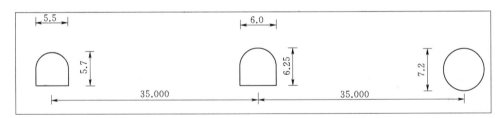

图 11-5　辅助洞、施工排水洞布置（单位：m）

辅助洞 A 开挖对辅助洞 B、排水洞初始应力场变化及围岩位移变化如图 11-6、图 11-7所示，由图可知，无论是弹性材料还是弹脆塑性材料，辅助洞 A 开挖对洞室 B 及排水洞初始应力场的大小量值基本没有影响。同时辅助洞 B 及排水洞处围岩位移基本为零，这表明辅助洞 A 开挖对施工排水洞岩体所处初始应变能环境无较大影响，基本保持辅助洞 A 未开挖前的初始状态不变。

辅助洞 B 开挖对辅助洞 A 洞壁围岩应力分布及排水洞初始应力分布的影响情况如图 11-8 所示，位移分布情况如图 11-9 所示。由图 11-8 可知，无论是弹性材料还是弹脆塑性材料，辅助洞 B 开挖对洞室 A 洞壁围岩应力分布及排水洞初始应力场的大小量值基本没有影响。同时由图 11-9 可知，施工排水洞处围岩位移接近于零。这表明辅助洞 B 开挖对施工排水洞岩体所处初始应变能环境无较大影响，基本保持辅助洞 A 未开挖前的初始状态不变。

由上述分析可知，对于锦屏二级水电站而言，施工排水洞未开挖前，其初始应力场环境及初始应变能环境并不受临近辅助洞 A 及辅助洞 B 洞室开挖建设的影响，即此时洞群间相互影响作用甚小，可忽略不计。

（a）弹性

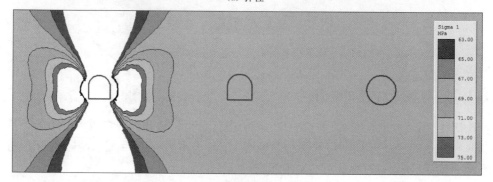

（b）弹脆塑性

图 11-6　辅助洞 A 开挖围岩最大主应力分布（单位：MPa）

（a）弹性

（b）弹脆塑性

图 11-7　辅助洞 A 开挖围岩位移分布（单位：m）

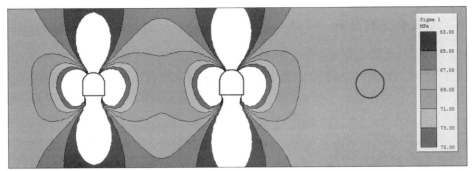

（a）弹性

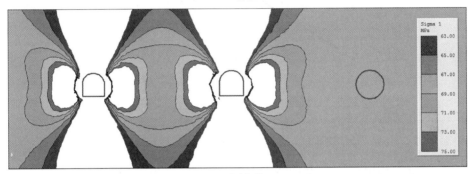

（b）弹脆塑性

图 11-8　辅助洞 B 开挖围岩最大主应力分布（单位：MPa）

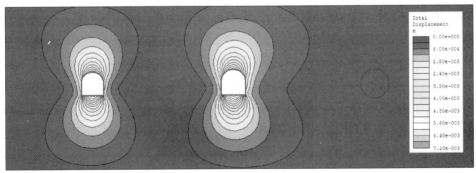

（a）弹性

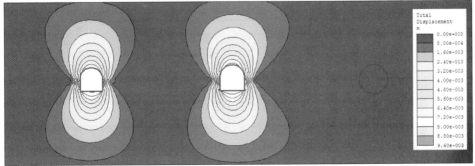

（b）弹脆塑性

图 11-9　辅助洞 B 开挖围岩位移分布（单位：m）

11.1.3 埋深变化的影响

Hoek - Brown 岩体经验强度准则中考虑了岩体埋深对强度的影响（图 11 - 10），这与实际情况更为符合，即对于同一岩体，随着埋深增加黏聚强度逐渐增加，摩擦强度逐渐减小。

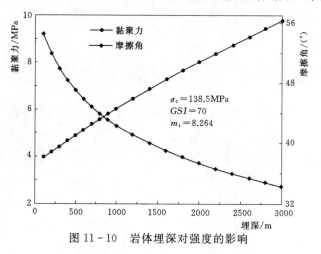

图 11 - 10　岩体埋深对强度的影响

假设初始应力场中主控应力自竖直角度偏转 55°，$\sigma_1 = 0.027H$，$\sigma_2 = 0.6\sigma_1$，$\sigma_3 = 0.5\sigma_1$，计算结果如图 11 - 11 所示。

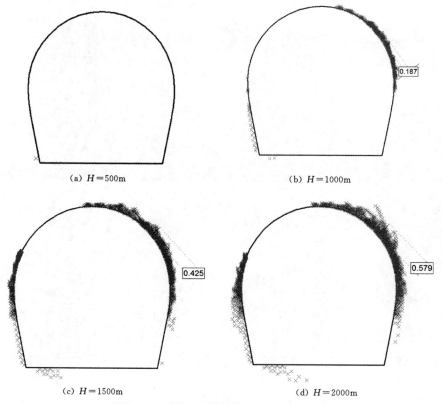

(a) $H = 500$m　　(b) $H = 1000$m

(c) $H = 1500$m　　(d) $H = 2000$m

图 11 - 11　洞室不同埋深下的屈服区分布

由图 11-11 可知，对于同一种围岩而言，随着埋深的增加，塑性区深部逐渐增加，即随着初始应力场中最大主应力量值的增加，发生岩爆的可能性增加，岩爆爆坑深度将进一步增大。同时由图 11-11 可知，右侧拱肩部位屈服岩体基本呈 V 形，该分布形式与现场所发生岩爆反映出的 V 形爆坑较为一致。

11.2　地应力的影响

11.2.1　侧压系数的影响

假设初始应力场中最大主应力 $\sigma_1 = 40\text{MPa}$（竖直偏转 55°），中主应力平行于洞轴方向，不同侧压系数下计算结果如图 11-12 所示。

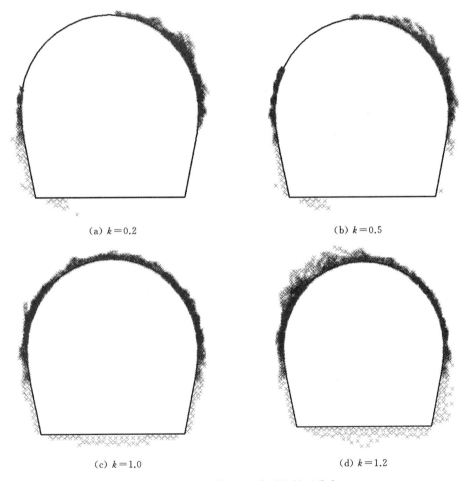

(a) $k=0.2$　　　　　　　　　(b) $k=0.5$

(c) $k=1.0$　　　　　　　　　(d) $k=1.2$

图 11-12　不同侧压系数时塑性区分布

由图 11-12 可知：当侧压系数 $k<1.0$ 时，即最大主应力 σ_1 仍为偏转竖直 55°方向时，随着侧压系数的增加，塑性区深度变化较小，但宽度方向明显发生变化；当侧压系数

$k=1.0$ 时，即最大主应力 σ_1 与最小主应力 σ_3 相等时，塑性屈服区主要分布于环洞壁方向，无明显 V 形屈服区出现；当侧压系数 $k>1.0$ 时，即最大主应力 σ_1 与最小主应力 σ_3 发生颠覆时，V 形屈服区随之出现，但出现位置发生变化，由右拱肩变化至左拱肩（图 11-12）。由上述分析可知，侧压系数增加，下洞室围岩屈服区分布形式和范围发生变化，进而表现为对岩爆的宏观表征影响不同，如爆坑深度、破坏方式、影响半径等。

11.2.2 最大主应力方向的影响

假设初始地应力场中最大主应力 $\sigma_1=60\mathrm{MPa}$、中主应力 $\sigma_2=20\mathrm{MPa}$、最小主应力 $\sigma_3=30\mathrm{MPa}$，最大主应力 σ_1 不同偏转角度下塑性区分布情况如图 11-13 所示。

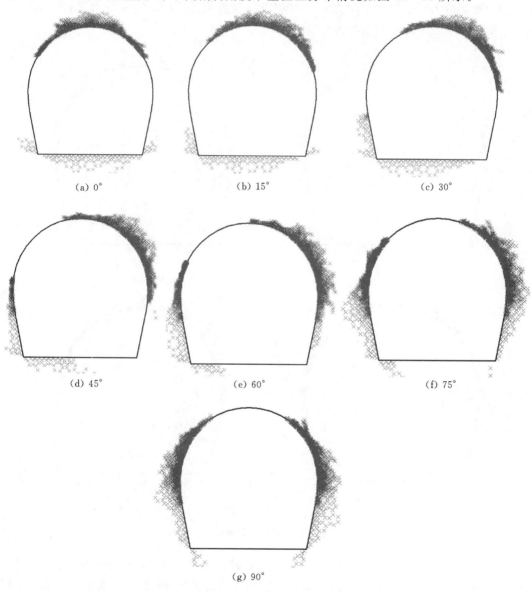

（a）0°   （b）15°   （c）30°

（d）45°   （e）60°   （f）75°

（g）90°

图 11-13 初始应力场不同角度时塑性区分布

由图 11-13 可知，初始地应力场中最大主应力 σ_1 不同偏转角度下塑性区分布范围相应发生变化，其分布位置主要与最大主应力 σ_1 保持垂直方向，如：初始最大主应力水平时，V 形塑性区主要分布于拱顶位置；初始最大主应力偏转 65°时，V 形塑性区主要分布于拱肩位置；而初始最大主应力为竖直状态时，塑性区一般分布于拱肩与侧壁位置。即初始应力场方向的变化，对于所发生岩爆的位置具有一定的影响，如齐热哈塔尔水电站 3 号支洞下游岩爆主要分布于临河床拱肩位置，而 2 号支洞上游岩爆多发生于两侧侧壁。

11.3 地层岩性的影响

地层岩性不同，岩体所能积聚的初始弹性应变能不同，洞室开挖过程中释放弹性应变能量值也不同，对于不同等级、类别岩性，岩爆等级不同，宏观破坏表征方式及影响深度也不同。基于这一认识，开展地层岩性不同对围岩释放能量特征影响研究，其中初始应力场为 $\sigma_1=60\text{MPa}$、$\sigma_2=30\text{MPa}$、$\sigma_3=20\text{MPa}$，最大主应力竖直偏转 45°，其中初始应力场中主应力平行于洞轴方向。

11.3.1 黏聚力影响

岩体黏聚力不同时地下洞室开挖对塑性破坏区域的影响如图 11-14 所示。

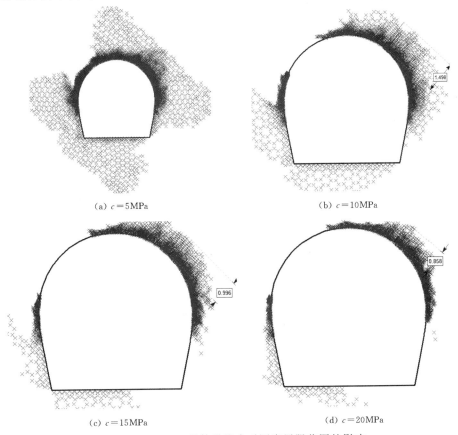

(a) $c=5\text{MPa}$　　　　　　　　(b) $c=10\text{MPa}$

(c) $c=15\text{MPa}$　　　　　　　　(d) $c=20\text{MPa}$

图 11-14（一）　岩体黏聚力对围岩屈服范围的影响

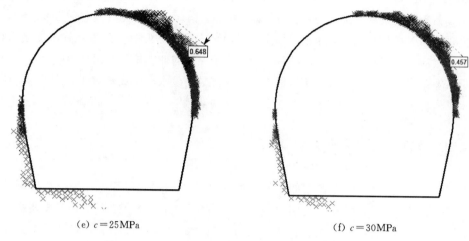

(e) $c = 25\mathrm{MPa}$　　　　　　　　　　　　　(f) $c = 30\mathrm{MPa}$

图 11 - 14（二）　岩体黏聚力对围岩屈服范围的影响

由图 11 - 14 可知，保持岩体其他物理力学参数不变的情况下，随着岩体黏聚力强度的增高，洞壁围岩塑性区范围逐渐降低。即围岩强度增加，洞壁屈服岩体范围减小，围岩裂隙化减弱，进而发生岩爆的可能性降低，其中利用初始应力场中最大主应力（或二次应力场中最大主应力）与岩石单轴抗压强度之间的比值判断岩爆发生可能性的判据亦反映了这一规律。

11.3.2　摩擦角影响

岩体摩擦角不同时围岩释放应变能及应变能密度的影响如图 11 - 15 所示。

由图 11 - 15 可知，保持岩体其他物理力学参数不变的情况下，随着岩体摩擦强度的增高，洞壁围岩屈服区深度逐渐减小。即围岩强度增加，洞壁屈服岩体范围减小，围岩裂隙化减弱，进而发生岩爆的可能性降低。

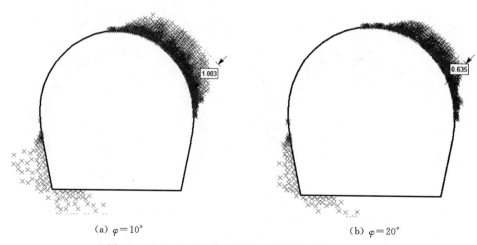

(a) $\varphi = 10°$　　　　　　　　　　　　　(b) $\varphi = 20°$

图 11 - 15（一）　岩体摩擦角对围岩屈服范围的影响

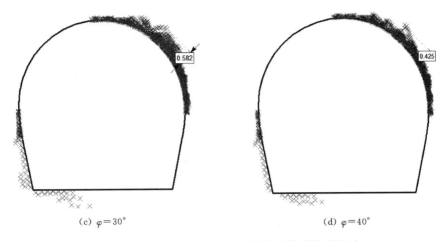

（c）$\varphi=30°$　　　　　　　　（d）$\varphi=40°$

图 11-15（二）　岩体摩擦角对围岩屈服范围的影响

11.4　施工方式的影响

11.4.1　开挖方式的影响

锦屏二级水电站辅助洞与施工排水洞分别采用钻爆法及 TBM 技术进行施工，对比分析辅助洞 A、B 及施工排水洞岩爆特征可发现，对相近洞段岩爆爆坑深度及岩爆连续段长度进行对比分析后可知，相同桩号内辅助洞单次岩爆段长度较施工排水洞高（图 11-16、图 11-18），但爆坑深度较施工排水洞小（图 11-17、图 11-18），施工排水洞岩爆在宏观上较辅助洞表现为等级高、连续段长度小的特征。由 11.3 节分析可知，施工排水洞与辅助洞洞室群间应力相互影响较低，而洞室形状对洞室开挖围岩二次应力重分布影响较大，自洞室形状方面可解释排水洞岩爆爆坑深度较辅助洞深的特征，此处集中于连续段长度不同的分析说明。

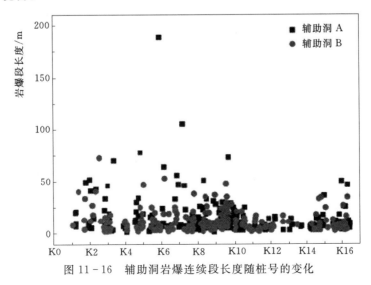

图 11-16　辅助洞岩爆连续段长度随桩号的变化

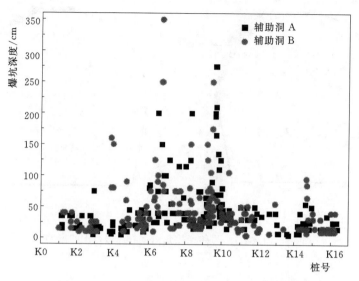

图 11-17　辅助洞岩爆爆坑深度随桩号的变化

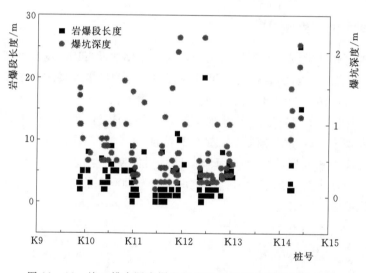

图 11-18　施工排水洞岩爆段长度及爆坑深度随桩号的变化

　　国内外许多研究学者对爆破引起的岩体损伤问题进行了研究，着重研究爆破荷载作用下岩体材料的损伤演化规律，以及裂纹扩展最终导致岩体破坏的机制和规律等。炸药爆炸后形成的爆炸应力波不可避免地导致岩体产生损伤（图 11-19）。损伤及其发展会导致岩体的力学性质下降，影响岩体的稳定性（李新平，陈俊桦，李友华，等，2010）。闫长斌等（2007）基于声波测试原理，利用 RSM-SY5 智能型声波仪，对厂坝铅锌矿某巷道进行了爆破动荷载作用下产生的累积损伤效应研究，结果表明开挖爆破对巷道围岩的影响深度为 0.8～1.2m。装药区段范围内的岩体损伤程度最严重，装药量越大，岩体损伤程度也越大。熊海华等（2004）对龙滩水电站右岸导流洞开挖中爆破损伤范围进行了研究，结果表明：光面爆破区岩体松弛范围沿孔长为 1.60m，松弛深度达 1.45m。严鹏等（2009）

的研究结果表明初始应力动态卸荷（钻爆开挖）在岩体中所产生的损伤范围比准静态卸荷（TBM 开挖）所产生的损伤范围要大，爆破荷载所引起的损伤或开挖卸荷诱发的损伤均可能成为开挖损伤区的主要贡献因素，且随着地应力水平的提高，爆破开挖过程中所引起的损伤范围将更大。

相较 TBM 施工技术，钻爆法施工对围岩扰动更大，主要表现为以下两个方面：① 由于爆破应力传播造成围岩爆破动态损伤；② 瞬时应力波对围岩应力分布及应变能分布、释放特征的影响。文中利用 Hoek-Brown 岩体经验强度准则，将钻爆法施工归结为人类工程活动的影响，分析钻爆法施工对工程岩体强度的影响，进而分析上述岩爆宏观表征的原因。

Hoek-Brown 岩体经验强度准则中引入应力扰动系数 D 来考虑人类工程活动对岩体强度的影响（见 9.1 节），并给出应力扰动系数 D 值的选取建议值，如表 11-1 所示。

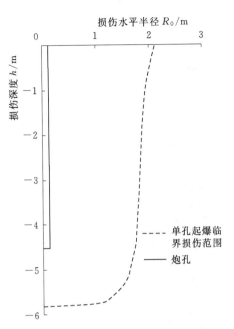

图 11-19　单个炮孔的爆破损伤范围
（李新平，陈俊桦，李友华，等，2010）

由表 11-1 可知，对于不同工程类型及施工技术方法，应力扰动系数 D 取值变化较大。岩体强度随 D 值变化情况如图 11-20 所示。

由图 11-20 可知，随着应力扰动系数的增加，岩体弹性模量 E_m、黏聚力 c、摩擦强度 φ 及抗拉强度 σ_t 等皆表现出降低趋势，爆破震动损伤围岩，降低岩体强度。辅助洞采用钻爆法施工，势必在围岩中产生垂直洞轴方向较大范围的扰动损伤，而这一损伤范围随着单孔深度的变化而呈连续状态（图 11-19）。同时，随掌子面推进逐次爆破而累积发育。排水洞采用 TBM 技术施工对围岩扰动较小，围岩因开挖而直接导致的损伤范围较小，并在沿洞轴方向不表现为连续损伤特征，因而实际中表现为等级较高、连续段长度较小的宏观岩爆特征。施工排水洞剩余洞段的岩爆预测及防治中，应注意这一现象，并做好相应的支护措施。

表 11-1 　　　　　　　　　　　　　**应力扰动系数 D 选取建议值**

岩 体 表 征	岩 体 描 述	D 建议值
	高质量控制爆破或硬岩掘进技术对洞壁围岩强度的影响非常小	$D=0$

续表

岩 体 表 征	岩 体 描 述	D 建 议 值
	（1）岩体质量较差，但采用机械或人工开挖对洞壁围岩扰动很小。 （2）无临时支护，由于大变形问题而导致明显顶板错位，此时如无临时支护措施，扰动现象将进一步加剧	$D=0$ $D=0.5$ 无支护
	硬岩隧洞中采用控制质量很差的爆破技术而导致局部破坏，围岩损伤范围可达 $2\sim3\text{m}$	$D=0.8$
	人类工程边坡中采用小尺度爆破产生深度岩体破坏，特别是如图中左侧边坡采用控制爆破技术。但是，应力释放将产生一定扰动	$D=0.7$ 高质量爆破 $D=0.5$ 低质量爆破
	大范围开采爆破以及岩体开挖应力释放而导致大型露天采矿边坡岩体承受显著扰动作用。 软岩工程采用切割及挖方工程，对边坡岩体扰动较小	$D=1.0$ 开采爆破 $D=0.7$ 机械开挖

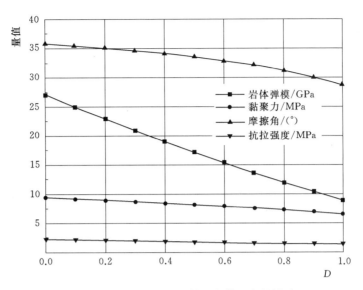

图 11-20　应力扰动系数对岩体强度的影响

11.4.2　支护作用的影响

目前施工排水洞支护系统主要有预应力锚杆（常规锚杆、水胀式锚杆、水泥卷锚杆、楔缝式锚杆、机械胀壳式锚杆等）（图 11-21）、纳米喷射混凝土和钢筋网片及钢拱架等支护措施。现场实践表明轻微（Ⅰ级）和中等（Ⅱ级）强度的岩爆可以通过加强系统支护，加强人员和设备防护得到有效控制，而对工程安全和进度影响最大的是强岩爆（Ⅲ级）和极强岩爆（Ⅳ级），效果并不理想。基于这一认识，对较低岩爆等级及较高岩爆等级两种不同岩爆发生洞段采用锚杆支护后洞壁围岩应力应变及能量变化特征进行数值模拟分析，以期验证这一工程实践认识，并对支护措施对岩爆的影响进行一定的分析说明。

图 11-21　中空预应力胀壳式锚杆

采用施工排水洞分段结果中第 6 段及第 9 段信息，建立数值模型，关于此段的详细信息（地应力量值、围岩物理力学参数等）见表 9 - 1、表 9 - 2。由于现场支护参数的缺省，文中只分析锚杆对岩爆的影响，锚杆及灌浆参数为：①锚杆。Φ28 钢筋，弹性模量 200GPa，抗拉强度 300MPa；锚杆成 2m 梅花形布置，长 5m。②灌浆。黏聚力 1MPa，刚度 20MPa。锚杆位置如图 11 - 22 所示。

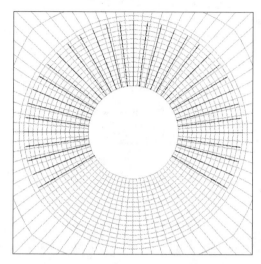

图 11 - 22　锚杆布置图

第 6、第 9 分段无锚杆、无预应力、预应力 5MPa、10MPa、20MPa 及 30MPa 情况下塑性区分布如图 11 - 23、图 11 - 24 所示。

由图 11 - 23、图 11 - 24 可知，对应不同情况，塑性区分布特征不同。施加常规锚杆支护但无预应力作用时，塑性区分布特征与无锚杆支护作用时基本相同。随着所施加预应力的逐渐加大，塑性区范围逐渐减小，且逐渐向无锚杆支护部位转移。从能量释放角度考虑，如初始地应力及其他影响因素相同时，塑性区范围较小，释放应变能较小，进而在实际工程中表现为岩爆等级低，破坏特征不明显，更甚者无岩爆发生。数值模拟结果与实际现场实践表明：轻微（Ⅰ级）和中

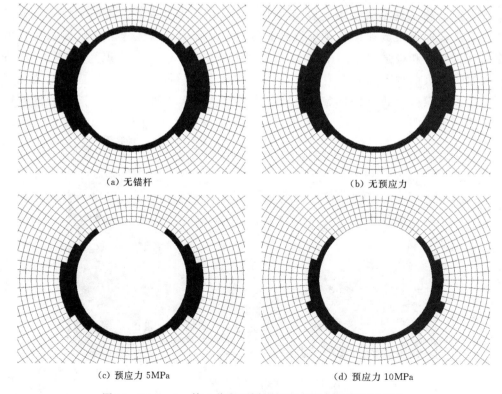

(a) 无锚杆

(b) 无预应力

(c) 预应力 5MPa

(d) 预应力 10MPa

图 11 - 23（一）　第 6 分段不同锚杆应力组合时塑性区分布

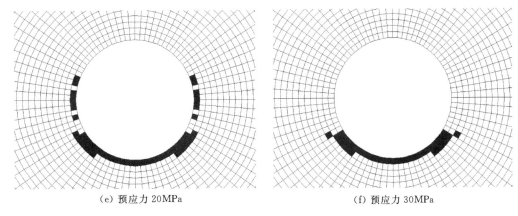

（e）预应力 20MPa　　　　　　　　　（f）预应力 30MPa

图 11-23（二）　第 6 分段不同锚杆应力组合时塑性区分布

等（Ⅱ级）强度的岩爆可以通过加强系统支护、加强人员和设备防护得到有效控制。对于高等级岩爆，如所施加预应力值较低，仍将产生较大塑性区，释放较高能量。如支护系统不具有抗大变形特性，发生破坏时所产生瞬时冲击力可破坏原有支护结构，进而表现为强岩爆（Ⅲ级）和极强岩爆（Ⅳ级）支护效果不理想，故而对于不同等级岩爆区，可采用不同的支护措施，即低等级岩爆区可从加强岩体强度出发，采用主动支护系统，而对于高等级岩爆区则由于提高岩体强度的作用不明显，可采用被动柔性支护系统，支护的主要目的

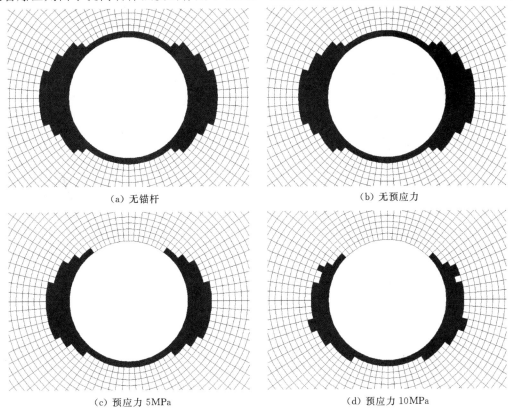

（a）无锚杆　　　　　　　　　　　　　（b）无预应力

（c）预应力 5MPa　　　　　　　　　　（d）预应力 10MPa

图 11-24（一）　第 9 分段不同锚杆应力组合时塑性区分布

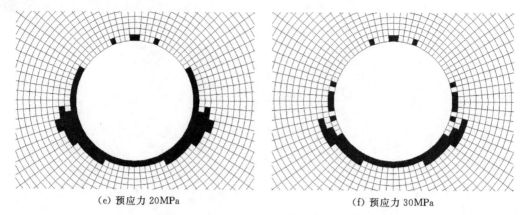

（e）预应力 20MPa　　　　　　　　　　　（f）预应力 30MPa

图 11-24（二）　第 9 分段不同锚杆应力组合时塑性区分布

为抵抗岩爆抛掷体的瞬间冲压作用。

通过上述分析可知，支护措施对于防治岩爆具有一定的促进作用，但这一作用与工程设计支护类型选择及施工质量等密切相关。措施施加是否及时合理、支护质量等对岩爆的控制作用具有明显影响，而笔者现场发现工程技术人员却忽略或并未足够重视这一影响，这势必造成支护系统的作用难以发挥预期的效果。

11.5　本章小结

本章中分析研究了埋深、侧压系数、最大主应力方向、地层岩性、洞室形状等因素对岩爆等级及宏观表现的影响，结果表明：

（1）工程体埋深增加，应力量值逐渐加大时，洞壁围岩屈服范围逐渐增加，进而发生剥落的范围逐渐增加，深度亦相应增加。

（2）初始应力场中最大主应力量值相同时，随着侧压系数的增加，屈服岩体范围及深度相应增加，同时对于静水压力状态，一般形成较为明显的环状裂隙，而最大主应力与最小主应力量值相差较大的初始应力环境下，一般形成较为明显的 V 形屈服区。

（3）最大主应力偏转方向对于围岩体屈服位置分布具有较大的影响，其一般形成与最大主应力垂直的位置，即最小主应力方向，齐热哈塔尔水电站引水隧洞岩爆特征亦反映了这一规律。

（4）相同初始应力场环境中，随着岩体黏聚强度及摩擦强度的增加，地下洞室开挖后，围岩屈服范围相应减小，即可剥落岩体减少，对应岩爆等级相应降低。

（5）相同初始地应力环境，不同洞室形状应力重分布特征不同。由分析结果可知，不同洞形对于应力重分布具有较大的影响，同时该影响亦与初始应力场分布特征相关。

第 12 章

岩 爆 防 治 措 施

岩爆的预防和治理是岩爆问题研究的最终目的。首先，在地下工程线路选择中，应尽量避免易发生岩爆的高地应力地区。其次，当难以避开高地应力区时，要尽量使洞室轴向与最大主应力方向平行布置，以减少洞室开挖能量释放率，从而防止发生岩爆或在量级上降低岩爆的等级烈度。以下分别从设计阶段、施工阶段对岩爆的防治措施进行归纳总结。

12.1　应力控制法——设计阶段的主要措施

岩爆是一种能量转化过程，即围岩的弹性应变能转换为动能的过程。如果围岩的切向应力达不到临界值，岩体中的微裂纹就无法扩展，而断裂后的岩块也无从获得足以弹射的动能（贾愚如，黄玉灵，1991）。应力控制法的实质是通过各种途径（如应力解除、时间控制、最大主应力平行洞室等）使围岩应力控制在临界值以下。

（1）地下洞室的布置方案受多种因素影响，如地形、地质、水力条件、施工因素以及同其他建筑的关系等，设计中必须根据工程的特点，综合权衡，通过优化获得合理布置。

（2）洞室开挖围岩应力状态与洞室形状具有较大关系，局部曲率半径愈小，应力集中愈明显。为了控制围岩应力过度集中，设计洞室时应尽可能多地比较几种断面形式，寻求最佳截面的形式（谐洞原理），以使围岩应力状态得到改善。如 6.2 节中对于施工排水洞与辅助洞间不同形状下，处于锦屏二级水电站工程环境中，辅助洞洞形更有利于洞室围岩的稳定性。

（3）开挖方法和开挖程序的选择，除洞室的布置和断面的结构形状对围岩应力有影响外，理想的开挖方式和开挖程序也至关重要，常规钻爆法与 TBM 施工各有优缺点，究竟采用何种开挖方法，需要慎重加以比选。如 6.3 节中施工方式的分析中，可知钻爆法施工所发生岩爆一般连续长度较大，而 TBM 相对较低。

12.2　变形特性控制法——施工阶段的主要措施

尽管在设计时采取了一些必要措施，然而由于地下工程的复杂性，在一定条件下施工期发生岩爆仍是不可避免的，而且主要威胁还是来自施工期，为此在施工期必须有足够的准备和相应的措施。变形热性控制法的实质是改善岩体的变形特性，提高塑性变形能力。例如：

（1）超前钻孔法。此方法既促进围岩应力降低，也可以改善围岩的变形特征，具体做法是：钻孔垂直于工作面钻进并穿过应力增高带，在钻孔周围形成极限应力区。如果钻孔足够密集，使极限应力状态互相覆盖，岩体在钻打过程中出现许多新裂纹，在一定程度上破坏岩体完整性，而达到卸载同时岩体弹性模量降低，有必要时也可朝洞室侧壁方向打孔。

（2）注水法。此方法的基础是利用岩石矿物因含水量增加而软化的特点。注水降低裂纹尖端周围能量，减小裂纹突然传播可能性的同时降低裂纹传播速度，使裂纹周围的势能转化为地震能的效率随之降低，从而减小岩石剧烈爆裂的危险性。向岩体内注水时，岩体力学特性发生变化，岩石强度、弹性模量及脆性属性降低，塑性变形能力提高，横向变形系数增大。当然，只有当能够保证注水均匀的条件下注水法才是有效的，尤其是相对较软岩层洞室中可在围岩钻孔中再注水，并通过钻孔内水力破裂方式释放能量。然而在特别坚硬的岩石中可能会遇到注水触发爆裂的情况，这种情况下岩石并不因注水而发生软化，但裂纹尖端两壁之间的摩擦阻力发生显著降低，裂纹尖端周围的势能亦下降较小，即发生类似于地球物理学中的深孔注水触发地震现象。

（3）前导洞法。前导洞法是指在掌子面上采用钻爆法开挖一较小洞径洞室，提前释放大断面内岩体所积聚的应变能，分次分级释放岩体中所积聚的应变能。采用这一方法时，应与现场施工方法、技术相适应，对前导洞部位及形状等进行科学谨慎的论证。

12.3 岩爆支护措施

由岩爆影响因素分析可知，支护措施对于防治岩爆具有不可忽视的作用。究其本质为加固围岩，而加固围岩的方法有"超前锚固"，即采用不同长度的锚杆，先锚后挖，挖锚循环作业，以阻止岩爆发生。同时，对于 TBM 掘进机而言，由于前期应力及能量释放操作较难，但可以在 TBM 开挖掘进之后，及时对掌子面后方围岩进行喷锚及挂网支护，同时可适当考虑施加一定预应力措施提供主动围压或柔性支护措施承受被动冲击。此外，对于低等级岩爆区可自加强岩体强度出发，采用主动支护系统，而对于高等级岩爆区则由于提高岩体强度的作用不明显，可采用被动柔性支护系统，支护的主要目的是抵抗岩爆抛掷体的瞬间冲压作用。

岩爆防治措施应采用以下总则：前期避让、预防为主、防治结合、强化管理、实时优化。前期选址工作中，尽量避免高地应力地区，对已选定场址工程，则在设计阶段做好预防措施，对比设计方案，优化比选，选择出适合工程地质环境特征的有利方案。做好相应的预防措施，准备常规岩爆灾害的治理及防治备选方案。施工阶段必须强调对技术安全措施的执行意识，强化管理施工操作方法，提高施工人员操作素质，保证施工质量。同时，采用微震或声发射监测方法，对洞壁围岩微裂隙发展进行实时监测，判断岩爆发生的可能性，并做好前期防治措施。针对不同岩爆段岩爆的主控因素进行详尽分析，提炼主要矛盾，分析主控因素，有针对性地进行优化设计，降低岩爆的可能及烈度等级。

对于高应力特别是岩爆巷道的支护，由于应力大、变形大且具有动力破坏的特点而难以支护，因而不能采用常规的巷道支护方法。国外的深井硬岩矿山在岩爆巷道支护方面起步较早较系统，已积累了丰富的经验，有代表性的国家有南非、苏联、加拿大、美国、智利等国。南非在岩爆研究方面已有数十年的历史，特别是加拿大还进行了有关矿山岩爆及支护的五年计划的专项研究，在岩爆支护研究及应用方面取得了令人瞩目的成就。

在苏联，研究的岩爆矿山开采深度一般在 700～1500m，为弱岩爆和中等岩爆。岩爆中的支护方式有改造的普通锚喷支护、喷射钢纤维支护、柔性钢支架支护、锚喷网＋柔性钢支架联合支护等型式。特别值得一提的是苏联在岩爆巷道中采用喷射钢纤维支护研究方面取得了较好的效果，并在矿山中得到推广应用，如北乌拉尔铝土矿等。

在美国，有关岩爆支护方面的经验主要来自于爱达荷州 Coeurd Alene 地区的矿山，岩爆支护一般为常规支护形式的改造，如通过加密锚杆之间的间距、增强锚杆的强度和变形能力、改善金属网之间的搭接方式及其变形能力等。比如，Lucky Friday 矿采用 0.9m 间隔的长为 2.4m 的树脂高强变形锚杆（Dwyidag）和链接式金属网，并配置中等间距的管缝式锚杆，这种支护可以抵御中等岩爆。

在智利，关于岩爆支护方面的经验来自于 El Tenienle 矿，该矿一般是采用砂浆高强变形钢筋锚杆（类似于 Dwyidag），并配置链接式金属网，必要时喷上混凝土。

在加拿大，20 世纪 90 年代开始了针对 Sudbury 地区矿山的岩爆研究项目，通过实施 5 年研究计划，在岩爆支护方面取得了较系统的和有突破性的成果，为目前世界上矿山岩爆研究较为先进的国家之一。加拿大对岩爆巷道的支护分三个类级，第一类级为无砂浆胶结的机械式端锚锚杆，通常配以链接式网或焊接式网。其典型的支护系统中机械式锚杆长为 1.8m、直径 16mm，以 1.2m×0.75m 的排距安装，金属网为 6 号铁丝网，网孔为 100mm×100mm，在一些矿山还采用了镀锌的链接式网以防止腐蚀。第二类级为在第一类级支护系统的基础上增加锚杆的密度和锚杆的长度，增强锚杆的变形能力，增大金属网的覆盖面积或增加网丝的直径、增喷混凝土等，例如再加上直径为 20mm、长 1.8～2.4m 的树脂浆变形预应力锚杆，以适中的间距锚入岩体作进一步加固。第三类级为采用非加固围岩的方法，即采用钢索带（Cable lacing）支护，它适用于高岩爆危险区。有代表性的支护为 7 股 16mm 直径的钢绳作索带，锚固件以钻石花形式间距布置 1.5m×1.2m，锚杆为软钢，直径为 16mm。

南非是迄今为止在岩爆研究领域取得成就最大的国家。南非金矿岩爆巷道支护常用的支护有锚杆这类固定支护和金属网、喷网、索网等这类柔性支护，对喷射混凝土支护抑制岩爆的作用也作了较深入的研究。

岩爆区支护措施及支护系统需达到以下作用：

（1）加固岩体，即利用锚杆、锚索等构件提高岩体自稳性。

（2）承托破坏岩石，即利用喷射混凝土、钢筋网等对岩爆区剥落、弹射岩体进行兜网，以防止塌落。

（3）稳固地保持承托构件的稳定性，即利用锚杆、锚索等构件与钢筋网之间的焊接等形式，使得承托构件可有效发挥作用。

加拿大 Kaiser（1996）等人通过研究得出典型支护构件荷载—位移参数，具体如表 12-1 所示。

表 12 - 1   典型支护构件荷载—位移参数（Kaiser 等）

支护构件	峰值荷载/kN	位移极限/mm	吸收能量/kJ
19mm 树脂螺纹钢筋	120～170	10～30	1～4
16mm 锚索	160～240	20～40	2～6
16mm，2m 长机械锚杆	70～120	20～50	2～4
16mm，4m 锚索	160～240	30～50	4～8
16mm 砂浆光滑锚杆	70～120	50～100	4～10
管缝式锚杆	50～100	80～200	5～15
让压水胀式锚杆	80～90	100～150	8～12
加强型让压水胀式锚杆	180～190	100～150	18～25
16mm 锥形锚杆	90～140	100～200	10～25
6 号线焊接金属网	24～28	125～200	$2～4/m^2$
4 号线焊接金属网	34～42	150～225	$3～6/m^2$
9 号链接金属网	32～38	350～450	$3～10/m^2$
喷射混凝土＋焊接金属网	2×金属网	＜金属网	3～5×金属网

对于不同岩爆诱发因素的倾向区岩爆支护设计可参考表 12 - 2。

表 12 - 2   不同等级岩爆可选择支护系统

机理	等级	荷载/(kN·m⁻²)	位移/mm	能量/(kJ·m⁻²)	建议支护系统
无弹射现象的体胀	低等	50	30	—	锚杆或灌浆螺纹钢筋＋金属网（喷射混凝土）
	中等	50	75	—	锚杆和灌浆螺纹钢筋＋金属网（喷射混凝土）
	高等	100	150	—	金属网和喷射混凝土承板＋屈服锚杆和灌浆螺纹钢筋
有弹射现象的体胀	低等	50	100	—	金属网＋锚杆和管缝式锚杆（喷射混凝土）
	中等	100	200	20	金属网和喷射混凝土承板＋螺纹钢筋和屈服锚杆
	高等	150	＞300	50	金属网和喷射混凝土承板＋加强型屈服锚杆和螺纹钢筋（束带）
远场微震产生的弹射岩爆	低等	100	150	10	纤维喷射混凝土＋锚杆或管缝式锚杆
	中等	150	300	30	纤维喷射混凝土承板＋锚杆和屈服锚杆（束带）
	高等	150	＞300	＞50	纤维喷射混凝土承板＋加强屈服锚杆和螺纹钢筋以及束带

此外，《水利水电工程地质勘察规范》（GB 50487—2008）中根据不同岩爆等级，给出了一定的岩爆支护方法，具体如表 12 - 3 所示。

表 12 - 3   GB 50487—2008 岩爆分级及相应防治措施建议

岩爆分级	主要现象和岩性条件	R_b/σ_{max}	建议防治措施
轻微岩爆（Ⅰ级）	围岩表层有爆裂射落现象，内部有噼啪、撕裂声响，人耳偶然可以听到。岩爆零星间断发生。一般影响深度 0.1～0.3m	4～7	根据需要进行简单支护
中等岩爆（Ⅱ级）	围岩爆裂弹射现象明显，有似子弹射击的清脆爆裂声响，有一定的持续时间。破坏范围较大，一般影响深度 0.3～1m	2～4	需进行专门支护设计。多进行喷锚支护等

岩爆分级	主要现象和岩性条件	R_b/σ_{max}	建议防治措施
强烈岩爆 （Ⅲ级）	围岩大片爆裂，出现强烈弹射，发生岩块抛射及岩粉喷射现象，巨响，似爆破声，持续时间长，并向围岩深部发展，破坏范围和块度大，一般影响深度1～3m	1～2	主要考虑采取应力释放钻孔、超前导洞等措施，进行超前应力解除，降低围岩应力。也可采取超前锚固及格栅钢支撑等措施加固围岩。需进行专门支护设计
极强岩爆 （Ⅳ级）	洞室断面大部分围岩严重爆裂，大块岩片出现剧烈弹射，震动强烈，响声剧烈，似闷雷。迅速向围岩深处发展，破坏范围和块度大，一般影响深度大于3m，乃至整个洞室遭受破坏	<1	

注：表中 R_b 为岩石饱和单轴抗压强度，σ_{max} 为最大初始主应力。

目前，齐热哈塔尔水电站主要采用刚性支护与柔性支护两种不同的形式，如钢拱架、钢筋网、柔性网、锚杆等，如图12-1所示。

根据现场调查可知，所采用的支护措施可有效治理已有的岩爆破坏，并可以进一步抑制后续岩爆的发生（连续性剥落现象）。如武警部队对在两侧边墙及顶拱部位发生轻微岩爆情况下，采取控制爆破参数措施，对局部岩爆段可以通过初喷厚5cm的C25素混凝土来防止洞壁表面岩体的剥离，对岩爆频繁段，采用随机锚杆（$L=2.5$m）＋挂网（Φ8@200×200）＋喷混凝土（C25，厚10cm）的方式进行处理，支护效果良好。而对于两侧边墙及顶拱部位发生中等岩爆，对应力集中部位要提前采取措施，如应力释放孔和锚杆加固，首先喷射厚5cm的C25混凝土封闭围岩，围岩封闭后挂20cm×20cmΦ8单层双向钢筋网，锚杆间距为1m×1m，锚杆直径为25mm，在钢筋网面层设置压网钢筋，压网钢筋型号为Φ22，间距为1m×1m，挂网后喷射C25混凝土8～10cm，喷C25素混凝土厚度5cm封闭掌子面。如施工过程中厚5cm的素混凝土无法封闭掌子面，则采用喷射厚5cm的改性聚酯合成纤维混凝土封闭掌子面，锚杆施工过程中可根据围岩情况局部适当加密。

对于岩爆洞段的支护，随着岩爆等级的不同而选择相应的支护方式及支护系统。齐热哈塔尔水电站引水隧洞所发生岩爆一般为低等级片帮现象，基本无弹射发生。针对这一等级及宏观表征岩爆，一般采用挂网加喷射混凝土进行支护，局部洞段加以锚杆支护。此处，在地层岩性影响分析中图11-15（c）的洞室形状、几何力学参数的基础上，利用有限元数值分析软件，分析对于洞室拱顶加以喷射混凝土及锚杆时，洞室稳定性的变化。具体分析结果如图12-2所示。

由图12-2可知，采用喷射混凝土可有效降低塑性区范围，而采用喷射混凝土加锚杆支护时，塑性区范围逐渐减小。从岩体强度考虑，喷射混凝土与锚杆可有效增加岩体强度。此外，对于岩爆洞段，采用该种支护措施还可有效阻止已剥落岩体在重力作用下的塌落，减小对工程设备及施工人员的威胁。

通过上述分析可知，支护措施对于防治岩爆具有一定的促进作用，但这一作用与工程设计支护类型选择及施工质量等密切相关。措施施加是否及时合理、支护质量等对岩爆的控制作用具有明显影响。综合国内外岩爆支护措施，建议根据表12-2对应不同等级岩爆，采用相应的支护系统，即低等级岩爆（片帮和剥落区）采用锚杆或灌浆螺纹钢筋＋金属网（喷射混凝土）支护系统，对于较大范围或等级较高岩爆，可适当加密锚杆间距，齐

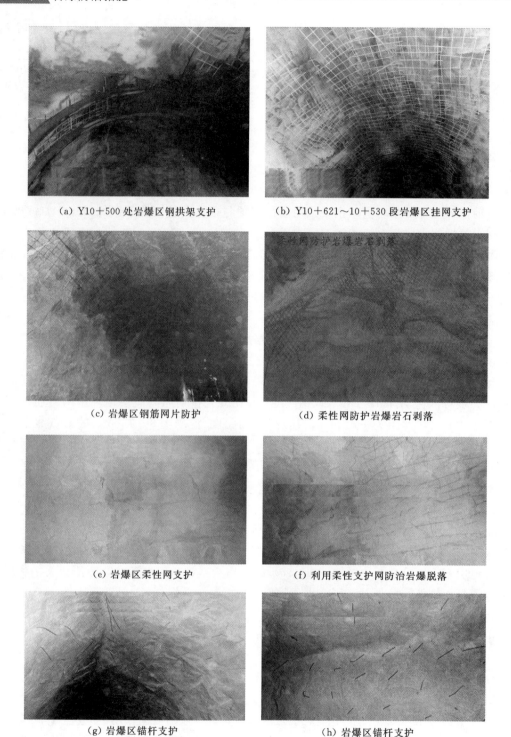

(a) Y10+500 处岩爆区钢拱架支护

(b) Y10+621~10+530 段岩爆区挂网支护

(c) 岩爆区钢筋网片防护

(d) 柔性网防护岩爆岩石剥落

(e) 岩爆区柔性网支护

(f) 利用柔性支护网防治岩爆脱落

(g) 岩爆区锚杆支护

(h) 岩爆区锚杆支护

图 12-1　齐热哈塔尔水电站引水隧洞岩爆区支护类型

热哈塔尔引水隧洞工程现场亦采用了这一岩爆支护思路，取得了客观的效果，并无明显的二次岩爆发生，而上述数值分析结果亦证实了这一作用的存在。

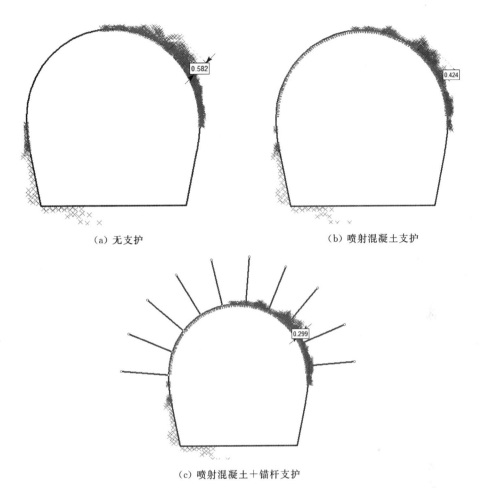

（a）无支护　　　　　　　　　　　（b）喷射混凝土支护

（c）喷射混凝土＋锚杆支护

图 12-2　不同支护措施下塑性区厚度

参 考 文 献

[1]　Amberg R. Design and construction of the Furka base tunnel [J]. Rock Mechanics and Rock Engineering, 1983, 16 (4): 215 – 231.

[2]　An B, Tannant D D. Discrete element method contact model for dynamic simulation of inelastic rock impact [J]. Computers & Geosciences, 2007, 33 (4): 513 – 521.

[3]　Barton N, Lien R, Lunde J. Engineering classification of rock masses for the design of tunnel support [J]. International Journal of Rock Mechanics and Mining Sciences, 1974, 6 (4): 189 – 236.

[4]　Blair S C, Cook N G W. Analysis of compressive fracture in rock using statistical techniques: Part I. A non – linear rule – based model [J]. International Journal of Rock Mechanics and Mining Sciences, 1998, 35 (7): 837 – 848.

[5]　Brown E T, Hoek E. Technical note trends in relationships bwtween measured in – situ stress and depth [J]. International Journal of Rock Mechanics and Mining Sciences and Geomechanics Abstracts, 1978, 15 (4): 211 – 215.

[6]　Brun L, Trémeau A. Digital Color Imaging Handbook [J]. Color Research & Application, 2002, 29 (5): 589 – 637.

[7]　Cai M, Kaiser P K, Martin C D. Quantification of rock mass damage in underground excavations from microseismic event monitoring [J]. International Journal of Rock Mechanics and Mining Sciences, 2001, 38 (8): 1135 – 1145.

[8]　Cai M, Kaiser P, Tasaka Y, et al. Peak and residual strengths of jointed rock masses and their determination for engineering design [M] // Rock Mechanics: Meeting Society's Challenges and Demands, 2007: 259 – 267.

[9]　Carter B J. Size and stress gradient effect on fracture around cavities [J]. Rock Mechanics and Rock Engineering, 1992, 23 (3): 167 – 86.

[10]　Chen J, Jiang D, Ren S, et al. Comparison of the characteristics of rock salt exposed to loading and unloading of confining pressures [J]. Acta Geotechnica, 2016, 11 (1): 221 – 230.

[11]　Cho N, Martin C D, Sego D C. A clumped particle model for rock [J]. International Journal of Rock Mechanics and Mining Sciences, 2007, 44 (7): 997 – 1010.

[12]　Crouch S L. A note on post – failure stress – strain path dependence in norite [J]. International Journal of Rock Mechanics and Mining Sciences and Geomechanics Abstracts, 1972, 9 (2): 197 – 204.

[13]　Cundall P A, Strack O D L. A discrete numerical model for granular assemblies [J]. Geothechnique, 1979, 29 (30): 331 – 336.

[14]　CUNDALL PA. Formulation of a three – dimensional distinct element model – Part I. A scheme to detect and represent contacts in a system composed of many polyhedral blocks [J]. International Journal of Rock Mechanics and Mining Sciences and Geomechanics Abstracts, 1988, 25 (6): 289.

[15]　Diederichs M S, Kaiser P K, Eberhardt E. Damage initation and propagation in hard rock during tunneling and the influence of near – face stress rotation [J]. International Journal of Rock Mechanics and Mining Sciences, 2004, 41 (5): 785 – 812.

[16]　Diederichs M S. Instability of hard rockmass: the role of tensile damage and relaxation [D]. University of Waterloo, 2000.

[17] Eberhardt E. Numerical modelling of three – dimension stress rotation ahead of an advancing tunnel face [J]. International Journal of Rock Mechanics and Mining Sciences, 2001, 38: 499 – 518.

[18] Edelbro C. Numerical modeling of observed fallouts in hard rock masses using an instantaneous cohesion – softening friction – hardening model [J]. Tunnelling and Uderground Space Technology, 2009, 24: 398 – 409.

[19] Feng Y F, Yang T H, Qing – Lei Y U. Numerical Test on Size Effect of Macro – mechanical Parameters of Jointed Rockmass [J]. Journal of Northeastern University, 2013, 34 (7): 1027 – 1030.

[20] Germanovish LN, Dyskin AV. Fracture mechanisms and instability of openings in compression [J]. International Journal of Rock Mechanics and Mining Sciences, 2000, 37 (1 – 2): 263 – 284.

[21] Griffith A A. The phenomena of rupture and flow in solid [J]. Philosophical Transactions of the Royal Society of London A, 1921, 221: 163 – 198.

[22] Griffith A A. The theory of rupture [A]. Proceedings of the First Congress of Applied Mechanics, 1924: 55 – 63.

[23] Grodner M. Fracturing around a preconditioned deep level gold mine stope [J]. Geotechnical and Geological Engineering, 1999, 17 (3 – 4): 291 – 304.

[24] Hajiabdolmajid V, Kaiser P K, Martin C D. Modelling brittle failure of rock [J]. International Journal of Rock Mechanics and Mining Sciences, 2002, 39: 731 – 741.

[25] Hajiabdolmajid V, Kaiser P K. Brittleness of rock and stability assessment in hard rock tunneling [J]. Tunnelling and Underground Space Technology, 2003, 18: 35 – 48.

[26] Heard H C. Transition from brittle fracture to ductile flow in Solenhofen limestone as a function of temperature, confining pressure, and interstitial fluid pressure [J]. Rock Deformation, 1960: 193 – 226.

[27] Hikweon L, Bezalel C H. True triaxial strength, deformability, and brittle failure of granodiorite from the San Andreas Fault Observatory at Depth [J]. International Journal of Rock Mechanics & Mining Sciences. 2011, 48: 1199 – 1207.

[28] Hoek E, Bieniawski ZT. Brittle fracture propagation in rock under compression [J]. International Journal of Fracture Mechanics, 1965, 13: 137 – 155.

[29] Hoek E, Brown E T. Strength of joint rock mass [J]. Geotechnique, 1983, 33 (3): 187 – 223.

[30] Hoek E, Brown E T. Underground excavation in rock [M]. London: The Institute of Mining and Metallurgy, 1980.

[31] Hoek E, Brown E T. Underground excavations in rock [M]. Herford, England: Austin & Sons Ltd, 1980.

[32] Hoek E, Carranza – Torres C, Corkum B. Hoek – Brown failure criterion – 2002 edition. In: Proceedings of the North American Rock Mechanics Symposium Toronto, 2002.

[33] Hoek E, Kaiser P K, Bawden W F. Support of underground excavations in hard rock [M]. A. A. Balkenma/Rotterdam/Brookfield, 1995.

[34] Huang J, Wang Z, Zhao Y. The development of rock fracture from microfracturing to main fracture formation [J]. International Journal of Rock Mechanics and Mining Sciences and Geomechanics Abstracts, 1993, 30 (7): 925 – 928.

[35] Kaiser P K, Tannnant D D, McCreat D R. Canadian Rockburst Support Handbook [M]. Geomechanics Research Centre, 1996.

[36] Kaiser, PK. Observational modelling approach for design of underground opening [A]. In Proceedings, International Society for Rock Mechanics, South African National Group, The Application of Numerical Modelling in Geotechnical Engineering, 1994.

[37] Kidybinski A. Bursting liability indices of coal [J]. International Journal of Rock Mechanics and Mining Sciences and Geomechanics Abstracts, 1981, 18 (6): 295 – 304.

[38] Kielbassa S, Duddeck H. Stress – strain fields at the tunneling face – Three – dimensional analysis for two – dimensional technical approach [J]. Rock Mechanics and Rock Engineering, 1991, 24 (3): 115 – 132.

[39] Kwan A K H, Mora C F, Chan H C. Particle shape analysis of coarse aggregate using digital image processing [J]. Cement & Concrete Research, 1999, 29 (9): 1403 – 1410.

[40] Lajtai EZ. A theoretical and experimental evaluation of the Griffith theory of brittle fracture [J]. Tectonophysics, 1971 (11): 129 – 156.

[41] Lau J S O, Chandler N A. Innovative laboratory testing [J]. International Journal of Rock Mechanics and Mining Sciences, 2004, 41 (8): 1427 – 1445.

[42] Lebourg T, Riss J, Pirard E. Influence of morphological characteristics of heterogeneous moraine formations on their mechanical behaviour using image and statistical analysis [J]. Engineering Geology, 2004, 73 (1): 37 – 50.

[43] Martin C D, Chandler N A. Stress heterogeneity and geological structures [J]. International Journal of Rock Mechanics and Mining Sciences and Geomechanics Abstracts, 1993, 30 (7): 993 – 999.

[44] Martin C D, Kaiser P K, McCreath DR. Hoek – Brown parameters for predicting the depth of brittle failure around tunnels [J]. Canadian Geotechnical Jorunal, 1999, 36 (1): 135 – 51.

[45] Martin C D. Characterizing in situ stress domains at AECL underground research laboratory [J]. Canadian Geotechnical Journal, 1990, 27: 631 – 646.

[46] Martin C D. Seventeenth Canadian Geotechnical Colloquium: The effect of cohesion loss and stress path on brittle rock strength [J]. Canadian Geotechnical Journal, 1997, 34 (5): 698 – 725.

[47] Martin C D. The strength of massive Lac du Bonnet granite around underground openings [D]. Manitoba: University of Manitoba, 1993.

[48] Moriyaa H, Fujita T, Niitsuma H, et al. Analysis of fracture propagation behavior using hydraulically induced acoustic emissions in the Bernburg salt mine, Germany [J]. International Journal of Rock Mechanics and Mining Sciences, 2006, 43 (1): 49 – 57.

[49] Nishiyama T, Chen Y, Kusuda H, et al. The examination of fracturing process subjected to triaxial compression test in Inada granite [J]. Engineering Geology, 2002, 66 (3): 257 – 269.

[50] Ortlepp WD. Rock fracture and rockbursts: an illustrative study [M]. The South African institute of Mining and Metallurgy, 1997.

[51] Pan XD, Hudson JA. Plane strain analysis for tunneling [J]. Int J Numer Anal Methods Geomech, 1991, 15 (4): 223 – 229.

[52] Park J W, Song J J. Numerical simulation of a direct shear test on a rock joint using a bonded – particle model [J]. International Journal of Rock Mechanics and Mining Sciences, 2009, 46 (8): 1315 – 1328.

[53] Pelli F, Kaiser P K, Morgenstern N R. An interpretation of ground movements recorded during construction of Donkin – Morien tunnel [J]. Canadian Geotechnical Journal, 1991, 28 (2): 239 – 254.

[54] Peng S, Johnson A M. Crack growth and faulting in cylindrical specimens of Chelmsford granite [J]. International Journal of Rock Mechanics and Mining Sciences and Geomechanics Abstracts, 1972, 9 (1): 37 – 86.

[55] Potyondy D O, Cundall P A. A bonded – particle model for rock [J]. International Journal of Rock Mechanics & Mining Sciences, 2004, 41 (8): 1329 – 1364.

[56] Potyondy D O. Simulating stress corrosion with a bonded – particle model for rock [J]. International Journal of Rock Mechanics and Mining Sciences，2007，44（5）：677 – 691.

[57] Schöpfer M P J，Childs C. The orientation and dilatancy of shear bands in a bonded particle model for rock [J]. International Journal of Rock Mechanics and Mining Sciences，2013，57（1）：75 – 88.

[58] Stephansson O. Polydiapirism of granitic rocks in the Svecofennian of Central Sweden [J]. Precambrian Research，1975，2：189 – 214.

[59] Swansson S R，Brown W S. An observation of loading path independenceof fracture in rock [J]. International Journal of Rock Mechanics and Mining Sciences and Geomechanics Abstracts，1971，8（3）：277，IN17，279 – 278，IN18，281.

[60] TANG C A，LIU H，LEE P K K，et al. Numerical tests on micro – macro relationship of rock failure under uniaxial compression – Part I：Effect of heterogeneity [J]. International Journal of Rock Mechanics and Mining Sciences，2000，37（4）：555 – 569.

[61] TANG C A，THAM L G，LEE P K K，et al. Numerical tests on micro – macro relationship of rock failure under uniaxial compression – Part Ⅱ：Constraint，slenderness and size effect [J]. International Journal of Rock Mechanics and Mining Sciences，2000，37（4）：571 – 583.

[62] Wanne T S，Young R P. Bonded – particle modeling of thermally fractured granite [J]. International Journal of Rock Mechanics and Mining Sciences，2008，45（5）：789 – 799.

[63] William J D，Pathegama G R，Choi S K. The effect of specimen size on strength and other properties in laboratory testing of rock and rock – like cementitious brittle materials [J]. Rock Mechanics and Rock Engineering，2011，44（5）：513 – 529.

[64] Xu W J，Yue Z Q，Hu R L. Study on the mesostructure and mesomechanical characteristics of the soil – rock mixture using digital image processing based finite element method [J]. International Journal of Rock Mechanics and Mining Sciences，2008，45（5）：749 – 762.

[65] Yoon J S，Zang A，Stephansson O. Simulating fracture and friction of Aue granite under confined asymmetric compressive test using clumped particle model [J]. International Journal of Rock Mechanics and Mining Sciences，2012，49（1）：68 – 83.

[66] Yue Z Q，Chen S，Tham L G. Finite element modeling of geomaterials using digital image processing [J]. Computers and Geotechnics，2003，30（5）：375 – 397.

[67] Zhang Q，Zhu H，Zhang L，et al. Study of scale effect on intact rock strength using particle flow modeling [J]. International Journal of Rock Mechanics and Mining Sciences，2011，48（8）：1320 – 1328.

[68] 蔡美峰. 岩石力学与工程 [M]. 北京：科学出版社，2004.

[69] 陈炳瑞，冯夏庭，肖亚勋，等. 深埋隧洞 TBM 施工过程围岩损伤演化声发射试验 [J]. 岩石力学与工程学报，2010，29（8）：1562 – 1569.

[70] 陈海军，郦能惠，聂德新，等. 岩爆预测的人工神经网络模型 [J]. 岩土工程学报，2002，24（2）：229 – 232.

[71] 陈陆望，白世伟，殷晓曦，等. 坚硬岩体中马蹄形洞室岩爆破坏平面应变模型试验 [J]. 岩土工程学报，2008，30（10）：1520 – 1526.

[72] 陈陆望，白世伟. 坚硬脆性岩体中圆形洞室岩爆破坏的平面应变模型试验研究 [J]. 岩石力学与工程学报，2007，26（12）：2504 – 2509.

[73] 陈沙，岳中琦，谭国焕. 基于数字图像的非均质岩土工程材料的数值分析方法 [J]. 岩土工程学报，2005，27（8）：956 – 964.

[74] 陈卫忠，吕森鹏，郭小红，等. 基于能量原理的卸围压试验与岩爆判据研究 [J]. 岩石力学与工程学报，2009，28（8）：1530 – 1541.

[75] 陈祥, 孙进忠, 张杰坤, 等. 岩爆的判别指标和分级标准及可拓综合判别方法 [J]. 土木工程学报, 2009, 42 (9): 82 – 88.

[76] 陈秀铜, 李璐. 基于 AHP - FUZZY 方法的隧道岩爆预测 [J]. 煤炭学报, 2008, 33 (11): 1230 – 1234.

[77] 陈秀铜, 李璐. 锦屏二级水电站引水隧洞区域三维初始地应力反演回归分析 [J]. 水文地质工程地质, 2007 (6): 55 – 59.

[78] 陈友晴. Westerly 花岗岩试样单轴压缩破坏瞬时微裂纹观察 [J]. 岩石力学与工程学报, 2008, 27 (12): 2440 – 2448.

[79] 陈蕴生, 李宁, 韩信. 非贯通裂隙介质裂隙扩展规律的 CT 试验研究 [J]. 岩石力学与工程学报, 2005, 24 (15): 2665 – 2670.

[80] 程关文, 王悦, 马天辉, 等. 煤矿顶板岩体微震分布规律研究及其在顶板分带中的应用——以董家河煤矿微震监测为例 [J]. 岩石力学与工程学报, 2017, 36 (S2): 4036 – 4046.

[81] 丛宇, 冯夏庭, 郑颖人, 等. 脆性岩石宏细观破坏机制的卸荷速率影响效应研究 [J]. 岩石力学与工程学报, 2016 (S2): 3696 – 3705.

[82] 丛宇, 王在泉, 郑颖人, 等. 基于颗粒流原理的岩石类材料细观参数的试验研究 [J]. 岩土工程学报, 2015, 37 (6): 1031 – 1040.

[83] 丛宇. 卸荷条件下岩石破坏宏细观机理与地下工程设计计算方法研究 [D]. 青岛理工大学, 2014.

[84] 戴峰, 李彪, 徐奴文, 等. 白鹤滩水电站地下厂房开挖过程微震特征分析 [J]. 岩石力学与工程学报, 2016, 35 (04): 692 – 703.

[85] 丁强, 李德喜. 微震监测技术预报冲击矿压在三河尖煤矿的应用 [J]. 煤矿开采, 2005, 10 (1): 74 – 75.

[86] 丁秀丽, 李耀旭, 王新. 基于数字图像的土石混合体力学性质的颗粒流模拟 [J]. 岩石力学与工程学报, 2010, 29 (3): 477 – 484.

[87] 董陇军, 李夕兵, 唐礼忠, 等. 无需预先测速的微震震源定位的数学形式及震源参数确定 [J]. 岩石力学与工程学报, 2011, 30 (10): 2057 – 2067.

[88] 董陇军, 孙道元, 李夕兵, 等. 微震与爆破事件统计识别方法及工程应用 [J]. 岩石力学与工程学报, 2016, 35 (07): 1423 – 1433.

[89] 董维国. 深入浅出 Matlab 7. X 混合编程 [M]. 北京: 机械工业出版社, 2006.

[90] 丰光亮, 冯夏庭, 陈炳瑞. 白鹤滩柱状节理玄武岩隧洞开挖微震活动时空演化特征 [J]. 岩石力学与工程学报, 2015, 34 (10): 1967 – 1975.

[91] 冯涛, 谢学斌, 王文星, 等. 岩石脆性及描述岩爆倾向的脆性系数 [J]. 矿冶工程, 2000, 20 (4): 18 – 19.

[92] 冯夏庭. 地下硐室岩爆预报的自适应模式识别方法 [J]. 东北大学学报, 1994, 15 (5): 471 – 475.

[93] 冯夏庭. 岩爆孕育过程的机制、预警与动态调控 [M]. 北京: 科学出版社, 2012.

[94] 符文喜, 任光明, 聂德兴, 等. 深埋长隧道岩爆的预测预报及防治初探 [J]. 地质灾害与环境保护, 1999, 10 (1): 25 – 28.

[95] 冈萨雷斯. 数字图像处理 [M]. 2 版. 北京: 电子工业出版社, 2007.

[96] 高春玉, 徐进, 何鹏, 等. 大理岩加卸载力学特性的研究 [J]. 岩石力学与工程学报, 2005, 24 (18): 456 – 460.

[97] 高永涛, 吴庆良, 吴顺川, 等. 基于误差最小原理的微震震源参数反演 [J]. 中南大学学报 (自然科学版), 2015, 34 (8): 3054 – 3060.

[98] 高永涛, 吴庆良, 吴顺川, 等. 基于因素分布模型的微震定位精度敏感性分析 [J]. 中南大学学报 (自然科学版), 2015, 46 (09): 3429 – 3436.

[99] 葛修润，任建喜，蒲毅彬. 岩石细观损伤扩展规律的 CT 实时试验 [J]. 中国科学（E 辑），2000，4：104-111.

[100] 中华人民共和国建设部. 工程岩体分级标准（GB 50218—2014）[S]. 北京：中国计划出版社，2014.

[101] 巩思园，窦林名，马小平，等. 提高煤矿微震定位精度的最优通道个数的选取 [J]. 煤炭学报，2010，35（12）：2017-2021.

[102] 谷明成，侯发亮，陈成宗. 秦岭隧道岩爆的研究 [J]. 岩石力学与工程学报，2002，21（9）：1324-1329.

[103] 顾金才，范俊奇，孔福利，等. 抛掷型岩爆机制与模拟试验技术 [J]. 岩石力学与工程学报，2014，33（6）：1081-1089.

[104] 郭然，于润沧. 有岩爆危险巷道的支护设计 [J]. 中国矿业，2002，11（3）：23-26.

[105] 郭志. 实用岩体力学 [M]. 北京：地震出版社，1996.

[106] 哈秋舲. 加载岩体力学与卸荷岩体力学 [J]. 岩土工程学报，1998，20（1）：129-175.

[107] 韩放，纪洪广，张伟. 单轴加卸荷过程中岩石声学特性及其与损伤因子关系 [J]. 北京科技大学学报，2007（05）：452-455.

[108] 何满潮，刘冬桥，宫伟力，等. 冲击岩爆试验系统研发及试验 [J]. 岩石力学与工程学报，2014，33（9）：1729-1739.

[109] 何满潮，王炀，苏劲松，等. 动静组合荷载下砂岩冲击岩爆碎屑分形特征 [J]. 中国矿业大学学报，2018，47（4）：699-705.

[110] 何满潮，赵菲，杜帅，等. 不同卸载速率下岩爆破坏特征试验分析 [J]. 岩土力学，2014，35（10）：2737-2747.

[111] 何满潮. 深部开采工程岩石力学现状及其展望 [A]//第八全国岩石力学与工程学术大会论文集 [C]. 中国岩石力学与工程学会，北京：科学出版社，2004：88-94.

[112] 贺永胜，丁幸波，明治清，等. 气液复合型岩爆模拟加载器研制 [J]. 岩石力学与工程学报，2014（S1）：3177-3184.

[113] 侯发亮，刘小明，王敏强. 岩爆成因再分析及烈度划分探讨 [A]//第二届全国岩石动力学学术会议论文集 [C]. 武汉：武汉测绘科技大学出版社，1992.

[114] 侯发亮. 岩石的全程应力应变曲线及岩爆倾向指数分析 [A]//第一届全国岩石动力学学术会议论文集 [C]. 宜昌，1990.

[115] 侯发亮，等. 岩石力学在工程中的应用 [M]. 北京：知识出版社，1989.

[116] 华安增，孔圆波，李世平，等. 岩块降压破碎的能量分析 [J]. 煤炭学报，1995，20（4）：389-392.

[117] 华安增. 地下工程周围岩体能量分析 [J]. 岩石力学与工程学报，2003，22（7）：1054-1059.

[118] 黄达，黄润秋. 卸荷条件下裂隙岩体变形破坏及裂纹扩展演化的物理模型试验 [J]. 岩石力学与工程学报，2010，29（03）：502-512.

[119] 黄达，谭清，黄润秋. 高应力卸荷条件下大理岩破裂面细微观形态特征及其与卸荷岩体强度的相关性研究 [J]. 岩土力学，2012，33（S2）：7-15.

[120] 黄戡，彭建国，刘宝琛，等. 雪峰山隧道原岩应力场和开挖二次应力场特征分析 [J]. 中南大学学报（自然科学版），2011，42（5）：1454-1460.

[121] 黄润秋，黄达. 高地应力条件下卸荷速率对锦屏大理岩力学特性影响规律试验研究 [J]. 岩石力学与工程学报，2010，29（1）：21-34.

[122] 黄润秋，黄达. 卸荷条件下花岗岩力学特性试验研究 [J]. 岩石力学与工程学报，2008，27（11）：2205-2213.

[123] 黄书岭. 高应力下脆性岩石的力学模型与工程应用研究 [D]. 武汉：中国科学院武汉岩土力学研究所，2008.

［124］贾宝新，贾志波，赵培，等. 基于高密度台阵的小尺度区域微震定位研究［J］. 岩土工程学报，2017，39（04）：705－712.

［125］贾愚如，黄玉灵. 地下洞室中岩爆对策研究［J］. 地质灾害与防治，1991，2（1）：42－50.

［126］江权. 高地应力下硬岩弹脆塑性劣化本构模型与大型地下洞室群围岩稳定性分析［D］. 武汉：中国科学院武汉岩土力学研究所，2006.

［127］姜鹏，戴峰，徐奴文，等. 基于 ST 时频分析的地下厂房微震信号识别研究［J］. 岩石力学与工程学报，2015，34（S2）：4071－4079.

［128］姜彤，黄志全，赵彦彦. 动态权重灰色归类模型在南水北调西线工程岩爆风险评估中的应用［J］. 岩石力学与工程学报，2004，23（7）：1104－1108.

［129］景锋，盛谦，张勇慧，等. 中国大陆浅层地壳实测地应力分布规律研究［J］. 岩石力学与工程学报，2007，26（10）：2056－2062.

［130］孔令海，齐庆新，姜福兴，等. 长壁工作面采空区见方形成异常来压的微震监测研究［J］. 岩石力学与工程学报，2012，31（S2）：3889－3896.

［131］赖勇，张永兴. 岩石宏、细观损伤复合模型及裂纹扩展规律研究［J］. 岩石力学与工程学报，2008，27（3）：534－542.

［132］李彪，徐奴文，戴峰，等. 乌东德水电站地下厂房开挖过程微震监测与围岩大变形预警研究［J］. 岩石力学与工程学报，2017，36（S2）：4102－4112.

［133］李德建，贾雪娜，苗金丽，等. 花岗岩岩爆试验碎屑分形特征分析［J］. 岩石力学与工程学报，2009，29（S1）：3280－3289.

［134］李宏哲，夏才初，闫子舰，等. 锦屏水电站大理岩在高应力条件下的卸荷力学特性研究［J］. 岩石力学与工程学报，2007（10）：2104－2109.

［135］李化敏，袁瑞甫，李怀珍. 煤柱型冲击地压微震信号分布特征及前兆信息判别［J］. 岩石力学与工程学报，2012，31（1）：80－85.

［136］李建林，王瑞红，蒋昱州，等. 砂岩三轴卸荷力学特性试验研究［J］. 岩石力学与工程学报，2010，29（10）：2034－2041.

［137］李连贵，徐文胜，许迎年，等. 岩爆模拟材料研制及模拟试验分析［J］. 华中科技大学学报（自然科学版），2001，29（6）：80－82.

［138］李楠，李保林，陈栋，等. 冲击破坏过程微震波形多重分形及其时变响应特征［J］. 中国矿业大学学报，2017，46（05）：1007－1013.

［139］李树春. 周期荷载作用下岩石变形与损伤规律及其非线性特征［D］. 重庆：重庆大学，2008.

［140］李庶林，尹贤刚，王泳嘉，等. 单轴受压岩石破坏全过程声发射特征研究［J］. 岩石力学与工程学报，2004，23（15）：2499－2499.

［141］李庶林，尹贤刚，郑文达. 凡口铅锌矿多通道微震监测系统及其应用研究［J］. 岩石力学与工程学报，2005，24（12）：2048－2053.

［142］李天斌，潘皇宋，陈国庆，等. 热-力作用下隧道岩爆温度效应的物理模型试验［J］. 岩石力学与工程学报，2018，37（2）：261－273.

［143］李天斌，王兰生. 卸荷应力状态下玄武岩变形破坏特征的试验研究［J］. 岩石力学与工程学报，1993，12（4）：321－327.

［144］李夕兵，陈正红，曹文卓，等. 不同卸荷速率下大理岩破裂时效特性与机理研究［J］. 岩土工程学报，2017，39（9）：1565－1574.

［145］李贤，王文杰，陈炳瑞. 工程尺度下微震信号及 P 波初至自动识别 AB 算法［J］. 岩石力学与工程学报，2017，36（03）：681－689.

［146］李新平，陈俊桦，李友华，等. 溪洛渡电站地下厂房爆破损伤范围及判据研究［J］. 岩石力学与工程学报，2010，29（10）：2042－2049.

[147] 李新平，肖桃李，汪斌，等. 锦屏二级水电站大理岩不同应力路径下加卸载试验研究 [J]. 岩石力学与工程学报，2012，31（5）：882-889.

[148] 梁志勇，刘汉超，石豫川，等. 岩爆预测的概率模型 [J]. 岩石力学与工程学报，2004，23（18）：3098-3101.

[149] 林鹏，黄凯珠，王仁坤，等. 不同角度单裂纹缺陷试样的裂纹扩展与破坏行为 [J]. 岩石力学与工程学报，2005，24（S2）：5652-5657.

[150] 林鹏，周雅能，李子昌，等. 含三维预置单裂纹缺陷岩石破坏试验研究 [J]. 岩石力学与工程学报，2008，27（S2）：3882-3887.

[151] 刘斌. 基于最小耗能原理的岩爆孕育发生机理研究 [D]. 武汉：中国科学院武汉岩土力学研究所，2009.

[152] 刘冬梅，蔡美峰，周玉斌，等. 岩石裂纹扩展过程的动态监测研究 [J]. 岩石力学与工程学报，2006，25（3）：467-472.

[153] 刘立鹏，汪小刚，贾志欣，等. 掌子面推进过程围岩应力及裂隙发育规律 [J]. 中南大学学报（自然科学版），2013，44（2）：764-771.

[154] 刘立鹏，汪小刚，贾志欣，等. 锦屏二级水电站大理岩复杂加卸载应力路径力学特性研究 [J]. 岩土力学，2013（8）：2287-2294.

[155] 刘立鹏，姚磊华，王成虎，等. 地应力对脆性岩体洞群稳定性的影响 [J]. 中南大学学报（自然科学版），2010，41（2）：972-977.

[156] 刘立鹏. 锦屏二级水电站施工排水洞岩爆问题研究 [D]. 北京：中国地质大学（北京），2011.

[157] 刘宁，张春生，褚卫江，等. 深埋大理岩脆性破裂细观特征分析 [J]. 岩石力学与工程学报，2012，31（S2）：3557-3565.

[158] 刘万琴，郑治真，鲁振华，等. 用微震记录监测冲击地压前的应力变化 [J]. 中国地震，1991（3）：80-87.

[159] 刘祥鑫，梁正召，等. 卸荷诱发巷道模型岩爆的发生机理实验研究 [J]. 工程地质学报，2016，24（5）：967-975.

[160] 刘新荣，刘俊，李栋梁，等. 不同初始卸荷水平对深埋砂岩力学特性影响规律试验研究 [J]. 岩土力学，2017，38（11）：3081-3088.

[161] 刘勇，朱俊朴，闫斌. 基于离散元理论的粗粒土三轴试验细观模拟 [J]. 铁道科学与工程学报，2014（4）：58-62.

[162] 刘章军，袁秋平，李建林. 模糊概率模型在岩爆烈度分级预测中的应用 [J]. 岩石力学与工程学报，2008，27（S1）：3095-3103.

[163] 鲁振华，张连城. 门头沟矿微震的近场监测效能评估 [J]. 地震，1989（5）：32-39.

[164] 陆菜平，窦林名，吴兴荣，等. 岩体微震监测的频谱分析与信号识别 [J]. 岩土工程学报，2005，27（7）：772-775.

[165] 陆家佑，王昌明. 根据岩爆反分析岩体应力研究 [J]. 长江科学院院报，1994，11（3）：27-30.

[166] 吕进国，姜耀东，赵毅鑫，等. 基于稳健模拟退火-单纯形混合算法的微震定位研究 [J]. 岩土力学，2013（8）：2195-2203.

[167] 吕颖慧，刘泉声，江浩. 基于高应力下花岗岩卸荷试验的力学变形特性研究 [J]. 岩土力学，2010，31（02）：337-344.

[168] 马艾阳，伍法权，沙鹏，等. 锦屏大理岩真三轴岩爆试验的渐进破坏过程研究 [J]. 岩土力学，2014（10）：2868-2874.

[169] 马春驰，李天斌，张航，等. 基于EMS微震参数的岩爆预警方法及探讨 [J]. 岩土力学，2018，39（02）：765-774.

[170] 马克，唐春安，梁正召，等. 基于微震监测的地下水封石油洞库施工期围岩稳定性分析 [J]. 岩

石力学与工程学报，2016，35（07）：1353-1365.

[171] 马启超. 工程岩体应力场的成因分析与分布规律 [J]. 岩石力学与工程学报，1986，5（4）：329-342.

[172] 马天辉，唐春安，唐烈先，等. 基于微震监测技术的岩爆预测机制研究 [J]. 岩石力学与工程学报，2016，35（03）：470-483.

[173] 苗金丽，何满潮，李德建，等. 花岗岩应变岩爆声发射特征及微观断裂机制 [J]. 岩石力学与工程学报，2009，28（08）：1593-1603.

[174] 潘一山，李忠华. 矿井岩石结构稳定性的解析方法 [A] // 全国固体力学学术会议论文集 [C]. 2002.

[175] 彭瑞东，谢和平，鞠杨. 砂岩拉伸过程中的能量耗散与损伤演化分析 [J]. 岩石力学与工程学报，2007，26（12）：2526-2531.

[176] 彭瑞东. 基于能量耗散及能量释放的岩石损伤与强度研究 [D]. 北京：中国矿业大学，2005.

[177] 彭祝，王元汉，李廷芥. Griffith 理论与岩爆的判别准则 [J]. 岩石力学与工程学报，1996，15（S）：491-495.

[178] 齐燕军，东兆星，靖洪文，等. 不同岩性巷道岩爆灾变特征模型试验研究 [J]. 中国矿业大学学报，2017，46（6）：1239-1250.

[179] 邱士利，冯夏庭，张传庆，等. 不同初始损伤和卸荷路径下深埋大理岩卸荷力学特性试验研究 [J]. 岩石力学与工程学报，2012，31（8）：1686-1697.

[180] 邱士利，冯夏庭，张传庆，等. 不同卸围压速率下深埋大理岩卸荷力学特性试验研究 [J]. 岩石力学与工程学报，2010，29（9）：1807-1817.

[181] 任建喜，罗英，刘文刚，等. 检测技术在岩石加卸载破坏机理研究中的应用 [J]. 冰川冻土，2002，24（5）：672-675.

[182] 阮秋琦. 数字图像处理基础 [M]. 北京：清华大学出版社，2009.

[183] 尚雪义，李夕兵，彭康，等. 基于 EMD_SVD 的矿山微震与爆破信号特征提取及分类方法 [J]. 岩土工程学报，2016，38（10）：1849-1858.

[184] 舒磊，王磊，彭金伟. 秦岭铁路隧道岩爆预报的模糊综合评判研究 [J]. 四川联合大学学报（工程科学版），1998，2（5）：55-60.

[185] 中华人民共和国建设部. GB 50287—2006 水力发电工程地质勘察规范 [S]. 北京：中国计划出版社，2007.

[186] 中华人民共和国建设部. GB 50487—2008 水利水电工程地质勘察规范 [S]. 北京：中国计划出版社，2009.

[187] 司军平. 对秦岭隧道Ⅱ线平导进口端岩爆的几点认识 [J]. 世界隧道，1998（2）：57-60.

[188] 司雪峰，宫凤强，罗勇，等. 深部三维圆形洞室岩爆过程的模拟试验 [J]. 岩土力学，2018，39（2）：621-634.

[189] 宋建波，张倬元，于远忠，等. 岩体经验强度准则及其在地质工程中的应用 [M]. 北京：地质出版社，2002.

[190] 苏国韶，陈智勇，蒋剑青，等. 不同加载速率下岩爆碎块耗能特征试验研究 [J]. 岩土工程学报，2016，38（8）：1481-1489.

[191] 苏国韶，陈智勇，尹宏雪，等. 高温后花岗岩岩爆的真三轴试验研究 [J]. 岩土工程学报，2016，38（9）：1586-1594.

[192] 苏国韶，冯夏庭，江权，等. 高地应力下地下工程稳定性分析与优化的局部能量释放率新指标研究 [J]. 岩石力学与工程学报，2006，25（12）：2453-2460.

[193] 苏国韶，蒋剑青，冯夏庭，等. 岩爆弹射破坏过程的试验研究 [J]. 岩石力学与工程学报，2016，35（10）：1990-1999.

[194] 苏生瑞，黄润秋，王士天. 断裂构造对地应力场的影响及其工程应用 [M]. 北京：科学出版社，2002.

[195] 谭以安. 关于岩爆岩石能量冲击性指标的商榷 [J]. 水文地质工程地质，1992，19 (2)：10 - 13.

[196] 谭以安. 岩爆类型及其防治 [J]. 现代地质，1991，5 (4)：450 - 456.

[197] 谭以安. 岩爆烈度分级问题 [J]. 地质论评，1992，38 (5)：439 - 443.

[198] 谭以安. 岩爆岩石断口扫描电镜分析及岩爆渐进破坏过程 [J]. 电子显微学报，1989，2：41 - 48.

[199] 唐礼忠，薊英骅，李地元，等. 基于微震矩张量的矿山围岩破坏机制分析 [J]. 岩土力学，2017，38 (05)：1436 - 1444.

[200] 唐礼忠，潘长良，杨承祥，等. 冬瓜山铜矿微震监测系统建立及应用研究 [J]. 采矿技术，2006，6 (3)：272 - 277.

[201] 唐礼忠，张君，李夕兵，等. 基于定量地震学的矿山微震活动对开采速率的响应特性研究 [J]. 岩石力学与工程学报，2012，31 (7)：1349 - 1354.

[202] 唐绍辉，吴壮军，陈向华. 地下深井矿山岩爆发生规律及形成机理研究 [J]. 岩石力学与工程学报，2003，22 (8)：1250 - 1254.

[203] 陶振宇，潘别桐. 岩石力学原理与方法 [M]. 武汉：中国地质大学出版社，1991.

[204] 陶振宇. 高地应力区的岩爆及其判据 [J]. 人民长江，1987，5：25 - 32.

[205] 田宁. 深埋坑道复杂围岩组合试件岩爆倾向性试验研究 [J]. 隧道建设，2012，32 (4)：486 - 489.

[206] 万姜林，周世祥，南琛，等. 岩爆特征及机理 [J]. 铁道工程学报，1998，2：95 - 102.

[207] 汪琦，唐义彬，李忠. 浙江苍岭隧道岩爆工程地质特征分析与防治措施研究 [J]. 工程地质学报，2006，14 (2)：276 - 280.

[208] 汪泽斌. 岩爆实例、岩爆术语及分类的建议 [J]. 工程地质，1988，(3)：32 - 38.

[209] 王斌，赵伏军，尹土兵. 基于饱水岩石静动力学试验的水防治屈曲型岩爆分析 [J]. 岩土工程学报，2011，33 (12)：1863 - 1869.

[210] 王恩元，李楠. 微震自动定位与可靠性综合评价系统及应用 [J]. 采矿与安全工程学报，2018，35 (05)：1030 - 1037，1044.

[211] 王桂峰，窦林名，李振雷，等. 支护防冲能力计算及微震反求支护参数可行性分析 [J]. 岩石力学与工程学报，2015，34 (S2)：4125 - 4131.

[212] 王焕义. 岩体微震事件的精确定位研究 [J]. 工程爆破，2001，7 (3)：5 - 8.

[213] 王吉亮，陈剑平，杨静，等. 岩爆等级判定的距离判别分析方法及应用 [J]. 岩土力学，2009，30 (7)：2203 - 2208.

[214] 王兰生，李天斌，李永林，等. 二郎山隧道高地应力与围岩稳定问题 [M]. 北京：地质出版社，2006.

[215] 王兰生，李天斌，徐进，等. 川藏公路二郎山隧道围岩变形破裂的调研与监测 [A]// 四川省公路学会隧道专业委员会 1998 年学术讨论会论文集 [C]，1998.

[216] 王耀辉，陈莉雯，沈峰. 岩爆破坏过程能量释放的数值模拟 [J]. 岩土力学，2008，29 (3)：790 - 794.

[217] 王元汉，李卧东，李启光，等. 岩爆预测的模糊数学综合评判方法 [J]. 岩石力学与工程学报，1998，17 (5)：493 - 501.

[218] 王在泉，张黎明，孙辉，等. 不同卸荷速度条件下灰岩力学特性的试验研究 [J]. 岩土力学，2011，32 (04)：1045 - 1050，1277.

[219] 王泽伟，李夕兵，尚雪义，等. 基于 VFOM 的矿山微震震源定位及近震震级标定 [J]. 岩土工程学报，2017，39 (08)：1408 - 1415.

［220］ 王自强，陈少华. 高等断裂力学 ［M］. 北京：科学出版社，2009.

［221］ 吴刚，孙钧. 卸荷应力状态下裂隙岩体的变形和强度特性 ［J］. 岩石力学与工程学报，1998，17（6）：615－621.

［222］ 吴顺川，周喻，高利立，等. 等效岩体技术在岩体工程中的应用 ［J］. 岩石力学与工程学报，2010，29（7）：1435－1441.

［223］ 夏永学，康立军，齐庆新，等. 基于微震监测的5个指标及其在冲击地压预测中的应用 ［J］. 煤炭学报，2010，35（12）：2011－2016.

［224］ 夏永学，蓝航，毛德兵，等. 基于微震监测的超前支承压力分布特征研究 ［J］. 中国矿业大学学报，2011，40（6）：868－873.

［225］ 夏永学，蓝航，魏向志. 基于微震和地音监测的冲击危险性综合评价技术研究 ［J］. 煤炭学报，2011（S2）：358－364.

［226］ 夏永学，潘俊锋，王元杰，等. 基于高精度微震监测的煤岩破裂与应力分布特征研究 ［J］. 煤炭学报，2011，36（2）：239－243.

［227］ 夏永学，王金华，毛德兵. 断层活化的地应力判别准则及诱发冲击地压的典型微震特征 ［J］. 煤炭学报，2016，41（12）：3008－3015.

［228］ 夏元友，吝曼卿，廖璐璐，等. 大尺寸试件岩爆试验碎屑分形特征分析 ［J］. 岩石力学与工程学报，2014，33（7）：1358－1365.

［229］ 贤彬. 大理岩加卸荷破坏过程的颗粒流数值模拟及其试验验证 ［D］. 青岛：青岛理工大学，2011.

［230］ 谢和平，鞠杨，黎立云，等. 岩体变形破坏过程的能量分析 ［J］. 岩石力学与工程学报，2008，27（9）：1729－1740.

［231］ 谢和平，鞠杨，黎立云. 基于能量耗散与释放原理的岩石强度与整体破坏准则 ［J］. 岩石力学与工程学报，2005，24（17）：3003－3010.

［232］ 谢和平，彭瑞东，鞠杨，等. 岩石破坏的能量分析初探 ［J］. 岩石力学与工程学报，2005，24（15）：2603－2608.

［233］ 谢和平，彭瑞东，鞠杨. 岩石变形破坏过程中的能量耗散分析 ［J］. 岩石力学与工程学报，2004，23（1）：3565－3570.

［234］ 谢兴楠，叶根喜，柳建新. 矿山尺度下微震定位精度及稳定性控制初探 ［J］. 岩土工程学报，2014，36（5）：899－904.

［235］ 熊海华，卢文波，李小联，等. 龙滩水电站右岸导流洞开挖中爆破损伤范围研究 ［J］. 岩土力学，2004，25（3）：432－436.

［236］ 熊孝波，桂国庆，许建聪，等. 可拓工程方法在地下工程岩爆预测中的应用 ［J］. 解放军理工大学学报（自然科学版），2007，8（6）：695－701.

［237］ 徐林生，王兰生，李永林. 岩爆形成机制与判决研究 ［J］. 岩土力学，2002，23（3）：300－303.

［238］ 徐林生，王兰生. 二郎山公路隧道岩爆发生规律与岩爆预测研究 ［J］. 岩土工程学报，1999，21（5）：569－572.

［239］ 徐林生. 川藏公路二郎山隧道高地应力与岩爆问题研究 ［D］. 成都：成都理工学院，1999.

［240］ 徐林生. 卸荷状态下岩爆岩石力学试验 ［J］. 重庆交通大学学报（自然科学版），2003，22（1）：1－4.

［241］ 徐奴文，梁正召，唐春安，等. 基于微震监测的岩质边坡稳定性三维反馈分析 ［J］. 岩石力学与工程学报，2014，（S1）：3093－3104.

［242］ 徐奴文，唐春安，沙椿，等. 锦屏一级水电站左岸边坡微震监测系统及其工程应用 ［J］. 岩石力学与工程学报，2010，29（5）：915－925.

［243］ 徐松林，吴文，张华. 大理岩三轴压缩动态卸围压与岩爆模拟分析 ［J］. 辽宁工程技术大学学报，2002，21（5）：612－615.

[244] 徐文杰，胡瑞林，王艳萍. 基于数字图像的非均质岩土材料细观结构 PFC2D 模型 [J]. 煤炭学报，2007，32 (4)：358 – 362.

[245] 徐文杰，王玉杰，陈祖煜，等. 基于数字图像技术的土石混合体边坡稳定性分析 [J]. 岩土力学，2008，29 (S1)：341 – 346.

[246] 徐志英. 岩石力学. 3 版 [M]. 北京：中国水利水电出版社，1993.

[247] 许梦国，杜子建，姚高辉，等. 程潮铁矿深部开采岩爆预测 [J]. 岩石力学与工程学报，2008，27 (S1)：2921 – 2928.

[248] 许迎年，徐文胜，王元汉，等. 岩爆模拟试验及岩爆机理研究 [J]. 岩石力学与工程学报，2002，21 (10)：1462 – 1466.

[249] 闫长斌，徐国元，杨飞. 爆破动荷载作用下围岩累积损伤效应声波测试研究 [J]. 岩土工程学报，2007，29 (1)：88 – 93.

[250] 严鹏，卢文波，陈明，等. TBM 和钻爆开挖条件下隧洞围岩损伤特性研究 [J]. 土木工程学报，2009，42 (11)：121 – 128.

[251] 杨庆，刘元俊. 岩石类材料裂纹扩展贯通的颗粒流模拟 [J]. 岩石力学与工程学报，2012，31 (S1)：3123 – 3129.

[252] 杨圣奇，苏承东，徐卫亚. 大理岩常规三轴压缩下强度和变形特性的试验研究 [J]. 岩土力学，2005，26 (3)：475 – 478.

[253] 姚涛，任伟，阚坤生，等. 大理岩三轴压缩试验的颗粒流模拟 [J]. 土工基础，2012，26 (2)：70 – 73.

[254] 尤明庆，华安增. 岩石试样破坏过程的能量分析 [J]. 岩石力学与工程学报，2002，21 (6)：778 – 781.

[255] 尤明庆，华安增. 岩石试样的三轴卸围压试验 [J]. 岩石力学与工程学报，1998，17 (1)：24 – 29.

[256] 余华中，阮怀宁，褚卫江. 岩石节理剪切力学行为的颗粒流数值模拟 [J]. 岩石力学与工程学报，2013，32 (7)：1482 – 1490.

[257] 袁康，蒋宇静，李亿民，等. 基于颗粒离散元法岩石压缩过程破裂机制宏细观研究 [J]. 中南大学学报（自然科学版），2016，47 (3)：913 – 922.

[258] 岳中琦，陈沙，郑宏，等. 岩土工程材料的数字图像有限元分析 [J]. 岩石力学与工程学报，2004，23 (6)：889 – 897.

[259] 张爱辉，徐进，庞希斌，等. 围压对大理岩力学特性影响的试验研究 [J]. 西南民族大学学报（自然科学版），2008，34 (6)：1257 – 1260.

[260] 张伯虎，邓建辉，高明忠，等. 基于微震监测的水电站地下厂房安全性评价研究 [J]. 岩石力学与工程学报，2012，31 (5)：937 – 944.

[261] 张楚旋，李夕兵，董陇军，等. 顶板冒落前后微震活动性参数分析及预警 [J]. 岩石力学与工程学报，2016，35 (S1)：3214 – 3221.

[262] 张津生，陆家佑，贾愚如. 天生桥二级水电站引水隧洞岩爆研究 [J]. 水力发电，1991 (10)：34 – 37.

[263] 张镜剑，傅冰骏. 岩爆及其判据和防治 [J]. 岩石力学与工程学报，2008，27 (10)：2034 – 2042.

[264] 张凯，周辉，潘鹏志，等. 不同卸荷速率下岩石强度特性研究 [J]. 岩土力学，2010，31 (7)：2072 – 2078.

[265] 张黎明，王在泉，石磊. 硬质岩石卸荷破坏特性试验研究 [J]. 岩石力学与工程学报，2011，30 (10)：2012 – 2018.

[266] 张书敬，姚建国，鞠文君. 千秋煤矿冲击地压与微震活动关系 [J]. 煤炭学报，2012，37 (S1)：

7-12.

[267] 张文东，马天辉，唐春安，等. 锦屏二级水电站引水隧洞岩爆特征及微震监测规律研究 [J]. 岩石力学与工程学报，2014，33（2）：339-348.

[268] 张晓君. 深部巷（隧）道围岩的劈裂岩爆试验研究 [J]. 采矿与安全工程学报，2011，28（1）：66-71.

[269] 张学朋，蒋宇静，王刚，等. 基于颗粒离散元模型的不同加载速率下花岗岩数值试验研究 [J]. 岩土力学，2016，37（9）：2679-2686.

[270] 张永双，熊探宇，杜宇本，等. 高黎贡山深埋隧道地应力特征及岩爆模拟试验 [J]. 岩石力学与工程学报，2009，28（11）：2286-2294.

[271] 张倬元，王士天，王兰生. 工程地质分析原理 [M]. 北京：地质出版社，1994.

[272] 赵德安，陈志敏，蔡小林，等. 中国地应力场分布规律统计分析 [J]. 岩石力学与工程学报，2007，26（6）：1265-1271.

[273] 赵菲，王洪建，袁广祥，等. 煤岩体岩爆模拟试验中声发射时频演化规律分析 [J]. 华北水利水电大学学报（自然科学版），2017，38（5）：82-87.

[274] 赵国彦，戴兵，马驰. 平行黏结模型中细观参数对宏观特性影响研究 [J]. 岩石力学与工程学报，2012，31（7）：1491-1498.

[275] 赵金帅，冯夏庭，江权，等. 分幅开挖方式下高应力硬岩地下洞室的微震特性及稳定性分析 [J]. 岩土力学，2018，39（03）：1020-1026，1081.

[276] 赵小虎，胡东平，李治，等. 微震监测中最优一致性时间同步算法研究 [J]. 中国矿业大学学报，2017，46（05）：1166-1173.

[277] 赵星光，马利科，苏锐，等. 北山深部花岗岩在压缩条件下的破裂演化与强度特性 [J]. 岩石力学与工程学报，2014，33（S2）：3665-3675.

[278] 赵兴东，李元辉，袁瑞甫，等. 基于声发射定位的岩石裂纹动态演化过程研究 [J]. 岩石力学与工程学报，2007，26（5）：944-950.

[279] 赵兴东，石长岩，刘建坡，等. 红透山铜矿微震监测系统及其应用 [J]. 东北大学学报（自然科学版），2008，29（3）：399-402.

[280] 赵周能，冯夏庭，陈炳瑞. 深埋隧洞TBM掘进微震与岩爆活动规律研究 [J]. 岩土工程学报，2017，39（07）：1206-1215.

[281] 赵周能，冯夏庭，肖亚勋，等. 不同开挖方式下深埋隧洞微震特性与岩爆风险分析 [J]. 岩土工程学报，2016，38（5）：867-876.

[282] 中国人民武装警察部队水电指挥部. 天生桥二级水电站引水隧洞岩爆研究 [R]，1991.

[283] 周德培，洪开荣. 太平驿隧洞岩爆特征及防治措施 [J]. 岩石力学与工程学报，1995，14（2）：171-178.

[284] 周辉，孟凡震，刘海涛，等. 花岗岩脆性破坏特征与机制试验研究 [J]. 岩石力学与工程学报，2014，33（9）：1822-1827.

[285] 周辉，徐荣超，卢景景，等. 深埋隧洞板裂屈曲岩爆机制及物理模拟试验研究 [J]. 岩石力学与工程学报，2015（S2）：3658-3666.

[286] 周科平，古德生. 基于GIS的岩爆倾向性模糊自组织神经网络分析模型 [J]. 岩石力学与工程学报，2004，23（18）：3093-3097.

[287] 周小平，哈秋聆，张永兴，等. 峰前围压卸荷条件下岩石的应力-应变全过程分析和变形局部化研究 [J]. 岩石力学与工程学报，2005，24（18）：3236-3245.

[288] 朱焕春，陶振宇. 不同岩石中地应力分布 [J]. 地震学报，1994，16（1）：49-63.

[289] 朱杰兵. 高应力下岩石卸荷及其流变特性研究 [D]. 武汉：中国科学院研究生院（武汉岩土力学研究所），2009.

[290] 朱梦博，王李管，彭平安，等. 微震 P 波到时拾取的 PAI - k - MFV 算法改进及应用 [J]. 煤炭学报，2017，42 (10)：2698 - 2705.

[291] 朱权洁，姜福兴，尹永明，等. 基于小波分形特征与模式识别的矿山微震波形识别研究 [J]. 岩土工程学报，2012，34 (11)：2036 - 2042.

[292] 朱泽奇，盛谦，冷先伦，等. 三峡花岗岩起裂机制研究 [J]. 岩石力学与工程学报，2007，26 (12)：2570 - 2575.

[293] 朱泽奇，肖培伟，盛谦，等. 基于数字图像处理的非均质岩石材料破坏过程模拟 [J]. 岩土力学，2011，32 (12)：3780 - 3786.

[294] 左文智，张齐桂. 地应力与地质灾害关系探讨 [A] // 第五届全国工程地质大会文集 [C]. 北京：地质出版社，1996.

[295] 左宇军，李夕兵，张义平，等. 动—静组合加载诱发岩爆时岩块弹射速度的计算 [J]. 中南大学学报 (自然科学版)，2006，37 (4)：815 - 819.